大学物理实验（经管类）

主　编　刘会玲

副主编　雷玉明

参　编　牛海波　赵丽华

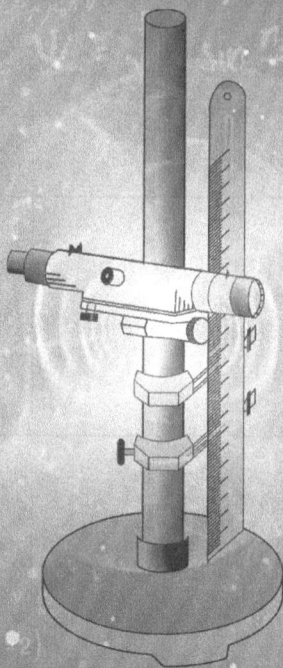

西安交通大学出版社
XI'AN JIAOTONG UNIVERSITY PRESS

国家一级出版社
全国百佳图书出版单位

内容提要

本书是按照高等工科院校物理实验课程教学基本要求，从现代科技、经济、管理、社会发展对高素质创新型应用人才培养的总体要求出发，并结合西安交通大学城市学院多年来为经济及管理类专业学生开设物理实验的教学实践，特别是十几年的教学改革和课程建设的实践经验及近年来实践"问题式启发互动教学"对"问题引导"式教材的需要，参照历年教材编写而成的、面向经济及管理类专业学生所用教材。该教材在大学物理实验整体框架上做了大的调整：把常用仪器及基本测量方法渗透到每个实验之中；除了测量、误差、数据处理和各类实验外，还含有为经济及管理类专业学生开设的演示实验。通过这些物理演示实验的了解和学习，能够使学生更容易地理解物理、了解自然科学、了解科技进步对人类文明的贡献，全面提高其综合素质，还能进一步激发学生求知探索的欲望，提高其实验动手能力和科技创新能力。

图书在版编目(CIP)数据

大学物理实验：经管类 / 刘会玲主编. — 西安 ：西安交通大学
出版社，2021.12(2023.2重印)
　ISBN 978 - 7 - 5693 - 2342 - 9

　Ⅰ. ①大… Ⅱ. ①刘… Ⅲ. ①物理学—实验—高等学校—
教材 Ⅳ. ①O4 - 33

中国版本图书馆 CIP 数据核字(2021)第 225687 号

DAXUE WULI SHIYAN：JINGGUAN LEI

书　　名	大学物理实验：经管类	
主　　编	刘会玲	
责任编辑	王　娜　刘雅洁	
责任校对	李　文	
出版发行	西安交通大学出版社	
	（西安市兴庆南路 1 号　邮政编码 710048）	
网　　址	http://www.xjtupress.com	
电　　话	（029)82668357　82667874(市场营销中心)	
	（029)82668315(总编办)	
传　　真	（029)82668280	
印　　刷	西安五星印刷有限公司	
开　　本	787mm×1092mm　1/16　印张　14.25　字数　298 千字	
版次印次	2021 年 12 月第 1 版　　2023 年 2 月第 2 次印刷	
书　　号	ISBN 978 - 7 - 5693 - 2342 - 9	
定　　价	29.50 元	

如发现印装质量问题，请与本社市场营销中心联系。
订购热线：(029)82665248　(029)82667874
投稿热线：(029)82668818
读者信箱：85780210@qq.com

前　　言

本书是按照高等工科院校物理实验课程教学基本要求，从现代科技、经济、管理、社会发展对高素质创新型应用人才培养的总体要求出发，并结合西安交通大学城市学院多年来为经济及管理类专业学生开设物理实验的教学实践，特别是十几年的教学改革和课程建设的实践经验，参照历年使用的教材编写而成的面向经济及管理类专业大学物理实验课程所用教材。

物理实验课是对大学生进行科学实验基本训练的一门必修基础课，是大学生进入大学后系统学习基本实验知识、实验方法和实验技能的开端。作为以"培养基础好、技能强、素质高的可持续发展应用型人才为目标"的应用型本科院校，我院自物理实验室成立后，历来重视实践性教学环节。针对学院应用型人才培养的需要，并结合我院经济及管理类专业学生的特点及实际情况，我们的大学物理实验课程以"加强基础、注重应用、增强素质(课程思政)、培养能力"的应用型人才培养为目标，遵循"以人为本、以学生为主体"的教育理念。为了在教学中体现以学生为主体、充分发挥教师的主导作用、提高物理实验课的教学质量，我们在教学内容和教学方法等方面进行了一系列的探索和改革，在教学中引入并大力实践"问题式启发互动教学"、"雨课堂＋对分课堂"等教学模式。而为了实施"问题式启发互动教学"，必须得有体现问题引导的配套教材，所以我们在教材建设方面也做了探索与改革，并在总结经验的基础上编写了这本新教材。

本教材共分3章。第1章测量、误差与数据处理，适当地引入了不确定度的概念及用软件处理数据，以适应发展的需要，并为复习巩固本章内容编入了一些习题。第2章为力学、热学、电磁学、光学、近代物理等基础实验。第3章是物理演示实验。

本教材在整体框架上把常用仪器及基本测量方法渗透到每个实验之中；除了测量误差与数据处理和基础物理实验外，还含有为经济及管理类专业学生开设的演示实验，通过这些物理演示实验的学习，能够使学生更容易地理解物理、了解自然科学、了解科技进步对人类文明的贡献，全面提高其综合素质，还能进一步激发学生求知探索的欲望，提高其实验动手能力和科技创新能力。

本教材在实验内容组织方面注重与学生的互动；注重与实际、现代科技和经济管理等学科的联系；注重对学生物理实验思想、实验模型、实验方法、科学素养等方面的培养。在实验仪器部分除了配有实验仪器示意图外还配有高清的实验仪器实物图，形象直观，便于学生学习。在实验原理、实验步骤等部分设置了问题，启发学生不断思考，使其动手又动脑。另外在每个实验设置有与生产生活紧密结合的引例，引导学生将物理知识与实际相结合。本教材重视因材施教，在每个实验末尾编写了实验拓展，对实验所用到的物理知识及实验方法进行拓展，形式多样，激发学生学习兴趣，从而培养学生分析问题、解决问题的能力，提高其创新意识。

考虑到应用型院校学生实验基础薄弱的普遍情况，为提高学生学习的效果，我们拍摄了部分实验的微视频，同时利用三维虚拟仿真软件 Unity3D 制作了三维虚拟仿真实验仪器（如显微镜、游标卡尺、千分尺等）及每个演示实验的视频作为本书的配套资料，用以辅助学生学习及教师课堂教学。这些资料附于课程网站中，学生可登录网站（http://phy.xjtucc.cn）直接获得。

实验教材建设历来是实验室全体人员共同的结晶。本书由牛海波负责绪论、第 1 章及第 2 章实验 2 的编写；刘会玲负责第 2 章实验 1、3、5、6、7、8、9 及部分演示实验的编写；雷玉明负责第 2 章实验 4、部分演示实验的编写及仪器实物图的拍摄；赵丽华、赵蓓负责部分实验中实验拓展的编写；王小克负责本书附录的编写；赵蓓负责部分实验实验拓展的编写。刘会玲负责全书统稿及本书原理图的绘制；赵丽华、雷玉明、刘兆梅拍摄了实验微视频；李育新、牛海波、李宏利等老师制作了实验仪器的三维虚拟仿真系统；李育新、雷玉明、赵云芳等老师拍摄了演示实验视频。特别感谢赵蓓、梁颖亮、马附州、李宏利、赵云芳、贾亚民等老师提供的演示实验资源及对本书编写的指导。

本书编写过程中，编者参考了大量相关资料，借鉴了不少宝贵的教学实践经验。在此，对参考资料的作者、西安交通大学城市学院物理实验室的各位同仁以及帮助此书出版的单位深表谢意！对关心、支持本书编写的所有同仁表示衷心的感谢！

由于编者水平有限且时间仓促，书中难免有疏漏和不妥之处，敬请批评指正。

编者

2021 年 5 月

目　　录

绪论 ⋯⋯⋯⋯⋯⋯⋯⋯⋯⋯⋯⋯⋯⋯⋯⋯⋯⋯⋯⋯⋯⋯⋯⋯⋯⋯⋯⋯⋯⋯⋯ （ 1 ）

0.1 为什么对经济及管理类专业学生开设大学物理实验课程 ⋯⋯⋯ （ 1 ）

0.2 怎样上好物理实验课 ⋯⋯⋯⋯⋯⋯⋯⋯⋯⋯⋯⋯⋯⋯⋯⋯⋯⋯⋯⋯ （ 3 ）

0.3 大学物理实验课的学习方法 ⋯⋯⋯⋯⋯⋯⋯⋯⋯⋯⋯⋯⋯⋯⋯⋯ （ 7 ）

0.4 实验安排及成绩评定 ⋯⋯⋯⋯⋯⋯⋯⋯⋯⋯⋯⋯⋯⋯⋯⋯⋯⋯⋯⋯ （ 9 ）

0.5 学生实验须知 ⋯⋯⋯⋯⋯⋯⋯⋯⋯⋯⋯⋯⋯⋯⋯⋯⋯⋯⋯⋯⋯⋯⋯ （ 9 ）

第 1 章　测量误差与数据处理 ⋯⋯⋯⋯⋯⋯⋯⋯⋯⋯⋯⋯⋯⋯⋯⋯⋯ （ 10 ）

1.1 测量与误差 ⋯⋯⋯⋯⋯⋯⋯⋯⋯⋯⋯⋯⋯⋯⋯⋯⋯⋯⋯⋯⋯⋯⋯ （ 10 ）

1.2 系统误差的发现和处理 ⋯⋯⋯⋯⋯⋯⋯⋯⋯⋯⋯⋯⋯⋯⋯⋯⋯⋯ （ 15 ）

1.3 测量结果的不确定度 ⋯⋯⋯⋯⋯⋯⋯⋯⋯⋯⋯⋯⋯⋯⋯⋯⋯⋯⋯ （ 19 ）

1.4 有效数字及其运算 ⋯⋯⋯⋯⋯⋯⋯⋯⋯⋯⋯⋯⋯⋯⋯⋯⋯⋯⋯⋯ （ 26 ）

1.5 实验数据处理的基本方法 ⋯⋯⋯⋯⋯⋯⋯⋯⋯⋯⋯⋯⋯⋯⋯⋯⋯ （ 30 ）

习题 ⋯⋯⋯⋯⋯⋯⋯⋯⋯⋯⋯⋯⋯⋯⋯⋯⋯⋯⋯⋯⋯⋯⋯⋯⋯⋯⋯⋯⋯ （ 38 ）

第 2 章　基础物理实验 ⋯⋯⋯⋯⋯⋯⋯⋯⋯⋯⋯⋯⋯⋯⋯⋯⋯⋯⋯⋯ （ 41 ）

实验 1　物质密度的测定 ⋯⋯⋯⋯⋯⋯⋯⋯⋯⋯⋯⋯⋯⋯⋯⋯⋯⋯⋯ （ 41 ）

实验 2　液体黏滞系数的测量 ⋯⋯⋯⋯⋯⋯⋯⋯⋯⋯⋯⋯⋯⋯⋯⋯⋯ （ 53 ）

实验 3　薄透镜焦距的测定 ⋯⋯⋯⋯⋯⋯⋯⋯⋯⋯⋯⋯⋯⋯⋯⋯⋯⋯ （ 68 ）

实验 4　用稳恒电流场模拟静电场 ⋯⋯⋯⋯⋯⋯⋯⋯⋯⋯⋯⋯⋯⋯⋯ （ 79 ）

实验 5　光电效应 ⋯⋯⋯⋯⋯⋯⋯⋯⋯⋯⋯⋯⋯⋯⋯⋯⋯⋯⋯⋯⋯⋯ （ 86 ）

实验 6　非线性元件伏安特性的研究 ⋯⋯⋯⋯⋯⋯⋯⋯⋯⋯⋯⋯⋯ （ 96 ）

实验 7　金属材料电阻温度系数的测定 ⋯⋯⋯⋯⋯⋯⋯⋯⋯⋯⋯⋯ （ 108 ）

实验 8　金属材料弹性模量的测定 ⋯⋯⋯⋯⋯⋯⋯⋯⋯⋯⋯⋯⋯⋯⋯ （ 118 ）

实验 9　三线摆研究物体的转动惯量 ⋯⋯⋯⋯⋯⋯⋯⋯⋯⋯⋯⋯⋯ （ 134 ）

第 3 章　演示实验 ⋯⋯⋯⋯⋯⋯⋯⋯⋯⋯⋯⋯⋯⋯⋯⋯⋯⋯⋯⋯⋯⋯ （ 144 ）

实验 1　载摆小车 ⋯⋯⋯⋯⋯⋯⋯⋯⋯⋯⋯⋯⋯⋯⋯⋯⋯⋯⋯⋯⋯⋯ （ 144 ）

实验 2　等质量五联摆 ⋯⋯⋯⋯⋯⋯⋯⋯⋯⋯⋯⋯⋯⋯⋯⋯⋯⋯⋯⋯ （ 145 ）

实验 3　不等质量三联摆 ⋯⋯⋯⋯⋯⋯⋯⋯⋯⋯⋯⋯⋯⋯⋯⋯⋯⋯⋯ （ 146 ）

实验 4　滚摆 ⋯⋯⋯⋯⋯⋯⋯⋯⋯⋯⋯⋯⋯⋯⋯⋯⋯⋯⋯⋯⋯⋯⋯⋯ （ 147 ）

实验 5　陀螺仪 ⋯⋯⋯⋯⋯⋯⋯⋯⋯⋯⋯⋯⋯⋯⋯⋯⋯⋯⋯⋯⋯⋯⋯ （ 148 ）

实验 6　茹科夫斯基转椅 ⋯⋯⋯⋯⋯⋯⋯⋯⋯⋯⋯⋯⋯⋯⋯⋯⋯⋯⋯ （ 149 ）

实验 7　离心轨道(过山车模型) ⋯⋯⋯⋯⋯⋯⋯⋯⋯⋯⋯⋯⋯⋯⋯⋯ （ 150 ）

实验 8　锥体上滚 ⋯⋯⋯⋯⋯⋯⋯⋯⋯⋯⋯⋯⋯⋯⋯⋯⋯⋯⋯⋯⋯⋯ （ 151 ）

实验 9　最速降线 ⋯⋯⋯⋯⋯⋯⋯⋯⋯⋯⋯⋯⋯⋯⋯⋯⋯⋯⋯⋯⋯⋯ （ 153 ）

实验 10　维氏感应起电机 ⋯⋯⋯⋯⋯⋯⋯⋯⋯⋯⋯⋯⋯⋯⋯⋯⋯⋯ （ 156 ）

实验 11　范德格拉夫起电机 ………………………………………（160）

实验 12　静电高压电源 ……………………………………………（161）

实验 13　静电屏蔽 …………………………………………………（163）

实验 14　电风吹焰 …………………………………………………（164）

实验 15　避雷针 ……………………………………………………（165）

实验 16　静电跳球 …………………………………………………（166）

实验 17　静电球摆 …………………………………………………（167）

实验 18　静电滚筒 …………………………………………………（168）

实验 19　手触蓄电 …………………………………………………（170）

实验 20　立体磁感线演示 …………………………………………（172）

实验 21　线圈炮演示 ………………………………………………（174）

实验 22　电磁驱动 …………………………………………………（175）

实验 23　手摇发电机演示 …………………………………………（176）

实验 24　通电断电自感现象 ………………………………………（177）

实验 25　磁悬浮陀螺 ………………………………………………（178）

实验 26　地球仪常温磁悬浮 ………………………………………（180）

实验 27　磁悬浮实验 ………………………………………………（181）

实验 28　神奇的辉光盘 ……………………………………………（183）

实验 29　辉光球 ……………………………………………………（184）

实验 30　飞机升力 …………………………………………………（184）

实验 31　饮水鸟 ……………………………………………………（186）

实验 32　形状记忆合金模型 ………………………………………（187）

实验 33　温差发电 …………………………………………………（191）

实验 34　混沌摆 ……………………………………………………（191）

实验 35　击鼓共振 …………………………………………………（193）

实验 36　可见声波 …………………………………………………（193）

实验 37　共振音叉 …………………………………………………（194）

实验 38　环形驻波演示 ……………………………………………（196）

实验 39　鱼洗 ………………………………………………………（197）

实验 40　激光琴互动演示 …………………………………………（199）

实验 41　光栅光谱演示仪 …………………………………………（200）

实验 42　三基色 ……………………………………………………（201）

实验 43　伽尔顿板 …………………………………………………（202）

实验 44　三球仪演示 ………………………………………………（203）

实验 45　无源之水 …………………………………………………（204）

附录 A　常用物理数据 ……………………………………………（205）

附录 B　与随机误差有关的概率和统计初步知识 ………………（216）

附录 C　国际单位制及其应用 ……………………………………（219）

附录 D　第 1 章习题参考答案 ……………………………………（221）

参考文献 ……………………………………………………………（222）

绪　论

0.1　为什么对经济及管理类专业学生开设大学物理实验课程

1. 经济及管理类专业学生开设大学物理实验课程的重要性

近年来，随着科学技术及社会经济的发展，社会科学（如经济学、管理学）频繁、大量与自然科学（如物理学）交叉。物理学（如统计物理学、非线性动力学、流体力学、量子力学，等等）的思想、原理、方法、技术和模型已广泛地应用于经济学，尤其是金融学领域。例如，1905 年，爱因斯坦发表了包括狭义相对论、光电效应、分子随机布朗运动等方面的 5 篇论文和其他 12 篇评论文章，其中"随机布朗运动"的概念被广泛应用于经济学的研究之中，如股票价格服从布朗运动，布朗运动是物理学、生物学和经济学结合在一起的概念。再例如，湍流和金融市场之间有一些有趣的相似之处：大尺度的扰动被转移到连续的较小尺度。在液体中，可以观察到系统中输入的能量（如搅动）被转移到越来越小的尺度；在金融市场，信息被大规模地"注入"，人们观察到反应向较小规模的个体投资者传递。由于它们内部存在多种交互类型，因此对它们建模极具挑战性。管理学是在自然科学和社会科学两大领域的交叉点上建立起来的一门综合性交叉学科。物理学的思想、模型、方法同样可应用于管理学中。

物理学属于自然科学，是关于无人社会基本规律的学科；而经济学及管理学属于社会科学，是关于有人社会基本规律的学科。两者似乎有很大的差别，不应融合。但现实是物理学能够为经济学及管理学发展提供有效的方法和工具，可运用物理学的思想、原理、方法、技术和模型等来解释和研究经济及管理问题，二者结合的结果推动了经济的发展。国内外的金融机构（如银行、证券交易所和各种基金投资机构）专门聘请或雇佣获得物理学博士学位的专业人士来从事相关的金融工作；纽约的摩根大通和大通曼哈顿聘请理论物理学家来进行金融分析。

作为研究物质的基本结构、基本运动形式、相互作用及其运动规律的自然科学——物理学，所展现的一系列科学的世界观和方法论，已渗透到经济与管理学科的各个领域，深刻影响着人类对物质世界的基本认识。而物理学本质上是一门实验科学，必须依靠观察和实验。且物理实验是科学实验的先驱，体现了大多数科学实验的共性，在实验思想、实验方法以及实验手段方面是各学科科学实验的基础。大学物理实验教学和大学物理理论教学具有同等重要的地位，它们既有深刻的内在联系和配合，又有各自的任务和作用。

而对于经济及管理学类专业的学生，通过物理实验，不仅可以学到生活及经济领域涉及的物理学基本知识、方法、技术等，还能训练其基本实验技能及提高其科学素养，以适应科学技术不断进步的需要。

正如爱因斯坦评价牛顿："幸运的牛顿，科学的快乐童年，他一个人集实验学家、理论学家以及机械师于一身，而且还是一个阐释的艺术家，他屹立在我们面前，强大、自信、独一无二。"

复旦大学物理系金晓峰教授在他的文章《诗情画意的物理学》中描述，在很多人眼中，科学和艺术似乎处于人类文明的两个极点，相距甚远。不仅人文类的学者会这么认为，很多科学家也如此认为。这与我们的教育长期文理分隔，乃至到了大学以后，学科越分越细有关。事实上，一个接受过完整教育的人，不应该有这样的看法。自古以来科学与人文就是密不可分的。物理学作为科学的一部分，它是人文的、艺术的、诗情画意的。

对于经济及管理学科的学生，不能只埋头于学科专业表面上的知识，而是要更多地关注目前学科的前沿在哪里，本学科发展的趋势在哪里，其他学科在做什么，要了解未来的学科布局、学科交叉，要知道未来世界需要什么样的知识背景、什么样的人才素质、什么样的思维方法、什么样的竞争能力，只有这样，才会使学生有目标、有眼界、有追求，从而保持持续发展的兴趣、活力和动力。

2. 大学物理实验在培养应用型人才方面的作用

2018年习近平总书记在全国教育大会上进一步强调，要提升教育服务经济社会发展能力，着重培养创新型、复合型、应用型人才，体现了国家对建立和发展高水平应用型高校的迫切期望。因而研究探索适合应用型人才培养的教学体系及方法对建设高水平应用型高校意义重大。

不同于研究型人才培养，应用型人才培养过程中更强调实践性、应用性和技术性，因此实践教学对于应用型人才培养至关重要。

"大学物理实验"是学生进入大学后的第一门实验课，它能使学生受到系统的物理实验方法和实验技能的训练，让学生了解科学实验的主要过程和基本方法，为今后的科学实验学习奠定初步基础。同时物理实验课覆盖面广，具有丰富的实验思想、方法、手段，并能提供综合性很强的基本实验技能训练，是培养学生科学实验能力、提高学生科学素质的重要基础。它还在培养学生严谨的治学态度、活跃的创新意识、理论联系实际和适应科技发展的综合应用能力等方面具有其他实践类课程不可替代的作用。具体作用如下：

1）使学生学习和掌握物理实验的基本知识

学生通过物理实验现象的观察、分析和对物理量的测量，学习和掌握物理实验的基本知识、基本方法、基本技术；懂得如何运用实验方法去研究物理实验现象和规律，加深对物理学原理的理解；熟悉常用仪器的基本原理、基本结构、使用方法；学习物理实验中独特而巧妙的思维方法。

2）培养和提高学生的科学实验能力

自学能力：能够自行阅读实验教材或资料，正确理解实验内容和实验原理，做好实验前的准备；对实验中出现的基本问题，能通过查阅资料来解决。

动手能力：能借助教材或仪器说明书，正确地使用仪器和进行各种基本操作；培养一定的动手操作能力，能够解决实验中的一般技术性问题，排除实验中的简单故障，在一定的仪器设备条件下，通过努力，得出尽可能好的实验结果。

观察能力：能够通过实验过程所呈现的各种现象，发现实验现象的各种特征，通过对现象的观察研究和比较，获得全面的、本质的实验信息。

分析能力：能够运用物理学理论和实验原理对实验故障、现象和结果进一步分析、判断和解释；对各种因素可能引起的误差进行初步估计，对结果进行初步评价。

表达能力：通过正确记录和处理实验数据，设计表格、绘制图线、描述实验现象、说明实验结果、撰写合格的实验报告，提高其语言文字表达能力。

实验设计和创新能力：对于简单问题，能够从研究现象或课题要求出发查阅资料，依据基本原理，设计实验方案、确定实验参数、选配实验仪器、拟定实验程序，合理、有效地安排测量方案和实验步骤，完成实验或创新地解决工农业生产和日常生活中的一些问题。

3）培养和提高学生的科学实验素养

培养学生实事求是、理论联系实际的科学作风；严肃认真、一丝不苟、不怕困难、艰苦努力的科学态度；不断探索、大胆质疑、勇于创新的科学精神；遵守纪律、团结协作、节约资源、爱护公物的优良品德。

以上的培养锻炼是物理实验课程所特有的，对于应用创新型人才的培养具有重要而独特的意义。

0.2　怎样上好物理实验课

1. 以分析问题、解决问题的思路研究每一个实验

物理实验课有自身的特点及规律，实验中都包含着实验理论、实验思想方法及实验技能。每个实验可看成是一个需要解决的问题，因此实验时，首先分析问题，然后提出解决问题的方案，再配置仪器，确定步骤进行实验(调整仪器、观察现象、进行测量、记录数据)，最后总结分析写出实验报告。因此"分析问题、解决问题"贯穿于实验的始终，这就是实验课的"骨架"。在这个过程中，所运用的实验方法，蕴含的实验思想，得到的实验技能训练，则是实验课的"血肉"。同学们带着这样的认知去完成每一个实验，就能得到一个完整的训练过程。

下面举一个简单的例子。粉末状食盐、一架天平、一个量筒、一张纸、水。根据上述条件，如何测得食盐的密度？明确需要解决的问题是测量粉末状食盐的密度。首先分析问题，食盐是粉末状的固体，测固体密度一般用定义法来测，即用密度的定义式 $\rho = m/V$，通过测一定量食盐的质量 m 和体积 V，计算出密度 ρ。然后根据上述提供的仪器提出解决方案，质量 m 可用天平测得，但是粉末状食盐的体积 V 如何测量？这就是要进一步解决的问题。可在量筒中装入水，再加入食盐，让盐溶于水中，最终会得到饱和盐水，之后再加入食盐，将不再溶解，可利用排水法测出食盐的体积 V。方案确定后，再确定实验步骤，那么需要确定测量顺序，是先测量质量还是先测量体积，如果先测量体积，那么倒入量筒中的食盐无法取出来，因此不合理。所以实验步骤是先测量质量，再测量体积，再根据 $\rho = m/V$ 计算出密度，即可完成实验。

2. 课前以问题为核心展开预习

《论语》中有句名言："工欲善其事，必先利其器。"意指要做好一件事，准备工作非常重要。做好实验的准备工作就是充分预习。预习是实验的第一个重要环节，是课堂

上问题式启发互动教学的一个重要前提，良好的预习可提升课堂的教学效果。同时学生通过预习可以锻炼自学能力、培养探索能力。所以必须坚持和强化预习环节。

我们采取各种有效措施引导学生预习。在教材的每个实验开始设置了一系列的预习问题，问题涵盖实验目的、依据原理和方法、所用仪器量具及装置性能和使用方法等方面，使学生带着问题有针对性地围绕教材、物理实验教学平台、微信公众号平台等自制资源进行预习，同时通过 QQ 建立教师与学生之间即时沟通渠道，使整个学习过程无沟通障碍。

预习完成后，用规定的纸张按要求书写一份预习报告。预习报告宜简要，可用提纲形式，忌大篇幅抄讲义，宜用自己的语言。

获得 1965 年诺贝尔物理学奖的美国物理学家理查德·费曼是加州理工学院最受欢迎的教师之一，他开创了一种高效的学习方法，即费曼学习法，被很多人认为是最好的学习方法，微软的比尔盖茨、苹果的乔布斯都是费曼学习法的拥戴者。费曼学习法就是在学习新知识后，如果你能用自己的话将对新知识的理解讲授给别人，当别人都听懂了，说明你把这些知识搞明白了。所以同学们可以尝试用费曼学习法去完成预习。

预习报告一般应包括：

（1）了解实验题目、主要的概念及测量方法。

（2）描述主要实验原理，包括电路（光路）图。

（3）列出实验简要步骤。

（4）画好原始数据表格。

（5）回答指定的实验预习题。

设定好预习要求后，我们还会通过多种方式检查学生的预习情况，不预习不准做实验。我们通过书面形式、课堂提问、让学生讲解等多种方式检查学生的预习情况。几次实践下来，学生就可逐步养成预习习惯，养成严谨的科学态度，并激发了学生实验预习的兴趣，真正发挥预习的作用。

3. 课堂上以问题式启发互动教学展开教师讲解及学生有序操作

物理实验课的课堂教学，首先是教师讲解，然后是学生操作。在讲解及学生操作阶段，加强与学生的互动，积极发挥学生主体、教师主导的作用。而学生操作是学习科学实验知识、培养实验技能、完成实验任务的主要环节。进入实验室后，要遵守实验室规则，特别要遵守实验室安全规则。

（1）进入实验室后，按实验室排定的顺序对号入座，然后拿出实验教材、实验记录纸、各类所需的文具如签字笔、计算器等，将书包等放入实验台下的柜中。

（2）在教师进行课堂教学时，同学们要集中精力认真听讲并积极参与课堂讨论，特别是实验的重点、难点、注意事项及预习中碰到的问题。在讲解阶段，教师通过问题引导及知识传达，引导学生在积极动脑的思考状态中获取知识，整个讲解过程以学生思考问题和获取知识贯穿，学生应积极通过已学知识思考新的问题，注重知识前后的融会贯通，从而在有限的时间内收获最多知识。

苏格拉底说："最有效的教育方法，不是告诉他们答案，而是向他们提问。"问题可以使学生积极主动地去思考，可以充分有效地调动学生的积极主动性。通过向学生提问，可以使学生学会如何去思考问题和解决问题。

（3）教师讲解完成后，每人一套仪器，独立完成实验。在使用仪器前，务必看懂说明书或听懂教师所讲的使用指导，按照电路、光路及仪器装置的使用步骤进行调节，调好后，应报告教师检查；使用电源时，务必经过教师检查线路后才能接通电源；爱护仪器，严格按操作规则使用仪器；仪器发生故障后应立即报告教师，不得自行处理或更换。

（4）仪器检查完毕，经教师许可，方可开始实验。注意观察现象，若过程允许，可先粗略地演示一遍，观察数据变化及范围，有无异常情况；如果正常，则可按步骤进行实验，并记录数据（应本着科学态度，尊重事实、实事求是），同时注意数据的有效位数及实验条件，特别要注意初始值（在实验中"0"是一种状态，不是什么都没有），数据记录完成后，还应仔细检查数据是否有遗漏及笔误后，再交教师签字认可。

实验过程中如果出现异常情况应立即中止实验，以防损坏仪器，并认真思考，分析原因，力争独立寻找、排除故障，也鼓励大家和指导教师展开讨论一起解决问题。通过实验学习探索和研究问题的方法和能力。

在最初实验时同学们常常感到很困难，因为实验花了很多时间，而所得的测量结果却往往是完全错误的。但是，任何时候也不应因此而灰心，因为这种失败的原因正是缺乏技能和经验。

（5）实验操作完成后，先关闭仪器或切断电源，但是不要破坏光路或电路连接，将原始数据送指导教师审核，待教师签字确认后，再把仪器整理好，保持实验室的整齐清洁，经教师允许方可离开实验室。为什么这么要求？一是实验室管理维护的基本要求，二是使同学们养成良好习惯，为日后工作打下坚实的行为基础。正如，企业质量管理体系要求生产及办公区域达到5S标准（整理、整顿、清扫、清洁、素养）一样。

数据记录要求如下：

原始记录是实验过程最基本的数据文件，必须在实验过程中同时记录完成，不允许实验完成后再补记和抄袭。应记录时间、实验人、相关条件和说明。

数据记在数据记录纸上，用钢笔或圆珠笔按规定的格式（应留页边距）书写，字迹清楚整洁，若数据需要更改，须划掉原数据（即在原数据上划一横杠），正确的数据写在其旁边；不允许使用涂改液，数据记录纸只允许记录原始数据，不得有任何计算；实验数据自行完成，不准抄袭、编造、涂改原始数据，违者按不及格处理。

原始数据记录应书写清楚、整洁，表格明晰，单位、符号、有效数字正确，并经指导教师确认和签字。

4. 课后认真撰写实验报告

实验报告是实验完成后的书面总结，是把感性认识上升为理性认识的过程，是培养学生表达能力的主要环节。

首先应完整地分析一下整个实验过程，明确实验依据的理论和物理规律是什么；然后通过计算、作图等数据处理，明确得到的实验结果，有的还要进行科学合理的误差或不确定分析；最后总结实验过程存在什么问题，有哪些需要提高。应注意的是：写实验报告不要盲目地去抄教材。因为实验教材是供做实验的人阅读的，是用来指导同学们做实验的；而实验报告是给同行看的，是向同行报告实验的原理、方法、使用的仪器，测得的数据，供同行评价自己的实验结果的。

认真书写实验报告，不仅可以提高自己写科研报告和科学论文的水平，而且可以提高自己组织材料、语句表达、文字修饰的能力，这是其他理论课程无法替代的。

实验报告要求如下：

1）纸张和内容要求

实验报告用规定的纸张书写，包括首页、续页。注意首页的实验信息要填写完整，正文内容可以正反面书写。实验报告的书写及要求如下：

（1）实验信息及实验名称：要注明日期、环境、实验人，填写实验名称。

（2）实验目的：不要抄书，按实际情况书写。

（3）实验仪器：名称、规格、数量。

（4）实验原理：实验所依据的定理及原理、原理适用条件，建立的测量模型，主要的计算公式，样品的结构图、电路原理图、光路图等。

（5）实验内容及步骤：实验简要的内容和步骤。

（6）数据处理：

①进行数值计算时，必须写完整过程。要先写出公式，再代入数据，最后得出结果（即：要求量＝公式＝代数式＝结果（单位），单位应用国家标准的推荐单位），并要完整地表达实验结果。

数值计算举例：

$$\eta = \frac{(\rho - \rho_0)gd^2}{18v_0} = \frac{(7800 - 969)\text{kg/m}^3 \times 9.797\text{m/s}^2 \times (1.003 \times 10^{-3})\text{m}}{18 \times 3.192 \times 10^{-3}\text{m/s}} = 1.165(\text{Pa} \cdot \text{s})$$

② 若用作图法处理数据，应严格按作图要求，画出符合规定的图像。若用软件处理数据，应有打印结果。

（7）实验总结：对实验结果应做出肯定或否定的报告、结果分析、误差分析、实验教材内容与仪器的批评改进意见、重要的讨论分析、对不理想实验结果的详细剖析及经验总结等。

2）书写要求

（1）用钢笔或圆珠笔书写，字迹应清楚整洁、整体美观。

（2）书写前，应规划出纸张的左右边距，内容应写在纸张规划的边距之中，背面书写时请尤其注意。电路图、原理图、表格用钢笔和直尺画。

3）作图纸张要求

用坐标纸作图。

4）装订要求

报告书写完成后应装订，请按照如下纸张顺序装订：实验报告首页、续页、坐标纸、数据记录纸，没有用到的纸张无须装订。请沿着左侧装订线上下订两颗钉即可。坐标纸装订时，图的正方向应朝外（朝下）装订，以方便阅读。

5）收交要求

（1）实验报告及作业应于实验数据签字后一周之内交教师批阅。

（2）被退还的需要更正的报告，要认真阅读，所有的不当或错误，应与教师讨论清楚后，更正并于退发之日起一周内连同原报告一起装订（按更改后报告—原报告—原始记录顺序装订成册），重新交教师批阅，过期不收。

实验报告书写内容及要求如下所示：

西安交通大学　城市学院

大学物理实验报告

班级 _____ 姓名 _____ 学号 _____ 温度 _____ 湿度 _____ 天气 _____

实验日期 ____月____日　退还更正 ____月____日　教师审阅 _____

实验名称 _____

一．**实验目的**（不要抄书，按实际情况书写）

二．**实验仪器**（名称、规格、数量）

三．**实验原理**（实验所依据的定理/原理 及 定理/原理的适用条件、

　　建立的测量模型、主要的计算公式、样品的结构图/电路原理图/

　　光路图等）

四．**实验内容及步骤**（实验简要的内容和步骤）

五．**数据处理**（计算必须写完整过程，即：要求量=公式=代数式=结

　　果单位）

　　举例：

$$\eta = \frac{(\rho - \rho_0)gd^2}{18v_0} = \frac{(7800 - 969)\text{kg}/\text{m}^3 \times 9.797\text{m/s}^2 \times (1.003 \times 10^{-3})\text{m}}{18 \times 3.192 \times 10^{-3}\text{m/s}} = 1.165(\text{Pa} \cdot \text{s})$$

六．**小结**（讨论实验中遇到的问题；写出自己的见解、体会和收获；

　　提出对实验的改进意见。）

装

订

线

0.3　大学物理实验课的学习方法

1. 重视实验课及其各个环节

物理实验课的各个环节，如预习、操作、写报告等是密切相关的有机系统，每一

环节都要认真对待、一丝不苟。对有效数字、误差分析、误差或不确定度的估算，作图法、逐差法等数据处理方法的学习，要贯穿始终，逐步深入理解和掌握，对各个实验不仅要知其然，而且要知其所以然，这样才能达到举一反三、触类旁通的效果。任何轻视实验、敷衍了事、得过且过的思想都是学习的大敌，都是有害的，这不仅会让同学们学不到有关实验知识，甚至还会导致损坏仪器、危及安全的各种事故，万万不可掉以轻心！我们希望同学们能摸索出适合自己的科学的学习方法，培养对实验的兴趣，能主动积极地、灵活全面地学好物理实验课，提高学习效率，收到事半功倍的学习效果。

2. **注意掌握基本测量技术和实验方法**

基本的测量技术和实验方法是复杂、大型、现代高新实验的基础，且在实际工作中会经常用到。

常用的测量技术和实验方法，如水平、铅直、零位的调整，比较测量，放大测量，指零法，模拟法，替代法等，只有通过在每个具体的实验中亲自动手、仔细观察、认真思考，才能有所体会。在此基础上，要能够设计一些简单的实验。通过这些训练使同学们在面对一个新的实验任务时，自己能够独立确定实验方案，选定恰当的仪器，在满足一定误差或不确定度要求的前提下，得出可信的实验结果。

3. **养成良好的实验习惯，培养科学的实验素质**

实验之前，对所做的实验要清楚了解其内容，做到心中有数、有的放矢，实验前的准备工作要充分。实验中要善于观察各种现象，测量数据要细心准确。实验结束后要有一份完整真实的实验记录，并要养成分析的习惯。

一个成功的实验与正确使用仪器密切相关，常用的仪器必须熟知它的使用方法和注意事项，对仪器的准确度、读数等都要清楚了解。实验时仪器的布局、调整、连接，甚至操作姿势都要有所考虑，操作时要胆大心细，要敢于动手、善于动手，要逐步培养自己独立分析、寻找、排除实验中出现的各种故障。能否迅速发现和排除仪器装置或实验过程中的故障，是实验能力强弱的重要表现。

实验的好坏与成败，实验的收获和能力的增长，不能单纯地看实验结果与理论值的吻合程度。实验结果与理论值接近当然好，但更重要的是会判断这个结果是否合理。任何一个实验结果与客观实际或理论公式的计算结果都会有些差异，实验方法、实验仪器、实验环境等都会引起误差，只要结果在所要求的误差范围以内，能找出产生误差的主要因素及改进的途径，实验的收获就很可贵。

只有认真对待每一个实验，在每次实验中有意识地加强锻炼，才能养成良好的实验习惯，提高自己的实验素质。

4. **培养手脑并用、善于思考、勇于创新的能力**

实验自始至终要多动脑筋，多想几个为什么，要经常与学到的理论相联系，要能判定实验结果的可靠性与正确性。对于重点、难点要善于思考，不怕困难和失败。各实验的基本内容和重点要集中精力把它掌握透。实验完结后要回顾、比较、归纳、总结，要有创新意识，在前人经验的基础上，鼓励用新的视角、新的方法进行实验研究。

0.4　实验安排及成绩评定

1. 实验安排

大学物理实验采取学生分组(每组 15～16 人)制，每人一套仪器，按照实验循环表完成实验。每个实验组配备一名指导教师，上课时教师将采用问题式启发互动教学，问题贯穿整个讲解过程，使学生始终处于积极动脑思考探究的状态，引导学生积极获取知识并解决问题，从而达到有效教学目的。

2. 成绩评定

每个实验 20 分，课堂成绩 12 分[预习 5 分(预习报告书写、预习提问)、课堂 7 分(实验操作和实验数据)]、课后实验报告(格式、计算)8 分。

学生如果有 3 个实验成绩不及格，则本学期实验成绩不合格，1 年后重修。无故缺 1 次实验，则本学期实验成绩总分最高只能为 60 分。

严禁学生抄袭报告，对于发现抄袭报告的现象，按"初次从宽，二次从严"的办法处理：对第一次抄袭报告的学生，任课教师应给予教育(报实验中心备案)，并责成该同学写出深刻检查，同时重新书写实验报告，该次实验的成绩按 60 分计算；对重犯的学生，本学期课程成绩为"不通过"。

0.5　学生实验须知

学生实验是根据课表排定的实验时间、地点，使用专用的仪器设备，由学生在教师指导下，独立完成实验。在实验中，应诚实做人、遵纪守法、认真操作、如实记录、独立思考并克服困难，最终完成实验。学生实验须知如下：

(1)要求学生提前 5 分钟到实验室，迟到超过 5 分钟，不准进行实验；5 分钟以内，扣课内成绩。

(2)上课需带教材、文具(报告纸、笔、直尺、函数计算器等)等资料。

(3)进入实验室后，按实验序号对号入座，与实验无关的物品一律放于抽屉或柜子里；不得随意拨弄仪器，未经教师许可不能调换仪器和样品。

(4)每个实验要有预习报告，课前交实验教师检查，无预习报告或预习不合格者，不允许做实验。

(5)上课期间关闭手机，不允许随意走动及讲话，保持室内安静、整洁。

(6)做完实验经教师签字后，学生应关闭电源，将仪器整理还原，桌面收拾整齐，凳子归位，并经教师确认仪器还原情况，允许后方可离开实验室，并带走个人废弃物。

(7)事假及病假须通知代课教师，来校办正式的请假手续后由代课教师协调安排补做实验。

(8)全体学生应自觉爱护设备、器材，严格按照仪器操作规程使用仪器，若因不遵守操作规程、不按规定要求进行操作或未经代课教师批准擅自动用仪器，而造成仪器损伤或损坏的，按损坏情况应酌情予以赔偿。

第1章 测量误差与数据处理

物理实验离不开对物理量进行测量，由于人们认知能力和科学技术水平的限制，使得物理量的测量很难完全准确。也就是说，一个物理量的测量值与其客观存在的值总有一些差异，即测量总存在着误差，由于误差的存在，使得测量结果带有一定的不确定性，因此对一个测量质量的评估，要给出它的不确定度，这是本章要介绍的前一部分内容。对物理量的测量结果总是用一组数字来表示，这是物理实验中经常遇到的很重要但又易被忽视的有效数字问题。做完一个实验必定要获得一些测量数据，如何对这些原始数据进行处理，得到实验结果，并给出误差或不确定度，就要使用一些科学的方法，本章后一部分内容，就要介绍有效数字及物理实验中常用的几种数据处理方法，如列表计算法、作图法、逐差法等。

1.1 测量与误差

1.1.1 测量及其分类

物理实验是以测量为基础的。测量是用实验的方法通过一定的量具（仪器）寻找真值的一组操作。即被测量和标准量在一定的条件下进行比较，被测量用标准量的倍数和单位来表示结果。因此测量的必要条件应该是被测物体、标准量及操作者，测量结果应是一组数字和单位以及与之相关的测量手段及条件。例如，测量一个小钢球的直径，选用的标准单位是毫米，测量结果是毫米的 10.508 倍，则直径的测量值为 10.508 mm，使用的量具为螺旋测微器，测量环境温度为 18.5 ℃。

测量是物理实验的基础。要明确对象、选择方法，实现测量各步骤，给出完整的测量结果。完整的测量结果包括被测量的量值、误差及单位，必要时还要写出对测量结果有影响的量的值。

作为比较标准的测量单位，其大小是科学的、人为规定的，以某几个选定的基本单位为基础，就能推导出一系列导出单位，这一系列基本单位和导出单位的整体叫作单位制。国际单位制（简称 SI）是世界唯一公认的、科学的单位制，它选定了 7 个基本物理量（长度、质量、时间、电流、热力学温度、物质的量和发光强度）的单位为基本单位（参见附录 C）。物理实验中一律采用国际单位制。

1. 直接测量和间接测量

测量按结果获得方式，分为直接测量和间接测量。所谓直接测量是使用仪器或量具直接与被测量进行比较得出被测量的值，相应的被测量称为直接测量量。例如，用米尺、游标卡尺、螺旋测微器（千分尺）测量长度，用天平和砝码测量质量，用秒表测时间，用电流表测电流，用电压表测电压等都是直接测量。但是更多的物理量很难找到直接测量的量具，没法直接测量。例如，物体的密度、某地的重力加速度等。所谓间接测量是通过测量与被测量有已知函数关系的其他直接测量量，由函数关系式计算得到被测量的量值，相应的被测量称为间接测量量。例如，某一金属立方体的密度 ρ 是通过对其质量 m、长度 l、宽度 b 及高度 h 的测量，根据密度的定义式 $\rho = \dfrac{m}{l \cdot b \cdot h}$ 计算得到。由于材料的密度与温度有关，因此，这个测量结果还应注明测量过程的环境温度，这才是完整的间接测量结果。

2. 等精度测量和不等精度测量

根据测量条件是否发生变化，测量又可分为等精度测量和不等精度测量。同一观察者，在相同的环境下用同样的方法、同样的仪器，对同一被测量进行多次重复测量，这种重复测量称为等精度测量。尽管各次测量值可能不相等，但是没有任何理由认为某次测量一定比另一次测量更准确，所以，每次测量的可靠程度只能认为是相同的。测得的一组数据称为测量列。实际上，没有不变的人或物，只要其变化对实验的影响很小乃至可以忽略，就可以认为是等精度测量。以上各条件，如有一项或几项发生变化，导致明显影响测量结果，即为不等精度测量。处理不等精度测量的结果，需要根据每个测量值的"权重"进行"加权平均"，比较麻烦，而等精度测量的数据处理相对简单，如无附加说明，本教材只涉及等精度测量。

1.1.2　真值与测量值

任何一个物理量，在确定条件下都有一个客观存在的值，叫作真值。例如某一物体在常温条件下具有一定的几何形状及质量。真值的传统定义为：当某量能被完善地确定并且已经排除了所有测量上的缺陷时，通过测量所得到的量值。真值是一个比较抽象和理想的概念，一般不能确切知道这个值。真值包含理论真值（如三角形内角之和恒为 $180°$）、约定真值（如指定值、标准值、公认值）及最佳估计值等。

测量的目的是力图准确地得到这个真值。但是由于测量仪器、测量方法、测量环境及测量者观察能力等因素的影响，测量结果不可能与真值完全相同，只能是真值的近似值。包括：

①单次测得值。若只能进行一次测量如变化过程中的测量，或没有必要进行多次测量；对测量结果的准确度要求不高或有足够的把握；仪器的准确度不高，多次测量结果相同。这时就用单次测得值近似地表示被测量的真值。

②算术平均值。对多次等精度重复测量，用所有测得值的算术平均值来替代真值，由数理统计理论可以证明，算术平均值是被测量真值的最佳估计值。

③加权平均值。当每个测得值的可信程度或测量准确度不等时，为了区分每个测得值的可靠性，即重要程度，对每个测得值都给一个"权"数。最后测量结果用带权数的测得值求出的平均值表示，即加权平均值。

1.1.3　测量误差的定义及表示

1. 测量误差的定义

由于测量仪器、测量方法、测量环境及测量者观察能力等因素的影响，任何测量都有误差。测量误差是指测量值和真值的差异。设某被测量的真值为 x_0、测量值为 x，则其测量误差 Δx 表示为

$$\Delta x = x - x_0 \qquad (1-1-1)$$

在实际处理时，由于真值不可知的缘故，常常用多次测量的算术平均值代替真值（或准确度高的实际值作为约定真值），此时的差异将不再是误差而叫作偏差，也就是说实际能计算的只有偏差，因而在实际应用中也就不再细分二者的差异而统称误差。

2. 测量误差的表示

测量误差按表示方法不同，分为绝对误差和相对误差。

1）绝对误差

由式(1-1-1)定义的测量误差可正可负，它反映了测量值偏离真值的大小和方向，因此又称为绝对误差。绝对误差可以比较不同仪器测量同一被测量的精确度的高低。绝对误差可正可负，与被测量的大小无关，仅由测量仪器决定，具有与被测量相同的量纲和单位。但要注意，绝对误差不是误差的绝对值。

例如，测量某一物体的长度时，它的标称值 $L_0 = 75.00$ mm、测量值 $L = 74.95$ mm，根据式(1-1-1)，绝对误差 $\Delta L = 74.95 - 75.00 = -0.05$ mm；再如测量一个金属板的厚度，它的标称值 $d_0 = 1.00$ mm、测量值 $d = 0.95$ mm，绝对误差 $\Delta d = 0.95 - 1.00 = -0.05$ mm。二者绝对误差相等，那是不是反映了这两次测量的准确度或者说结果可靠性相同？

直观结果告诉我们，这两次测量的准确度显然不同，物体长度的测量结果可靠性明显优于金属板厚度的测量结果。所以评价测量结果的好坏，不仅要看绝对误差的大小，还要看被测量物体本身的大小。为了更全面地表征测量结果，引入了相对误差，用 E 表示。

2）相对误差

相对误差定义为测得值的绝对误差与被测量真值之比。由于真值不能确定，实际上常用约定真值，如公认值、算术平均值。相对误差 E 是一个无量纲的无名数，常用百分数表示，如

$$E = \frac{\Delta x}{x} \times 100\% \qquad (1-1-2)$$

当测量仪器（准确度）相同时，在不同情况下相对误差可以不同。计算相对误差能够直观地估计测量的精确度，因此通常都是计算结果的相对误差。

例如，上面物体的长度测量，它的相对误差 E_L 表示为

$$E_L = \frac{-0.05}{74.95} \times 100\% \approx -0.07\%$$

而薄板厚度测量，它的相对误差 E_d 表示为

$$E_d = \frac{-0.05}{1.05} \times 100\% \approx -4.8\%$$

显然 $|E_L| < |E_d|$，这说明虽然两组测量的绝对误差大小相同，但相对误差却大不一样。通过相对误差，就可客观地表明物体长度测量的准确度要比厚度测量的准确度高。

百分误差。有时将测得值与理论值或公认值进行比较，则用百分误差 E_r 表示，如

$$E_r = \frac{|测得值-理论值|}{理论值} \times 100\%$$

1.1.4 测量误差来源及分类

1. 测量误差的来源

测量的结果总含有某些错误或误差，误差自始至终存在于一切科学实验和测量过程之中，测量结果都存在误差，这就是误差公理。

(1)在测量过程中产生的误差。

①方法误差：由于所采用的测量原理或测量方法本身的近似或不严格、不完善所产生的测量误差。

②仪器误差：在进行测量时由所使用的测量工具、仪表、仪器、装置、设备本身固有的各种缺陷的影响而产生的误差。

③环境误差：测量系统以外的周围环境因素对测量的影响，而使测量产生的误差，如温度、湿度、气压、震动、灰尘、光照、电场、磁场、电磁波等。

④主观误差：由进行测量的操作人员素质条件所引起的误差，如实验者的分辨能力、反应速度以及固有习惯等。

(2)在处理测量数据时产生的误差。

如有效数字的舍入误差；利用各种数学常数或物理常量引入的误差；利用各种近似计算或作图引入的误差等。

2. 测量误差的分类

根据误差的性质和特点，误差可分为系统误差、随机误差和粗大误差3类。

1)系统误差

系统误差是在同一条件下(指方法、仪器、环境、人员)，在对同一被测量的多次测量中，测量误差的数值和符号(正、负)保持不变，或以可预知的规律变化的误差。这类误差称为系统误差，简称系差。前者称为定值系统误差，后者称为变值系统误差。按对系统误差掌握的程度又可分为已定系统误差和未定系统误差。对于已定系统误差要设法找到原因并予以消除。对不能确定其大小和符号的未定系统误差可按随机误差处理，例如，仪器误差中的刻度不均匀、测量机构的非线性或不均匀等，在处理时应归入随机误差。系统误差产生的原因有：测量方法、测量仪器、环境带入等。系统误差具有一定的规律或特征，一般都可找到原因并可设法减小乃至消除。例如，电表、螺旋测微器的零点不准引起的误差；伏安法测电阻，电表无论内接还是外接(由于忽略电表内阻)引起的误差；用受热膨胀的米尺测量长度；等等。

系统误差不像随机误差使测量结果既可能偏大，又可能偏小，系统误差的存在会使测量结果总是偏向一边，要么总是偏大，要么总是偏小。系统误差的特点决定了它不能用增加测量次数来减小，因此在实验过程中，应尽可能地把产生系统误差的所有因素无遗漏地找出来，有针对性地进行修正或者加以消除，务必做到在综合评定时不重复、不遗漏。

2)随机误差

随机误差是在同一条件下，在对同一被测量的多次重复测量中，测量误差的数值和符号以不可预知的方式变化，但当测量次数无限增加时，其总体服从一定的统计规律。这类误差称为随机误差，简称随差。随机误差的大小和符号是无规律、随机变化的，是不可避免、无法控制的，也无法消除。

随机误差产生的原因是测量过程中存在许多难以控制的不确定的随机因素。这些随机因素有空气的流动、温度的起伏、电压的波动、不规则的微小振动、杂散电磁场的干扰，以及实验者感觉器官的分辨能力、灵敏程度和仪器的稳定性等等。某一次测量的随机误差往往是由多种因素的微小变动共同引起的。如在黏滞系数实验中用秒表测量小球的下落时间，按下按钮的时刻有早有晚，动作早晚的程度有差异，从而产生了不可避免的随机误差。还有读数时的视差影响等都会引入随机误差。

假设系统误差已经消除，且被测量本身又是稳定的，在同一条件下，对同一被测量进行多次重复测量，可以发现随机误差服从统计规律。统计规律分布常用图形表示，其中最常见的是高斯分布，又称正态分布，其分布曲线如图 1.1.1 所示，特征为单峰性、对称性、有界性和抵偿性。

①单峰性。大量重复测量，是以算术平均值为中心而相对集中分布的。即绝对值小的误差出现的概率比绝对值大的误差出现的概率大(次数多)。

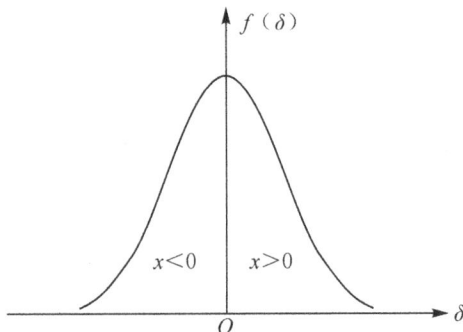

图 1.1.1　高斯分布

②对称性、抵偿性。从绝对误差的符号来看，出现正误差和负误差的可能性大致相同，因此当测量次数增加时，它们将可能正负抵偿。

③有界性。误差的绝对值不会超过某一界限，即绝对值很大的误差出现的概率趋于零。随机误差的分布具有有限的范围。

这就是通常所说的随机误差的单峰性、对称性、有界性和抵偿性的特点，它符合数学上的正态分布，因此可以用正态分布来表达并且进行数学处理。分析随机误差的特点，可以发现若测量次数无限增加，则其多次测量的平均值将无限趋近于真值。这就是为什么在很多实验中要进行多次测量，且将多次测量的算术平均值作为被测量的最佳估计值。

3)粗大误差

粗大误差，简称粗差，是指明显地歪曲了测量结果的异常误差。它是由没有觉察到的实验条件的突变、仪器在非正常状态下工作、无意识的不正确的操作等因素造成的。含有粗大误差的测得值称为可疑值，也称异常值或坏值。在没有充分依据时，绝不能按主观意愿轻易地去除，应该按照一定的统计准则慎重地予以剔除。

以上 3 类误差无严格界限，在一定条件下可以相互转化。

1.1.5　精密度、准确度、精确度

大家经常在各类文献中看到精密度、准确度、精确度这 3 个名词，也常常混淆这 3 个名词，尽管它们都可评价测量结果的好坏，但还是存在区别，下面我们从误差的角

度加以说明。

精密度：简称精度，表示重复测量所得结果相互接近的程度，即测得值分布的密集程度，它表征随机误差对测得值的影响，反映随机误差大小的程度。精密度高表示随机误差小，然而精密度越高，不代表测量结果就越准确，也就是说，虽然精密度高，随机误差小，但有可能测量时系统误差大，造成测量结果准确度不高，以打靶为例，如图 1.1.2(a)所示，弹着点的分布比较集中，说明精密度高，但是这些弹着点都显著偏离靶心，表明准确度低，这有可能就是系统误差导致的，例如枪没有经过校准、射手瞄准方法有误等。

准确度：是指平均值偏离真值的程度。反映系统误差的大小，准确度高意味着系统误差小，但有可能随机误差大。如图 1.1.2(b)所示，尽管弹着点的平均值比较接近靶心，表明准确度高，但是弹着点分布比较分散，说明精密度差。

精确度：描述测得值重复性及测量结果与真值的接近程度，它反映测量中的系统误差和随机误差综合大小的程度。测量精确度高，表示测量结果精密又正确，数据集中，而且偏离真值小，测量的随机误差和系统误差都比较小。精确度可以用图 1.1.2(c)来说明，弹着点密集分布，且均接近靶心，说明精密度与准确度均高，即精确度高。

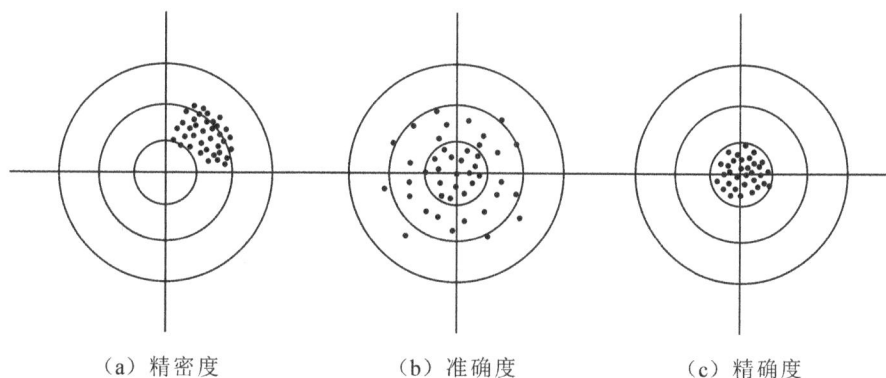

（a）精密度　　　　　（b）准确度　　　　　（c）精确度

图 1.1.2　打靶示意图

1.2　系统误差的发现和处理

1.2.1　系统误差的特征和分类

系统误差是由实验原理的近似、实验方法的不完善、所用仪器的缺陷、环境条件不符合要求以及观测人员的习惯等产生的误差。实验方案一经确定，系统误差就有一个客观的确定值，实验条件一旦变化，系统误差也按一种确定的规律变化。从对测量结果的影响来看，系统误差不消除往往比随机误差带来的影响更大，所以，实验中必须进行认真的分析讨论。

1. 定值系统误差

定值系统误差的特点是在整个测量过程中，该误差的大小和符号固定不变。如天平砝码的标称值不准、千分尺未校准零位、等臂天平不等臂、电压表内阻不是无穷大、电流表内阻不为零等。

2. 变值系统误差

变值系统误差的特点是在测量过程中，当测量条件变化时，误差的大小和符号按一定的规律变化。

(1)线性变化(累进)的系统误差：在测量过程中，随着某些因素(如测量次数或测量时间)的变化，误差值也成比例地增大或减小。例如，米尺的刻度及千分尺测微螺杆的螺距的累积误差；电桥法测电阻时检流计示值的漂移；电势差计测电动势时，工作回路中电源电压随放电时间而逐渐降低；等等。

(2)周期性变化的系统误差：在测量过程中，随着测量值或时间的变化，误差的大小和符号呈现周期性变化。如指针式仪表由于安装问题，使指针的转动中心偏离仪表刻度盘的几何中心；分光计的偏心差；等等。

(3)复杂规律变化的系统误差：如电表指针偏转角与电磁力矩不能严格保持线性关系，而刻度盘仍采用线性(均匀)刻度；气垫导轨的直线度误差；等等。

1.2.2 发现系统误差的方法

1. 理论分析法

此法是：①分析实验所依据的原理是否严密，测量所用的理论公式要求的条件是否满足(如单管落球法测黏度，无限广延条件不满足；伏安法测电阻，电流表、电压表内阻不符合要求；等等)；②分析实验方法是否完善，测量仪器所要求的使用条件在测量过程中是否已经满足(如天平的水平、零点是否调节妥当；各类电表水平或垂直放置是否正确；等等)。

2. 实验对比法

此法是改变测量方法或实验条件、改变实验中某些参量的数值或测量步骤、调换测量仪器或操作人员等进行对比，看测量结果是否一致，这是发现定值系统误差最基本的方法。如各种指针式显示仪表，其刻度盘若产生移动，偏离原校准位置，会给测量带来定值误差，通过实验对比即可发现。

3. 数据分析法

此法是对同一被测量进行多次重复测量，通过计算偏差、进行作图或列表分析，发现测量中是否存在变值系统误差，这是残差统计法。如将测量数据按测量先后顺序排列，观察其偏差的符号，若正负大体相同，并无显著的变化规律，就不宜怀疑存在系统误差。即通过计算进行比较，看其能否满足只存在随机误差的条件，否则，测量中存在变值系统误差。

1.2.3 减小或消除系统误差的一般途径

系统误差服从因果规律，任何一种系统误差都有其确定的产生原因，在一定的测量条件下，只有找出产生该误差的具体原因，才能有针对性地采取相应措施，消除产生的根源或限制它的产生。因此，处理系统误差要对实验的各个环节周密考虑，采用个别考察的方法，根据实际问题具体对待。

1. 从产生系统误差的根源上加以消除

从进行测量的操作人员、所用的测量仪器、采用的测量方法和测量时的环境条件等入手，对其进行仔细的分析研究，找出产生系统误差的原因，并设法消除这些因素。例如，设法保证仪器装置满足规定的使用条件。测量显微镜的丝杆和螺母间有间隙，操作不当会引入空程误差，则应使丝杆与螺母啮合后再进行测量，且只能朝一个方向转动鼓轮；拉伸法测钢丝的杨氏模量，钢丝不直将给其微小伸长量的测量带来较大的误差，则可在测量前给钢丝加上一个钩码，使其伸直。又如，用补偿法测电压，消除伏安法测电阻时的系统误差。图 1.2.1(a)为电流表外接的伏安法测电阻电路，由于电压表内阻不是无穷大，所以电流表的读数大于通过电阻 R 的电流。由图 1.2.1(a)变换为图 1.2.1(b)，变换成用补偿法测量电压，接通 S 和 S_1，当调节滑动变阻器 R_2 的阻值，使电流计 G 示值为"0"时，意味着没有电流通过电压表，相当于做到了电压表内阻 $R_v = \infty$，此时电压表 V 读数就是电阻 R 两端的电压，电流表 A 读数就是流过电阻 R 的电流，从而消除了系统误差。

伏安法测电阻中的系统误差还可以用替代法处理。若保证电路图 1.1.3(a)中电压值和电流值不变，将被测电阻 R 换成另一个标准电阻箱，调节电阻箱的阻值，重现测 R 时的条件，即电流表和电压表示值不变，则电阻箱的示值就是被测电阻的阻值，巧妙地消除了系统误差的影响。

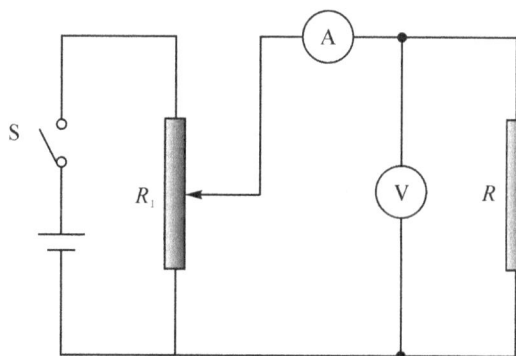

（a）电流表外接电路

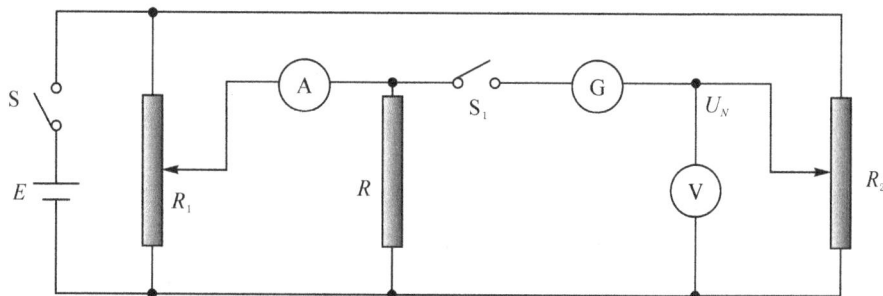

（b）补偿法测电压电路

图 1.2.1　伏安法测电阻

2. 用修正的方法引入修正值或修正项

对所用仪器仪表进行检定校验得到校正数据或校正图线，对测得值进行修正。根据理论分析，若系统误差来源于测量公式的近似，则可引入修正值或修正项。如单管落球法测液体黏度，由于圆管直径不是无限大需引入修正值；密立根油滴法测电子电荷实验，由于油滴很小，它的半径与空气分子的平均自由程很接近，必须引入修正项以减小系统误差。

3. 选择适当的测量方法，用测量技术抵消系统误差

1）消除定值系统误差常用方法

（1）交换测量法。将测量中的某些条件（如被测物的位置）相互交换，使产生系统误差的原因对测量结果起相反作用，即使交换前后产生的系统误差大小相等、符号相反，从而相互抵消。如天平的不等臂误差也是一种可定系统误差。用天平称衡物体质量时的"复称法"，将被测物体在同一架天平上称衡两次，一次把被测物体放在左盘，一次放在右盘，若两次称衡所得质量值为 m_1 和 m_2，根据杠杆原理，则物体的质量 m 为

$$m = \sqrt{m_1 \cdot m_2} \approx \frac{1}{2}(m_1 + m_2)$$

这样就消除了天平不等臂的系统误差。再如测定薄透镜的焦距时，将屏、物位置互换，取其算术平均值作为测量结果以抵消系统误差。

（2）标准量替代法。在相同的条件下，用一标准量（经过准确度高一级以上的仪器测量的给出值）替换被测量，达到消除系统误差的目的。如消除天平称衡时的不等臂误差，交直流电桥做精密测量时也常用此法。

（3）反向补偿法（异号法）。对被测量进行两次适当的测量，使两次测量产生的系统误差等值而反向，取平均值作为测量结果，即可消除系统误差。如利用霍尔效应测量磁场，为了消除不等势电压等副效应对测量的影响，可分别改变通过霍尔片电流的方向及磁场的方向进行测量，消除附加电势差。

（4）变化测量方法使系统误差随机化，以便在多次重复测量中抵消。如米尺的刻度不均匀，可以使用米尺的不同部位进行多次测量。

2）消除变值系统误差常用的方法

（1）对称观测法可消除随时间（或测量次数）具有线性变化规律的系统误差。如长度测量中千分尺螺杆螺距的误差随测量尺寸的增大而增大；一些被测工件随温度变化其尺寸呈线性变化。这些累积性系统误差，都可用等空间间隔或某时刻前后等时间间隔各作一次观测，取两次读数的算术平均值作为测量结果，从而消除线性变化的系统误差。

（2）半周期偶数次观测法，可消除按周期性规律变化的系统误差。如分光计等测角仪器利用间隔 $180°$ 的双游标进行读数，再取其平均值的方法，以消除刻度环与游标盘不同心的偏心差。

4. 消除具有随机误差特性的系统误差

此时可采用在不同部位多次测量的方法，用平均值作为测得值以减小系统误差。如测量杨氏模量用的钢丝直径不均匀；测量液体表面张力系数的毛细管直径不均匀；

测量电阻率用的铜棒直径不均匀。都可采用多次测量法。

对于未定系统误差则要按其服从的统计分布规律进行处理。如测量仪器在正常使用条件下存在的仪器误差一般服从均匀分布，它在测量过程中始终且处处存在。

原则上讲，消除系统误差的途径，首先是限制它产生，即消除产生的根源；其次是设法修正它，修正测量公式或修正测量结果；或者设法在测量中抵消它，减小它对测量结果的影响。

对于系统误差只能尽量设法减小它，所谓"消除"是指把它的影响减小到随机误差之下，如果系统误差不影响测量结果有效数字的最后一位，就可认为已经消除。

前面分别单独讨论了随机误差与系统误差，其实在任何一次测量中两者兼而有之，各自所占的比例与具体的测量有关。

1.3 测量结果的不确定度

在上一节中，我们介绍了误差的概念及分类，学习了什么是随机误差、系统误差。明白了误差的存在使得测量结果与真值总是存在差异。那么如何科学地表示和评定测量结果呢？

1.3.1 测量不确定度

在科学实验中进行着大量的测量工作，为了更加科学地表示测量结果，国际测量局(BIPM)、国际标准化组织(ISO)等 7 个国际组织在 1993 年联合推出了不确定度的权威文件《测量不确定度表示指南》(1993)，规定采用不确定度来评定测量结果的质量。

测量不确定度指由于测量误差存在而对被测量值不能确定的程度。它是被测量的真值在某个量值范围的一个评定，或者说它表示测量误差可能出现的范围，它的大小反映了测量结果可信赖程度的高低。不确定度越小，表示测量结果与真值越接近、测量质量越高，反之，不确定度越大，测量结果与真值越远离、测量质量越低。

它不再将测量误差分为系统误差和随机误差，而是把可修正的系统误差修正以后，将余下的全部误差分为可以用概率统计方法计算的 A 类评定和用其他非统计方法估算的 B 类评定。若各分量彼此独立，将 A 类和 B 类评定按"方和根"的方法合成得到合成不确定度——求出它的确定值(不为零的正值)，在分析误差时做到了不遗漏、不增加、不重复。

不确定度可更全面更科学地表示测量结果的可靠性，现今在计量检测等工业部门已得到广泛的应用。

1.3.2 直接测量量不确定度的评定和结果的表示

实验中，很多物理量是通过直接测量的方法得到的，如用千分尺测量物体的直径，用米尺测量物体的长度，用电流表测量电流等。通过直接测量得到的物理量称为直接测量结果，我们首先介绍直接测量结果的 A 类及 B 类不确定度的计算。

1.(标准)不确定度的 A 类评定

用统计方法计算出的那些分量都是不确定度的 A 类评定。统计方法并非只有一种，基本方法是利用贝塞尔公式，即贝塞尔法(Bessel Method)：在相同条件下对物理量 X

进行了 n 次测量,测得值为 $x_1, x_2, x_3, \cdots, x_n$,算术平均值为 $\overline{x}$,由贝塞尔公式得到的算术平均值的标准偏差 $s(\overline{x})$ 就是平均值 $\overline{x}$ 的 A 类标准不确定度(Standard Uncertainty),即

$$u_A(\overline{x}) = u_A(x) = s(\overline{x}) = \sqrt{\frac{1}{n(n-1)} \sum_{i=1}^{n} (x_i - \overline{x})^2} \qquad (1-3-1)$$

需要注意的是,式(1-3-1)的应用条件是测量次数 n 必须在 $6 \sim 10$ 范围内。

2.(标准)不确定度的 B 类评定

用非统计方法计算出的那些分量都属于不确定度的 B 类评定。既然 B 类评定不按统计方法进行,也就是说不需要重复测量,而是根据对测量装置特性的了解和经验,测量装置的生产厂家提供的技术说明文件和产品说明书、检定证书,所用仪器提供的检定数据,取自国家标准、技术规范、手册的参数等形成的一个信息集合,来评定不确定度的 B 类分量。信息的来源不同,评定的方法也不同,本书一般只考虑仪器误差这个主要因素。

由于仪器误差 Δ_m 是允许误差的极限值,即误差在 $[-\Delta_m, \Delta_m]$ 区间内的概率约为 100%,那么,B 类标准不确定度为

$$u_B(x) = \Delta_m(x)/k \qquad (1-3-2)$$

式中,k 由仪器误差可能的分布决定:按正态分布、均匀分布、三角分布时,k 分别取 3、$\sqrt{3}$、$\sqrt{6}$;如误差的概率分布未知,k 可取 $\sqrt{3}$(宁小勿大)。本文所述实验中,仪器误差可能的分布一般是未知的,k 应取为 $\sqrt{3}$,那么,B 类标准不确定度

$$u_B = \frac{\Delta_{仪}}{\sqrt{3}} \qquad (1-3-3)$$

常用的一些测量仪器的仪器误差如表 1.3.1 所示。

表 1.3.1　常用测量仪器的仪器误差

序号	测量仪器	级别	规格／测量范围	最大允许误差	备注
1	游标卡尺	分度值 0.02 mm	$0 \sim 150$ mm	± 0.02 mm	
2	千分尺	1 级	$0 \sim 100$ mm	± 0.004 mm	
3	钢直尺		50 mm、150 mm、300 mm	± 0.1 mm	
4	钢卷尺	I 级		$\pm(0.1+0.1L)$	L 为被测物理量的长度,当 L 不是米的整数倍时,取最接近的较大整"米"数
		II 级		$\pm(0.3+0.2L)$	
5	电流表 电压表 功率表 电阻表	0.5 级		$\pm 0.5\%T$	T 为量程
		1.0 级		$\pm 1.0\%T$	
		1.5 级		$\pm 1.5\%T$	
		2.0 级		$\pm 2.0\%T$	
		2.5 级		$\pm 2.5\%T$	
		5.0 级		$\pm 5.0\%T$	

3. 合成(标准)不确定度的 u

对物理量 X 的测量结果中,如果不仅存在若干个由式(1-3-1)估算出的标准不确定度的 A 类分量 $u_{Ai}(x)$,还存在由式(1-3-2)估算出的 B 类分量 $u_{Bj}(x)$ 时,在各个不确定度分量互相独立、不相关的情形下,计算 A 类和 B 类评定的总贡献时,应将各个不确定度分量按"方和根"的方法合成,这时,直接测量结果的标准不确定度的总贡献 $u(x)$ 为

$$u(x) = \sqrt{\sum u_{Ai}^2(x) + \sum u_{Bj}^2(x)} \qquad (1-3-4)$$

由 $u(x)$ 和 $\bar{x}$ 就可以认定物理量 X 的量值 x 以一定的置信概率 p,满足

$$\bar{x} - u(x) \leqslant x \leqslant \bar{x} + u(x)$$

上式表示,物理量 X 的置信区间为 $[\bar{x} - u(x), \bar{x} + u(x)]$,标准不确定度 $u(x)$ 为置信区间的半宽,如果 $u(x)$ 为正态分布,置信概率 $p \approx 68\%$。

4. 测量结果的表示

对于测量结果的表示,一般采用算术平均值及合成不确定度形式来表示,即

$$x = (\bar{x} \pm u) \quad (单位) \qquad (1-3-5)$$

类似于相对误差,相对不确定度表示如下:

$$u_r = \frac{u}{x} \times 100\% \qquad (1-3-6)$$

除了某些特殊测量以外,一般情况下测量结果的合成不确定度只取 1 位有效数字(有效数字的概念下节进行介绍),最多不超过 2 位。在本教材的实验中,测量结果的不确定度和相对不确定度一般只取 1 位有效数字。如此一来,就会存在不确定度的截取问题,此时采取"只入不舍"的原则,即不确定度宁可大不可小。

1.3.3　间接测量量不确定度的评定和结果的表示

1. 间接测量量不确定度的评定

由于直接测量量具有不确定度,从而导致间接测量量也具有不确定度。因为不确定度是微小量,就可利用微分学方法来处理。设间接测量量 N 与各直接测量量的函数关系为

$$N = f(x, y, z, \cdots)$$

间接测量结果是由一个或几个直接测量量经过公式计算得出。因此 $\bar{x}, \bar{y}, \cdots$ 代表直接测量量的最佳值,因此间接测量量的最佳值为

$$N = f(\bar{x}, \bar{y}, \bar{z}, \cdots) \qquad (1-3-7)$$

设 $U_x, U_y, U_z, \cdots$ 分别为 $x, y, z, \cdots$ 等相互独立的直接测量量的不确定度,则间接测量量的总不确定度为

$$U_N = \sqrt{\left(\frac{\partial f}{\partial x}\right)^2 U_x^2 + \left(\frac{\partial f}{\partial y}\right)^2 U_y^2 + \left(\frac{\partial f}{\partial z}\right)^2 U_z^2 + \cdots} \qquad (1-3-8)$$

式中,偏导数 $\frac{\partial f}{\partial x}, \frac{\partial f}{\partial y}, \frac{\partial f}{\partial z}, \cdots$ 称为传递系数,它们的大小直接代表了各直接测量结果不确定度对间接测量结果不确定度的贡献(权重)。

间接测量量的相对不确定度可表示为

$$\frac{U_N}{N} = \sqrt{\left(\frac{\partial \ln f}{\partial x}\right)^2 U_x^2 + \left(\frac{\partial \ln f}{\partial y}\right)^2 U_y^2 + \left(\frac{\partial \ln f}{\partial z}\right)^2 U_z^2 + \cdots} \qquad (1-3-9)$$

间接测量结果的表示与直接测量结果的表示形式相同，即写成

$$N = \overline{N} \pm U_N \quad （单位）$$

$$U_r = \frac{U_N}{N} \times 100\%$$

常用函数的合成标准不确定度的计算公式（又可称为合成标准不确定度的传递公式），如表 1.3.2 所示。

表 1.3.2 常用函数的合成标准不确定度的计算公式

函数形式	灵敏系数	合成标准不确定度的计算公式
$N = ax \pm by$	$c_x = a$ $c_y = b$	$u_c(N) = \sqrt{c_x^2 u^2(x) + c_y^2 u^2(y)}$
$N = ax^2 \pm by^2$	$c_x = 2ax$ $c_y = 2by$	$u_c(N) = \sqrt{c_x^2 u^2(x) + c_y^2 u^2(y)}$
$N = x/y$	$c_x = 1/y$ $c_y = -x/y^2$	$u_c(N) = \sqrt{c_x^2 u^2(x) + c_y^2 u^2(y)}$ $\dfrac{u_c(N)}{N_0} = \sqrt{\left(\dfrac{u(x)}{x}\right)^2 + \left(\dfrac{u(y)}{y}\right)^2}$
$N = x^m y^n z^l$	$c_x = mx^{m-1}y^n z^l$ $c_y = nx^m x^{n-1} z^l$ $c_z = lx^m y^n z^{l-1}$	$u_c(N) = \sqrt{c_x^2 u^2(x) + c_y^2 u^2(y) + c_z^2 u^2(z)}$ $\dfrac{u_c(N)}{N_0} = \sqrt{\left(m\dfrac{u(x)}{x}\right)^2 + \left(n\dfrac{u(y)}{y}\right)^2 + \left(l\dfrac{u(z)}{z}\right)^2}$
$N = \sin x$	$c = \cos x$	$u_c(N) = |c|u(x)$, $\dfrac{u_c(N)}{N_0} = |\cot x|u(x)$

注：表中 a、b、m、n、l 为实常数。

从表 1.3.2 中给出的计算公式可以看出，以加减运算为主的函数，先计算合成标准不确定度 $u_c(N)$，再用 $u_c(N)/N_0$ 计算相对合成标准不确定度 $u_{cr}(N)$ 比较方便；以乘除运算为主的函数，先计算相对合成标准不确定度 $u_{cr}(N)$，再用 $u_c(N) = u_{cr}(N) \cdot N_0(N)$ 得到合成标准不确定度比较方便。

2. 测量结果的合成标准不确定度的报告

例如，标称值为 100 g 的标准砝码质量 m 的最佳测得值为 100.021 47 g，测量结果的合成标准不确定度 $u_c = 0.000 35$ g，根据《测量不确定度表示导则》(1995 修订版)，最好用下列 4 种方法之一来表示测量结果 m：

(1)$m = 100.021 47$ g，$u_c = 0.000 35$ g。

(2)$m = 100.021 47(35)$ g，括弧内的数是 u_c 的数值，u_c 与测量结果的最后位对齐。

(3)$m = 100.021 47(0.000 35)$ g，括弧内的数是 u_c 的数值，以给出的单位表示。

(4)$m = (100.021 47 \pm 0.000 35)$ g，$\pm$ 号后的数是 u_c 的数值。

根据以上表述，在撰写实验报告时，应特别注意：

(1) 因为不确定度本身就是估计值，上述对标准砝码质量的最佳测得值取 8 位有效

数字时,合成标准不确定度才取到 2 位有效数字。国际科技数据委员会 2006 年对各基本物理常量的推荐值中的不确定度也只取到 2 位有效数字。本教材所述教学实验,最佳测得值的有效数字位数一般只有 3 ~ 5 位,测量的相对不确定度比上述国际水平(10^{-8})的测量要大得多。因此,实验结果的不确定度和相对不确定度的有效数字一般只取 1 位,当这位有效数字是 1 或 2 时可取到 2 位,这是为了避免由于修约带来过大或过小的不确定度。如将 0.151 修约成 0.2、将 0.149 修约成 0.1,修约幅度为 0.049,分别占结果不确定度的 1/4、1/2,这时有效数字取 2 位(即 0.15)。当这位数是 3 以上时,修约幅度最大为 0.049,最多占结果不确定度的 1/6,只取 1 位是可以的。为了防止多次取舍而造成的积累效应,运算的中间过程可多取几位有效数字。

(2)不确定度决定了测得值的欠准数字,因此,最佳测得值的最后一位必须与不确定度的最后一位取齐,即由不确定度决定测得值的存疑位。

1.3.4 不确定度的估算举例

[例题 1.3.1] 用测量范围为 0 ~ 25 mm 的外径千分尺,测量一钢球的直径 d 共 8 次,测量结果为 $d_i = 8.434、8.428、8.421、8.429、8.418、8.417、8.430、8.422$(单位:mm)。计算实验的标准不确定度。

[解] 直径 d 的算术平均值为

$$\bar{d} = \frac{1}{8} \sum_{i=1}^{8} d_i = \frac{1}{8}(8.434 + 8.428 + 8.421 + 8.429 + 8.418 + 8.417 + 8.430 + 8.422)$$
$$= 8.425 \text{ mm}$$

由式(1-3-1)求得钢球的直径 d 的 A 类标准不确定度为

$$u_A(d) = \sqrt{\frac{1}{n(n-1)} \sum_{i=1}^{n} (x_i - \bar{x})^2} = \sqrt{\frac{1}{8(8-1)} \sum_{i=1}^{8} (d_i - \bar{d})^2} = 0.0022 \text{ mm}$$

根据国家标准 GB/T 1216—2004《外径千分尺》,测量范围为 0 ~ 25 mm 的外径千分尺的示值误差为 4 μm,在不知误差的概率分布的情形下,由式(1-3-2)计算 d 的 B 类标准不确定度时,因子 k 可取 $\sqrt{3}$,即 d 的 B 类标准不确定度

$$u_B(d) = 0.004/\sqrt{3} = 0.0023 \text{ mm}$$

由于 $u_A(d)$ 和 $u_B(d)$ 这两个分量是互相独立、不相关的,计算 A 类和 B 类不确定度分量总贡献时,应根据式(1-3-4)将两个不确定度分量按"方和根"的方法合成。因此,实验结果的标准不确定度应为

$$u(d) = \sqrt{u_A(d)^2 + u_B(d)^2} = \sqrt{2.2^2 + 2.3^2} \times 10^{-3} = 3.2 \times 10^{-3} \approx 0.003 \text{ mm}$$

实验结果可表示为

$$d = (8.425 \pm 0.003) \text{ mm}$$

上述结果表示,钢球的直径在[8.422 mm,8.428 mm]区间的概率约为 68%。

[例题 1.3.2] 对一个铅圆柱体,直接测量量的最佳测得值和标准不确定度分别为:底面直径 $d = (2.042 \pm 0.007)$ cm、高 $h = (4.146 \pm 0.008)$ cm、质量 $m = (152.78 \pm 0.05)$ g。

(1)计算铅密度的最佳测得值 ρ_0;

（2）估算 ρ_0 的相对合成标准不确定度与合成标准不确定度。

[解]　（1）由式(1-3-7)计算铅的密度的最佳测得值：

$$\rho_0 = \frac{4m_0}{\pi d_0^2 h_0} = \frac{4 \times 152.78}{3.14159 \times 2.042^2 \times 4.146} = 11.252 \text{ g/cm}^3$$

式中，4 和 π 是常数，不是测量量，π 取了 6 位有效数字，比直接测量量中有效数字位数最多的 152.78 多取了一位。ρ_0 也多取了一位有效数字。为了防止多次取舍而造成的累积效应，在中间运算过程中，这是合理的。对于乘除运算关系，先按表 1.3.2 中的公式计算相对合成标准不确定度 $u_{cr} = u_c(\rho)/\rho_0$，再用 $u_c(\rho) = u_{cr} \cdot \rho_0$ 得到合成标准不确定度，这样比较方便：

$$u_{cr} = \frac{u_c(\rho)}{\rho_0} = \left[\left(\frac{u(m)}{m_0} \right)^2 + \left(2\frac{u(d)}{d_0} \right)^2 + \left(\frac{u(h)}{h_0} \right)^2 \right]^{1/2}$$

$$= \left[\left(\frac{0.05}{152.78} \right)^2 + \left(2 \times \frac{0.007}{2.042} \right)^2 + \left(\frac{0.008}{4.146} \right)^2 \right]^{1/2}$$

$$= (0.033^2 + 0.686^2 + 0.193^2)^{1/2} \times 10^{-2} = 0.713 \times 10^{-2} \approx 0.7\%$$

从上式可看出，质量 m 的相对标准不确定度与其他两项相比，是可以忽略的。合成标准不确定度

$$u_c(\rho) = u_{cr} \cdot \rho_0 = 0.00713 \times 11.252 = 0.0802 \approx 0.08 \text{ g/cm}^3$$

这说明，最佳测得值的百分位就是不确定的，由不确定度所在位决定最佳测得值的有效数字位数，最后结果为

$$\rho = (11.25 \pm 0.08) \text{ g/cm}^3$$

这说明，所测铅的密度在 $[11.17 \text{ g/cm}^3, 11.33 \text{ g/cm}^3]$ 区间的置信概率 $p \approx 68\%$。

[例题 1.3.3]　对一个铅圆柱体，用分度值为 0.02 mm 的游标卡尺分别测其直径 d 和高 h 各 10 次，数据如下：

d/mm	20.42	20.34	20.40	20.46	20.44	20.40	20.40	20.42	20.38	20.34
h/mm	41.20	41.22	41.32	41.28	41.12	41.10	41.16	41.12	41.26	41.22

用称量 500 g 的物理天平测得质量 $m = 152.10$ g。

（1）计算铅的密度的最佳测得值；

（2）估算相对合成标准不确定度与合成标准不确定度。

[解]

（1）铅的密度的最佳测得值 ρ_0：

直径 d 的算术平均值

$$\bar{d} = \frac{1}{10} \sum_{i=1}^{10} d_i = 20.40 \text{ mm}$$

高 h 的算术平均值

$$\bar{h} = \frac{1}{10} \sum_{i=1}^{10} h_i = 41.20 \text{ mm}$$

铅的密度的最佳测得值

$$\rho_0 = \frac{4m}{\pi \bar{d}^2 \bar{h}} = \frac{4 \times 152.10}{3.14159 \times 20.40^2 \times 41.20} = 11.294 \times 10^{-3} \text{ g/mm}^3 = 11.294 \times 10^3 \text{ kg/m}^3$$

(2)① 直径 d 的标准不确定度:

d 的 A 类标准不确定度:

$$u_A(d) = \left[\frac{1}{n \times (n-1)}\sum_{i=1}^{10} v_i^2\right]^{1/2} = \left[\frac{1}{10 \times 9}\sum_{i=1}^{10}(d_i - \bar{d})^2\right]^{1/2} = 0.012 \text{ mm}$$

d 的 B 类标准不确定度:$u_B(d) = 0.02/\sqrt{3} = 0.012 \text{ mm}$

d 的合成标准不确定度:$u(d) = \sqrt{u_A^2(d) + u_B^2(d)} = \sqrt{0.012^2 + 0.012^2} = 0.017 \text{ mm}$

② 高 h 的标准不确定度:

h 的 A 类标准不确定度:

$$u_A(h) = \left[\frac{1}{n \times (n-1)}\sum_{i=1}^{10} v_i^2\right]^{1/2} = \left[\frac{1}{10 \times 9}\sum_{i=1}^{10}(h_i - \bar{h})^2\right]^{1/2} = 0.023 \text{ mm}$$

h 的 B 类标准不确定度:$u_B(h) = 0.02/\sqrt{3} = 0.012 \text{ mm}$

h 的合成标准不确定度:$u(h) = \sqrt{u_A^2(h) + u_B^2(h)} = \sqrt{0.023^2 + 0.012^2} = 0.026 \text{ mm}$

③ 质量 m 的标准不确定度:$u_B(m) = \Delta_m(m)/k = 0.04/\sqrt{3} = 0.023 \text{ g}$

④ 铅的密度的相对合成标准不确定度与合成标准不确定度:

相对合成标准不确定度

$$u_{cr} = \frac{u_c(\rho)}{\rho_0} = \left[\left(\frac{u(m)}{m}\right)^2 + \left(2\frac{u(d)}{d}\right)^2 + \left(\frac{u(h)}{h}\right)^2\right]^{1/2}$$

$$= \left[\left(\frac{0.023}{152.10}\right)^2 + \left(2 \times \frac{0.017}{20.40}\right)^2 + \left(\frac{0.026}{41.20}\right)^2\right]^{1/2}$$

$$= (0.023 + 2.78 + 0.40)^{1/2} \times 10^{-3} = 0.18\%$$

合成标准不确定度

$$u_c(\rho) = u_{cr} \cdot \rho_0 = 0.0018 \times 11.279 \times 10^3 = 0.02 \times 10^3 \text{ kg/m}^3$$

最后结果为

$$\rho = (11.29 \pm 0.02) \times 10^3 \text{ kg/m}^3$$

这说明,所测铅的密度在 $[11.27 \times 10^3 \text{ kg/m}^3, 11.31 \times 10^3 \text{ kg/m}^3]$ 区间的置信概率 $p \approx 68\%$。

1.3.5 不确定度评定小结

用不确定度评价测量结果,使测量的目的从刻意追求真值(而真值却不能通过次数有限、不完善的实际测量获得),转变为对测量结果的分散性、分布区间的半宽给予合理的评定。不确定度独立分量的合成采用方和根方法。不确定度的表达方式是恒取正值,标准不确定度与扩展不确定度表达了相应的置信区间的半宽。当测量条件、方法、程序改变时,不论测量结果如何,测量不确定度必定改变。当测量条件、方法、程序不变时,即使测量结果不同,测量不确定度也可以相同。

考虑到大学物理实验课的性质,本教材仅介绍了不确定度评定的基本方法。关于 A 类不确定度评定的其他方法、各种不同的分布、自由度、不确定度合成中的相关系数和协方差等丰富的内容,可参考有关不确定度的专著。

1.4 有效数字及其运算

在实验中,要对直接测量量进行读数并把它记录下来,记录数据时如何取位?对于间接测量量要通过公式计算得到,运算后又应保留几位有效数字?这些问题涉及有效数字及其运算规则。

1.4.1 有效数字的一般概念

实验的基础是测量,测量的结果是用一组数字和单位表示的。如图 1.4.1 所示,用厘米分度(最小分格的长度是 1 cm)的尺子测量一个铜棒的长度,从尺上看出其长度大于 4 cm,再用目测估计,大于 4 cm 的部分是最小分度的 3/10,所以棒的长度为 4.3 cm。最末一位不同的观测者会有所不同,称为存疑数字,但它还是在一定程度上反映了客观实际。而前面的"4"是从尺子上的刻度准确读出的,即由测量仪器明确指示的,称为可靠数字。这些数字都有明确的意义,都有效地表达了测量结果,所以,我们把测量结果中所有可靠数字和一位估计的存疑数字的全体称为有效数字,有效数字的最末一位是误差位。上面的测量结果是两位有效数字。有效数字的位数:对十进位数字,从非零数字最左一位向右数而得到的位数,就是有效位数。

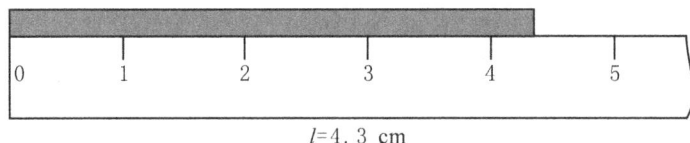

l=4.3 cm

图 1.4.1 用厘米分度的尺子测量长度

如果换用毫米分度的尺子测量这个棒的长度,如图 1.4.2 所示,可以从尺子上准确读出 42 mm,再估读到最小分度毫米的十分位上,测量结果为 42.5 mm。同样,最末一位的估计值不同观测者可能不同,但都是 3 位有效数字。由此可见,有效数字位数的多少取决于所用量具或仪器的准确度的高低。

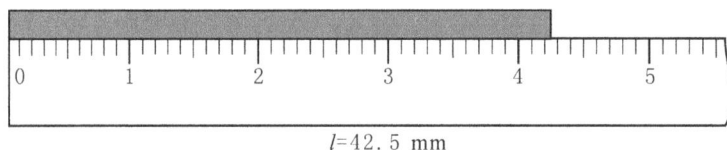

l=42.5 mm

图 1.4.2 用毫米分度的尺子测量长度

如果被测铜棒的长度是几十厘米,那么,用厘米分度的尺子测得的结果是 3 位有效数字,而用毫米分度的尺子测得的是 4 位有效数字。所以,有效数字位数的多少还与被测量本身的大小有关。总之,有效数字位数的多少是测量实际的客观反映,不能随意增减。测量结果有效数字位数的多少与其相对误差的大小有一定的对应关系,有效数字的位数多,相对误差小,测量结果的准确度高。

如果用毫米分度的尺子测量一个棒长,恰好与 40 mm 后的第 3 条毫米线对齐,如图

1.4.3 所示，则测量结果为 43.0 mm，十分位上的"0"表示最末一位估计读数为 0，是存疑数字，这个"0"不能省去。如果写成 43 mm，则别人会误认为是用厘米分度的尺子测量的，个位上的"3"是存疑数字，这与测量的实际不符。所以在物理实验中 43.0 mm $\neq$ 43 mm，因为它们的内涵是截然不同的。

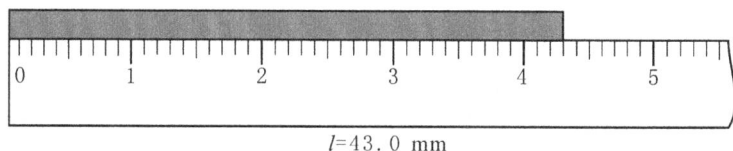

$l=43.0$ mm

图 1.4.3　与毫米线对齐的读数

1.4.2　与有效数字有关的几个问题

（1）有效数字中"0"的性质。非零数字前的"0"只起定位作用，不是有效数字。数字中间和数字后面的"0"都是有效数字。如果一个测得值的数很小或很大，为了正确、方便地表达有效数字，常用标准形式来表示。数值不同用 10 的方幂来表示其数量级，前面的数字是测得的有效数字，通常小数点前一律取一位有效数字，这种数值的科学表达方式称为科学计数法。例如，0.00508 m 写成 5.08×10^{-3} m，209080 m 写成 2.09080×10^{5} m。这样不仅可以避免写错有效数字，而且便于定位和计算。科学计数法还可以解决位数保留问题。

（2）十进制的单位换算不能增减有效数字位数，即有效数字的位数与小数点的位置或单位换算无关。如

4.30 cm = 4.30×10^{4} μm = 4.30×10^{-2} m = 4.30×10^{-5} km

而 4.30 cm $\neq$ 43000 μm，它们的量值虽然相等，但是有效数字增加了两位，这就错了！4.30 cm = 0.0430 m = 0.0000430 km（量值），该式虽（量值）相等，但看起来很不直观，运算起来很不方便，所以要采用科学计数法书写。

非十进制的单位换算有效数字会有一位变化，应由误差所在位确定。如（1.8±0.1）度 ＝（108±6）分 ＝（1.50±0.05）分 ＝（90±3）秒等。

（3）纯数学数或常数，如 1/6、$\sqrt{3}$、π、e 等，不是由测量得到的，有效数字可以认为是无限的，需要几位就取几位，一般取与各测得值位数最多的相同或再多取一位。给定值不影响有效数字位数。运算过程的中间结果可适当多保留几位，以免因舍入引进过大的附加误差。

（4）直接测量读数时一般需要在仪器的最小分度下估读一位（是存疑数字）。数字式仪表、电子秒表、电阻箱、便携式惠斯通电桥等仪器无法进行估读。这些仪器在测得值的最后一位就存在着仪器误差，就是存疑数字，而不必再估读。间接测量量由公式通过计算得出，结果的位数由各测量量决定，可由有效数字运算法则快速确定。

（5）用计算器运算如没有考虑以上规则，处理实验数据时尤应注意。有效数字的运算规则仅仅是一种处理有效数字的简略方法，严格来讲，有效数字的位数应由误差或不确定度来决定，实际处理数据时，为了防止多次取舍而造成的累积效应，运算的中间过程可多取几位有效数字，这是合理的。

（6）最后表达结果时，最佳测得值的有效数字位数由误差或不确定度来决定，例如，密度实验中计算得到 $\rho = 8.3669$ g/cm³，$u(\rho) = 0.03$ g/cm³，结果写为 $\rho = (8.37 \pm 0.03)$ g/cm³，尾数 7 与 0.03 中的 3 取齐。

1.4.3　有效数字的运算规则

实验结果一般要通过有效数字的运算才能得到，有效数字四则运算根据下述原则确定运算结果的有效数字位数：① 可靠数字间的运算结果为可靠数字；② 可靠数字与存疑数字或存疑数字间的运算结果为存疑数字，但进位为可靠数字；③ 运算结果只保留一位存疑数字，其后的数字按"小于 5 舍，大于 5 入，等于 5 凑偶"也叫"四舍六入，逢五取偶"的规则处理。

1. 加减法

首先统一各数值的单位，然后列出纵式进行运算，为了区别，在存疑数字下面划一道横线。

规则是：加减运算，最后结果的存疑位与各数中存疑位最高的位对齐，后面的数字按数的修约规则舍入，可称为"尾数对齐"。

例如　　10.1 cm ＋ 41.78 mm

[解]　　10.1 cm ＋ 4.178 cm ＝ 14.3 cm

$$
\begin{array}{r}
10.1 \\
+\ 4.178 \\
\hline
14.278
\end{array}
$$

例如　　10.1 cm － 41.78 mm

[解]　　101 mm － 41.78 mm ＝ 59 mm

$$
\begin{array}{r}
101 \\
-\ 41.78 \\
\hline
59.22
\end{array}
$$

2. 乘除法运算

规则是：乘除运算，最后结果的有效数字位数，一般与各数中有效数字位数最少的相同。若两数首位相乘有进位时，则可多取一位；而连乘除综合运算时，则一般不增不减。

例如　　10.1 × 4.178 ＝ 42.2

$$
\begin{array}{r}
10.1 \\
\times\ 4.178 \\
\hline
80\,8 \\
707 \\
1\ 01 \\
40\ 4 \\
\hline
42.197\,8
\end{array}
$$

例如　　10.1 ÷ 4.178 ＝ 2.42

$$
\begin{array}{r}
2.4\underline{1}\underline{7} \\
4.17\underline{8}\,{\overline{\smash{\big)}\,10.1\underline{0}0000}} \\
\end{array}
$$

$$
\begin{array}{r}
8\;356 \\
\hline
1\;\underline{7}4\underline{4}0 \\
1\;6\;7\;1\;2 \\
\hline
\underline{7}\,2\,\underline{8}\,0 \\
4\,1\,7\,8 \\
\hline
\underline{3}\underline{1}0\,2\,0 \\
2\,9\,2\,4\,6 \\
\hline
\underline{1}\,\underline{7}\,\underline{7}\,\underline{4} \\
\end{array}
$$

3. 乘方、开方运算

规则是:乘方、开方运算结果的有效数字位数与其底的有效数字位数相同,这是乘除法的特例。也可按乘除运算存疑数字划线的方法确定。例如

$$225^2 = 5.06 \times 10^4$$

$$\sqrt{225} = 15.0$$

4. 函数运算

函数运算不能搬用四则运算规则。严格地说,函数运算结果的有效数字位数应根据误差计算来确定。在物理实验中,为了简便作如下规定:

三角函数:由角度的有效位数,即以仪器的准确度来确定,如能读到 $1'$,一般取4位有效数字。例如

$$\sin 30°00' = 0.5000$$

$$\cos 9°24' = 0.9866$$

$$\tan 45°05' = 1.003$$

对数函数:首数不计,对数小数部分的数字位数与真数的有效数字位数相同。例如

$$\ln 19.83 = 2.9872（首数不计）$$

$$\lg 1.983 = 0.2973（首数不计）$$

$$\lg 0.1983 = \overline{1}.2973（首数不计）$$

指数函数:把 e^x、10^x 的运算结果用科学计数法表示,小数点前保留一位,小数点后面保留的位数与 x 在小数点后的位数相同,包括紧接小数点后的"0"。例如

$$e^{9.24} = 1.03 \times 10^4$$

$$e^{52} = 4 \times 10^{22}$$

$$10^{6.25} = 1.78 \times 10^6$$

$$10^{0.035} = 1.081$$

1.4.4　数字截尾的舍入规则

数字的进舍过去采用四舍五入法,这就使入的数字比舍的数字多一个,入的概率大于舍的概率,经过多次舍入,结果将偏大。为了使舍入的概率基本相同,现在采用的规则是:对保留的末位数字以后的部分,小于5则舍,大于5则入,等于5则把末位凑为偶数,即

末位是奇数则加1（五入），末位是偶数则不变（五舍）。例如将下列数据取为 4 位有效数字，则为

$$4.32749 \to 4.327; \quad 3.14159 \to 3.142$$
$$4.32751 \to 4.328; \quad 4.51050 \to 4.510$$
$$4.32750 \to 4.328; \quad 3.12650 \to 3.126$$
$$4.32850 \to 4.328; \quad 46.425 \to 46.42$$

对于误差或不确定度的估算，其尾数的舍入规则可采用四舍五入或只进不舍。

在物理实验处理数据时，有人以为运算结果的数字位数越多越准确，这种没有测量误差及有效数字概念的错误，应特别注意！

1.5　实验数据处理的基本方法

物理实验的目的是为了找出物理量之间的内在规律，或验证某种理论。实验得到的数据必须进行合理的处理分析，才能得到正确的实验结果和结论。数据处理是指从原始数据通过科学的方法得出实验结果的加工过程，它贯穿于整个物理实验教学的全过程中，应该逐步熟悉和掌握它。在一篇完整的科学论文或科研报告中，往往是先一目了然地列出各种数据，再用图线表示出物理量之间的变化关系，最后用严格的数学解析方法，如最小二乘线性回归等，得出数值上的定量关系，并给出实验结果和不确定度。物理实验常用的数据处理方法有：列表法、作图法、逐差法、最小二乘线性回归法等。

1.5.1　列表法

在记录和处理数据时，常把数据排列成表格，这样，既可以简单而明确地表示出被测物理量之间的关系，又便于及时检查和发现测量数据是否合理，有无异常情况。

列表法就是将数据处理过程用表格的形式显示出来，即将实验数据中的自变量、因变量的各个数据及计算过程和最后结果按一定的格式，有秩序地排列出来。

为了养成习惯，每个实验中所记录的数据必须列成表格，因此在预习时，一定要设计好记录原始数据的表格。例如用伏安法测电阻，测得数据如表 1.5.1 所示。

表 1.5.1　用伏安法测电阻数据

次数	1	2	3	4	5	6	7	8	9	10
U/V	0.00	1.00	2.00	3.00	4.00	5.00	6.00	7.00	8.00	9.00
I/mA	0	24	48	70	94	118	141	164	186	209

列表的要求如下：

（1）要写出表格的名称。如表 1.5.1 名称是"用伏安法测电阻数据"。

（2）根据实验内容合理设计表格形式，栏目排列的顺序要与测量的先后和计算的顺序相对应。

（3）各栏目必须标明物理量的名称和单位，量值的数量级也写在标题栏中。如表 1.5.1 中第一行数据为电压数据，名称为 U，单位为 V；第二行为电流数据，名称为 I，单位为 mA。

（4）原始数据及处理过程中的一些重要中间结果均应列入表中，且要正确表示各量的有效数字。如表 1.5.1 中电压数据中小数点后的"00"不能省略掉。

（5）要充分注意数据之间的联系，要有主要的计算公式。

列表法的优点是：简单明了，形式紧凑，各数据易于参考比较，便于找出有关物理量之间的对应关系，便于检查和发现实验中存在的问题及分析实验结果是否合理，便于归纳总结，从中找出规律性的联系。

缺点是：数据变化的趋势不够直观，求相邻两数据的中间值时，还需要借助插值公式进行计算等。

要注意，原始数据记录表格与实验数据处理表格是有区别的，不能相互代替，原始数据表格中不必包含需进行计算的量。要动脑筋，设计出合理完整的表格。

1.5.2　作图法

作图法是在坐标纸上用几何图形描述有关物理量之间的关系，它是一种被广泛用来处理实验数据的方法，特别是在还没有完全掌握物理量之间的变化规律或还没有找到适当函数表达式时，用作图线的方法来表示实验结果，常常是一种方便、有效的方法。为了使图线能清晰、定量地反映出物理量的变化规律，并能从图线上准确地确定物理量值或求出有关常量，必须按照一定的规则作图。

1. 作图规则

（1）图纸选择。作图一定要用坐标纸，根据需要选用直角坐标纸、单对数或双对数坐标纸等。坐标纸的大小以不损失实验数据的有效数字和能包括全部数据为原则，也可适当选大些。图纸上的最小分格一般对应测量数据中可靠数字的最末一位。作图不要增、减有效数字位数。本教材中使用的是毫米方格纸，即作图纸上每小格为 1 mm。

（2）确定坐标轴的比例和标度。通常以横轴代表自变量，纵轴代表因变量。用粗实线画出两个坐标轴，注明坐标轴代表的物理量的名称（或符号）和单位。选取适当的比例和坐标轴的起点，使图线比较对称地充满整个图纸，不要偏在一边或一角。坐标轴的起点不一定要从零开始，可选小于数据中最小值的某一整数作为起点。坐标轴的比例，即坐标分度值要便于数据点的标注和不用计算就能直接读出图线上各点的坐标。

最小分格代表的数字应取 1、2、5。坐标轴上要每隔一定的相等间距标上整齐的数字。横轴与纵轴的比例和标度可以不同。

（3）标点和连线。用削尖的铅笔，以 ⊙、×、＋、△ 等符号在坐标纸上准确标出数据点的坐标位置。除校正图线要连成折线外，一般应根据数据点的分布和趋势连接成细而光滑的直线或曲线。连线时要用直尺或曲线板等作图工具。图线的走向，应尽可能多地通过或靠近各实验数据点，即不是一定要通过每一个数据点，而是应使处于图线两侧的点数相近。因为这也是一个求其平均值的过程。如果一张图上要画几条图线，则要选用不同的标记符号。

（4）写图名和图注。图名要体现出所作图的关键因素，图名的字迹要端正，最好用仿宋体，位置要显明。简要写出实验条件，必要时还要写注释或说明。

2. 图示法与图解法

用图线表示实验结果的方法称为图示法，如用电流场模拟静电场实验用等势线、电场线图表示实验结果等。

根据画出的实验图线，用解析方法求出有关参量或物理量之间的经验公式为图解法。当图线为直线时尤为方便，如通过求直线的截距或斜率可得到另外一些物理量，如多管法测定液体动力黏度实验，通过直线的截距可得终极速度对应的时间 t_0；惠斯通电桥实验，通过导体电阻与温度的关系直线的斜率和截距，可求得电阻温度系数 α；等等。还可通过图线求函数表达式，如三线摆实验，通过图线可得出三线摆周期与转动惯量之间的经验公式等。

作图示例。将表 1.5.1 的数据在毫米方格纸上作图线如图 1.5.1 所示。

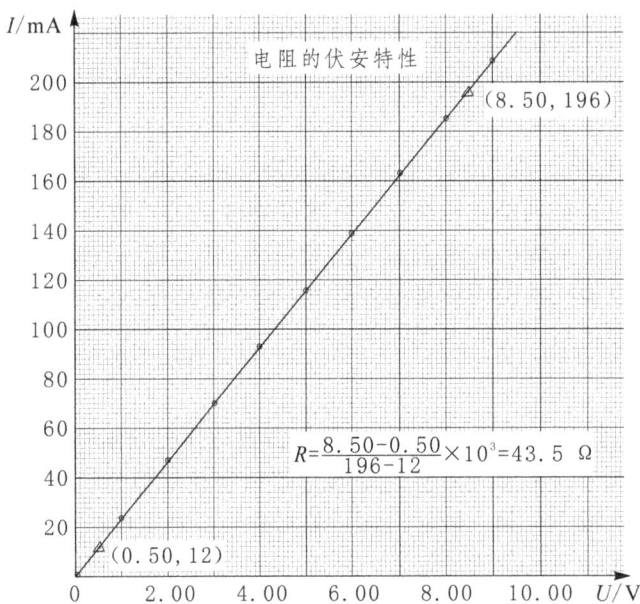

$$R = \frac{8.50 - 0.50}{196 - 12} \times 10^3 = 43.5 \ \Omega$$

图 1.5.1　电阻的伏安特性图线

图 1.5.1 所示的伏安特性图线是一条直线，说明被测电阻是线性电阻。直线斜率的倒数就是电阻的数值。

1）求直线的斜率和截距，建立直线方程

若图线为直线，其方程为

$$y = kx + b$$

求斜率 k 常用两点法，要在直线两端、数据范围以内另取两点，一般不取原始测量数据点。为了便于计算，横坐标的两数值可取为整数。用与原始数据点不同的符号标明这两个特征点的位置，旁边注明坐标值 (x_1, y_1)、(x_2, y_2)，如图 1.5.1 所示。直线的斜率 k 为

$$k = \frac{y_2 - y_1}{x_2 - x_1} \tag{1-5-1}$$

如果横坐标的起点为零，则可直接从图线上读取截距 b 的值。如果横坐标的起点不为零，则直线与纵轴的交点不是截距，这时常用点斜式求出，即在图线上再取一点 (x_3, y_3)，代入直线方程，求得

$$b = y_3 - \frac{y_2 - y_1}{x_2 - x_1} x_3$$

求出 k 和截距 b 就可以得出具体的直线方程,也可由斜率和截距求出包含在其中的其他物理量的数值。

例如图 1.5.1 中,在直线上选取两个点,其坐标分别为 $(0.50, 12)$、$(8.50, 196)$,代入式(1-5-1)即可求得直线的斜率,同时可以发现该直线斜率的倒数即为电阻的阻值,$R = 43.5\ \Omega$。

2)通过图线求函数关系,建立经验公式

若通过测量得到的图线是一条曲线,就要运用解析几何知识判定该曲线是哪一类函数。并据此判断提出假定进行相应的处理。

若估计它是双曲线,它应满足 $y = \dfrac{1}{x}a$ 的函数关系,这时可重新按 $y = f\left(\dfrac{1}{x}\right)$ 作图,则对应的图线就一定是一条直线,这样就可通过求该直线的斜率得到系数 a。

若估计它是一条抛物线,它应满足方程 $y = kx^2 + b$,这时可以按 $y = f(x^2)$ 作图,则对应的图线也一定是一条直线,求出该直线的斜率和截距就可求出 k 和 b。

如果难于确定,就可凭经验假定函数形式,一般可用幂函数表示,方程为

$$y = kx^a$$

其在对数坐标系中为一线性方程,求出斜率为 a,求出截距再经过反对数运算可得 k,这样,就可得出具体的经验公式,这是了解和发现物理规律的一条有效途径。

3. 曲线改直

物理量之间的关系并不都是线性的,将非线性关系通过适当变量代换化为线性关系,即将非直线图形变换成直线图形称为曲线改直。由于直线最易准确绘制,更加直观,便于确定某种函数关系的曲线对应的经验公式。通过这种代换,还可使某些未知量包含在斜率或截距中,容易求出,如理查逊直线法求逸出功便是一例。

常用的可以线性化的函数举例如下:

(1)$y = ax^b$,a、b 为常量。两边取常用对数后变换为

$$\lg y = b\lg x + \lg a$$

$\lg y$ 与 $\lg x$ 为线性关系,直线的斜率为 b,截距为 $\lg a$。

(2)$y = ae^{-bx}$,a、b 为常量。两边取自然对数后变换为

$$\ln y = -bx + \ln a$$

$\ln y \sim x$ 图的斜率为 $-b$,截距为 $\ln a$。

(3)$x^2 + y^2 = a^2$,a 为常量。则有

$$y^2 = a^2 - x^2$$

$y^2 \sim x^2$ 图的斜率为 -1,截距为 a^2。

(4)$y = \dfrac{x}{a + bx}$,a、b 为常量。则有

$$y = \frac{1}{(a/x) + b},\quad \frac{1}{y} = \frac{a}{x} + b$$

$\dfrac{1}{y} \sim \dfrac{1}{x}$ 图的斜率为 a、截距为 b。

4. 作图法的优点和局限性

作图法的优点是数据(物理量)之间的对应关系和变化趋势非常形象、直观,一目了

然，便于比较研究和发现问题，能看到测量的全貌。实验数据中存在的极值、拐点、周期性变化等，都能在图形中清楚地表示出来。特别是对很难用简单的解析函数表示的物理量之间的关系，作图表示就比较方便。另外，所作的图线有取平均的效果。通过合理的内插和外推还可以得到没有进行或无法进行观测的数据。通过求斜率、截距还可以得到另外一些物理量或建立变量之间的函数关系（经验公式）。

作图法的局限性受图纸大小的限制，一般只能处理 3 或 4 位有效数字。在图纸上连线有相当大的主观随意性。由于图纸本身的均匀性和准确程度有限，以及线段的粗细等，使作图不可避免地引入一些附加误差。

5. 利用 Origin 作图并处理数据

在信息技术发达的今天，用计算机处理数据已经成为处理数据的主要手段，有很多软件例如 Origin、Matlab、Excel 等都可以很好地完成，但是我们前面所讲的作图基本知识是它的基础，需要同学们全面地掌握才能熟练、正确地使用这些软件。在第三学期的实验课中，我们鼓励同学们使用计算机软件处理数据。

Origin 是 OriginLab 公司开发的一个科学绘图、数据分析软件，是当今世界上应用最广泛的数据处理软件之一，广受科研、工程技术人员欢迎。Origin 功能强大，本课程中常见的数据处理、作图及曲线拟合等都可以在 Origin 中准确、方便地完成，此外，Origin 界面清晰，操作简单，例如 Origin 提供了几十种绘图模板而且用户可以自定义模板，绘图时用户选择所需要的模板就行。现在采用 Origin8.0 版，以表 1.5.1 伏安法测电阻实验数据处理为例，简要介绍其在物理实验数据处理中的应用。

在电脑上安装好 Origin8.0 后并打开，其界面如图 1.5.2 所示，中间区域的 Book1 为

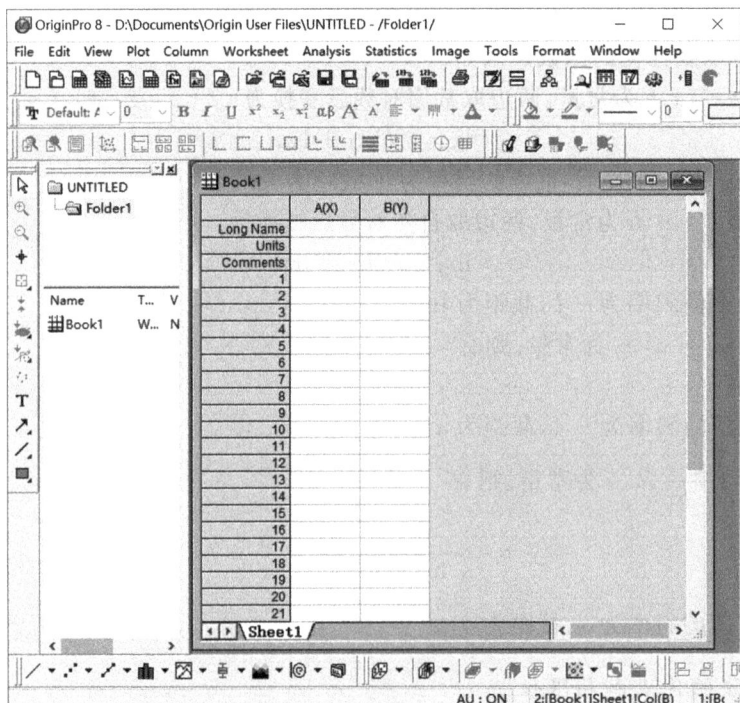

图 1.5.2　Origin8.0 界面

工作表,A(X)代表自变量,这列中可填入表1.5.1中的电压数据,B(Y)代表因变量,这列中可填入表1.5.1中的电流数据。为了便于标记这两列数据,可以修改A、B的名称为U、I。例如,在A(X)列上点击鼠标左键选中该列,然后再点击鼠标右键,在弹出的菜单中选择"Properties",在下一步弹出的"列性质"界面中,在Short Name中将A(X)改为"U"即可,B(Y)的修改方法与此相同,如图1.5.3所示。

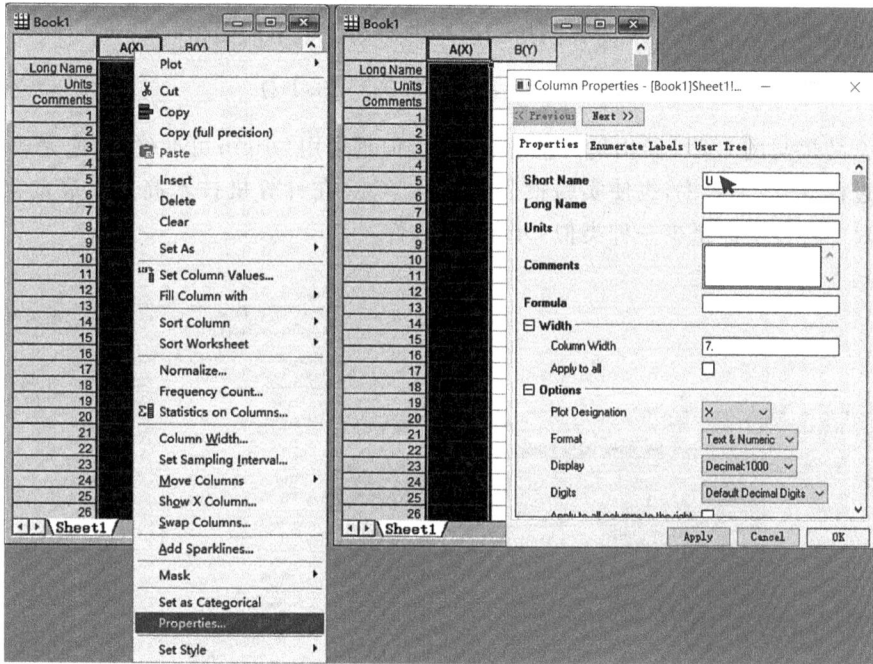

图 1.5.3　工作表列名修改

现在将表1.5.1中的电压和电流数据填入到工作表中,检查无误后,鼠标左键点击图1.5.4中左下角"三个点"标志(箭头所指),则将实验数据以黑色点作图显示。对于此图,

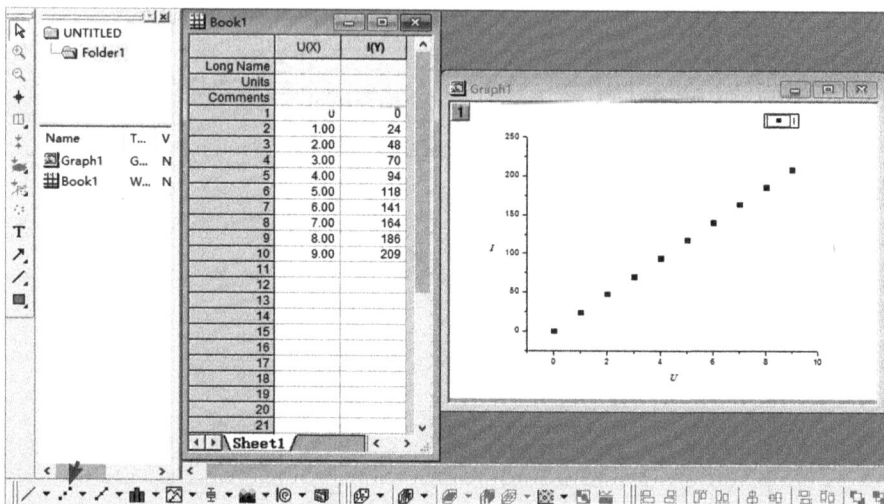

图 1.5.4　根据工作表作图

可以用鼠标左键点击选中坐标轴，然后再点击右键，在弹出的菜单中选择"Properties"进一步对刻度、横纵轴名称等进行修改，细节请同学们自行练习。

下面利用 Origin 对图 1.5.4 中的实验点进行线性拟合，并求出直线方程及其对应的斜率。

如图 1.5.5 中箭头所指，点击"Analysis""Fitting""Fit Linear"，在弹出的菜单中点击"OK"，Origin 将根据 $y = a + bx$ 这一直线方程对实验点自动进行拟合，作出拟合后的直线，并给出直线中的 a（图中表格的 Intercept）、b（图中表格 Slope）数值分别为 0.89091、23.2242，如图 1.5.6 所示。前面我们指出斜率的倒数为电阻的阻值，即

$$R = \frac{1}{23.2242} \times 1000 = 43.1 \ \Omega$$

这个结果与图 1.5.1 给出的 R 值非常接近。但是利用 Origin 可准确、快速完成整个数据处理过程，提高了效率，也使实验报告更具科学性。在计算机技术高速发展的当下，同学们需要学习并掌握至少一种类似 Origin 的软件。

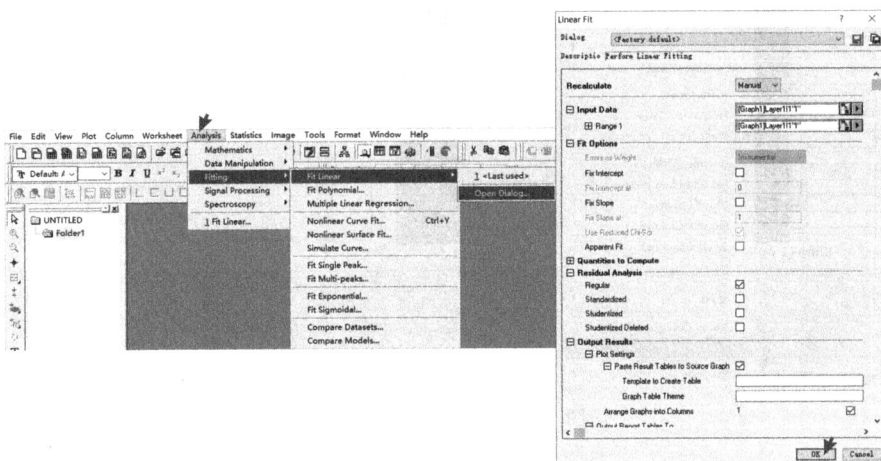

图 1.5.5　对实验点进行线性拟合

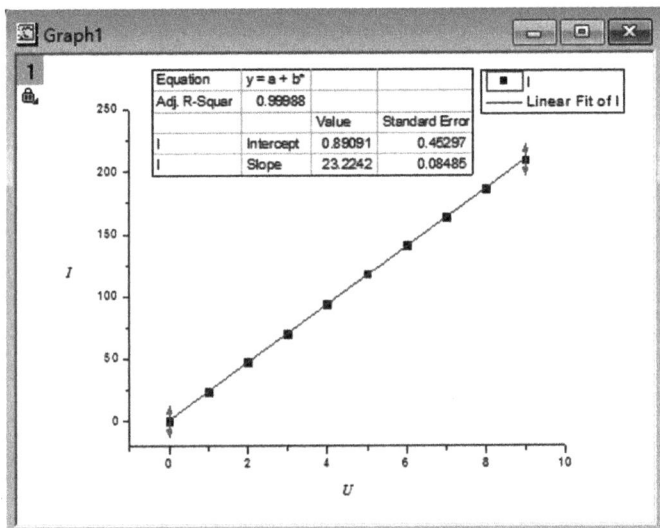

图 1.5.6　线性拟合后的结果

1.5.3 逐差法

逐差法是数值分析中使用的一种方法,也是物理实验中常用的数据处理方法。在所研究的物理过程中,当变量之间的函数关系呈现多项式时,即

$$y = a_0 + a_1 x + a_2 x^2 + a_3 x^3 + \cdots$$

且自变量 x 是等间距变化时,则可以采用逐差法处理数据。

逐差法是把实验测得的数据进行逐项相减,以验证是否是多项式关系;或者将数据按顺序分为前、后两半,后半与前半对应项相减后求其平均值,以得到多项式的系数。由于测量准确度的限制,逐差法仅用于一次和二次多项式。为了说明这种方法,仍用伏安法测电阻的实验数据,将其逐项相减及分半等间隔相减的结果,列于表 1.5.2 中。

表 1.5.2　伏安法测电阻数据的逐差法处理

次数(i)	1	2	3	4	5	6	7	8	9	10
U/V	0.00	1.00	2.00	3.00	4.00	5.00	6.00	7.00	8.00	9.00
I/mA	0	24	48	70	94	118	141	164	187	209
$\delta_1 I = I_{i+1} - I_i$	24	24	22	24	24	23	23	23	22	
$\delta_5 I = I_{i+5} - I_i$	118	117	116	117	115					

表中 $\delta_1 I$ 一栏是相邻两项逐项相减的结果,是一次逐差,其数值基本相等,说明电流 I 与电压 U 存在线性关系。$\delta_5 I$ 一栏是间隔 5 项依次相减,也是一次逐差,其平均值为

$$\Delta I = \frac{1}{5} \left[(I_6 - I_1) + (I_7 - I_2) + (I_8 - I_3) + (I_9 - I_4) + (I_{10} - I_5) \right]$$

$$= \frac{1}{5} \left[118 + 117 + 116 + 117 + 115 \right] = 117$$

那么电阻值为

$$R = \frac{\Delta U}{\Delta I} = \frac{5.00}{117} \times 10^3 = 42.7 \ \Omega$$

与作图法处理数据(及 Origin 作图)所得结果基本相同。

函数式为 $I = \dfrac{1}{42.7} U$ 或 $U = 42.7 I$。

1. 验证多项式

如果函数值逐项相减,一次逐差结果是常量时,则函数是线性函数,即

$$y = a_0 + a_1 x$$

成立。如前例伏安法测固定电阻,I 与 U 是线性函数。

如果函数逐项相减后,再逐项相减,即二次逐差的结果是常量时,则

$$y = a_0 + a_1 x + a_2 x^2$$

成立。如自由落体运动的路程 s 与时间 t 的关系为 $s = s_0 + v_0 t + \dfrac{1}{2} g t^2$。

前例同样可以用逐差法计算,就是所谓的二次逐差。具体方法是先求出一次逐差 δ_{yi}:

$$\delta_{yi} = y_{i+n} - y_i$$

再求二次逐差 δ_{yi}^2：

$$\delta_{yi}^2 = \delta_{yi+n}^2 - \delta_{yi}^2$$

这样仍可保证 δ_{yi}^2 的值保持近似相等。

亦有这种情况,函数

$$y = f(x^2)$$

式中,x 逐差结果不相等,但 x^2 逐差,即 $x_{i+n}^2 - x_i^2$ 相等,则同样可用逐差法处理。

2. 求物理量的数值

用逐差法可以求出多项式 x 的各次项的系数来。如前例伏安法测固定电阻,通过求自变量 U 的系数就可以得到电阻 R 的值。

需要指出,在用逐差法求系数值时,要计算逐差值的平均值,不能逐项逐差,而应该把测量数据分成前后两半,后半与前半对应项逐差,故有对数据取平均的效果。如果逐项逐差以后再平均,则有

$$
\begin{aligned}
\bar{\delta}_i &= \frac{1}{n-1} \sum_{i=1}^{n} (I_{i+1} - I_i) \\
&= \frac{1}{n-1} \left[(I_2 - I_1) + (I_3 - I_2) + (I_4 - I_3) + \cdots + (I_{10} - I_9) \right] \\
&= \frac{1}{n-1} (I_{10} - I_1)
\end{aligned}
$$

这里最终只用了第一个和最后一个数据,其余中间的数据均被正负抵消,相当于只测了两个数据,这显然是不合理的。不仅白白浪费了测量数据,且使计算结果误差增大。

3. 逐差法的优点和局限性

优点:方法简单、便于计算;可以充分地利用测量数据,具有对数据取平均和减小相对误差的效果,可以最大限度地保证不损失有效数字;可以绕过一些具有定值的未知量求出实验结果;可以发现系统误差或实验数据的某些变化规律。如果通过变量代换后能满足适用条件,也可以用逐差法。

局限性:有较严格的适用条件。① 函数必须是一元函数,且可写成自变量的多项式形式,如 $y = a_0 + a_1 x + a_2 x^2$,自变量 x 必须等间距变化,这个条件在实验中是容易满足的,只要使容易测量和控制的物理量呈等间距变化即可,一般测量偶数次。② 因求多项式的系数时,是先得出高次项系数再逐步推出低次项系数,由于误差的传递,使低次项系数的精确度变差。③ 另外,非线性函数线性化后,如果原来各数据是等权的,经过函数变换以后可能变成为不等权的,这时,用逐差法处理数据时要考虑这个因素。

习　　题

1. 指出下列情况是随机误差还是系统误差。

(1) 视差;

(2) 天平零点漂移;

(3) 游标的分度不均匀;

(4) 水银温度计毛细管不均匀;

（5）磁电系电表永久磁铁减弱；

（6）电表接入误差；

（7）地磁场影响。

2. 下列数字是几位有效数字？

（1）地球平均半径 $R = 6371.22$ kg；

（2）地球到太阳的平均距离 $S = 1.496 \times 10^8$ km；

（3）真空中的光速 $c = 299\ 792\ 458$ m/s；

（4）$E = 2.7 \times 10^{25}$ J；

（5）$T = 1.0001$ s；

（6）$\lambda = 339.223\ 140$ nm。

3. 改正下列等式中的错误。

（1）$m = 0.103$ kg 是 4 位有效数字；

（2）$d = 10.435 \pm 0.01$ cm；

（3）$t = (85.0 \pm 4.6)$ s；

（4）$Y = (2.015 \pm 0.027) \times 10^{11}$ N/m^2；

（5）2000 mm = 2 m；

（6）$1.25^2 = 1.5625$；

（7）$V = \dfrac{1}{6}\pi d^3 = \dfrac{1}{6}\pi (6.00)^3 = 1 \times 10^2$。

4. 单位变换。

（1）$m = (1.750 \pm 0.001)$ kg，写成以 g、mg、t(吨) 为单位；

（2）$h = (8.54 \pm 0.02)$ cm，写成以 μm、mm、m 和 km 为单位。

5. 根据有效数字运算法则，计算下列各式，并写出结果。

（1）$343.37 + 75.8 + 0.6386$；

（2）$88.45 - 8.180 - 76.54$；

（3）0.072×2.5；

（4）$4.32 \times 10^{-5} \times 3.00 \times 10^{-4}$；

（5）$(8.42 + 0.052 - 0.47) \div 2.001$；

（6）$\pi \times 3.001^2 \times 3.0$；

（7）$(100.25 - 100.23) \div 100.22$。

6. 计算。

用测量范围为 $0 \sim 25$ mm 的外径千分尺，测量一钢球的直径 d 共 10 次，测量结果为 $d_i = 1.006$、1.008、1.002、1.001、0.998、1.010、0.993、0.995、0.990、0.997(单位:mm)，计算实验的 A 类标准不确定度、B 类标准不确定度、合成标准不确定度并报告结果。

7. 求出下列函数的合成标准不确定度的表达式(等式右端未经注明者均为直接测得量)。

（1）$N = x + y - 2$

（2）$\rho = \dfrac{m}{V}$

（3）$V = \dfrac{1}{4}\pi d^2 h$

（4）$f = \dfrac{L^2 - d^2}{4L}$

（5）$Y = \dfrac{4l}{\pi d^2} \cdot \dfrac{2D}{k} \cdot \dfrac{3mg}{\Delta n}$ （l、D、d、k、Δn 为变量，其他为常数）

第2章 基础物理实验

基础物理实验内容涉及力学、热学、光学、电学等方面，是学生接受实验基本训练的开端，主要对学生进行基础实验知识、基本实验技能及基本实验方法方面的训练。具体来说，每个实验都针对某种实验仪器（如千分尺、游标卡尺、显微镜、物理天平、秒表、温度计等）、某种实验方法（如放大法、模拟法、比较法、替代法等）、某种实验技能（如水平调节、铅直调节、零位校准、同轴等高调节、消视差、电路连接等）及基本的数据处理（列表法、作图法、逐差法、线性拟合法等）等方面进行训练。同时在整个实验过程中，同学们要重视有效数字和误差估算在各实验中的具体运用，学会基本的误差和不确定度的估算方法；了解误差分析对做好实验的作用，养成误差分析的习惯，为今后学习和科研打好基础。

为了使同学们有目的、高效地进行学习，本章中每个实验的开头都设置有实验预习题，引导学生带着问题去预习教材；同时也在实验原理、实验步骤等部分设置问题，以启迪学生不断思考、动手的同时兼顾动脑，引导学生对每个实验尝试用"做什么、怎么做、如何做"的思路去完成；此外，在每个实验的开始设置与生产生活紧密结合的引例，引导学生理论联系实际；每个实验末尾设置实验拓展，内容有实验涉及的物理知识及实验方法、实验仪器介绍、实验知识在生产中的应用等方面。以上这些设置的目的是培养学生分析问题、解决问题的能力及创新意识，请同学们在学习时仔细体会。

实验1 物质密度的测定

【实验预习题】

(1)什么是物质的密度？

(2)请画出空心圆柱体的结构简图（纵截面、横截面），推导测量空心圆柱体的体积公式。

(3)如何测量不规则固体的体积？

(4)参考本实验拓展，请回答游标卡尺的游标原理是什么？请简述50分度游标卡尺的使用方法和读数规则。

(5)"20分度游标卡尺"和"50分度游标卡尺"的读数都记录到毫米的百分位。对于同一物体，测得的有效数字位数相同，是否表示这两种游标卡尺测量的误差也相同？为什么？

(6)参考本实验拓展，请回答物理天平的测量原理和构造分别是什么？请简述物理天平操作规则。

（7）用流体静力称衡法测量固体密度时，如果将待测物体放入水中时，物体周围附有气泡，将对结果产生什么影响？实验中用来系物体的线用棉线、尼龙线好，还是用金属丝较好？用粗线较好还是细线较好？

（8）能否用流体静力称衡法测定液体的密度？如果能，请写出测量方法和测量公式。

（9）若已知金、铜和水的密度分别为 ρ_{Au}、ρ_{Cu}、ρ_0，现有一镀金铜块，试说明如何测定金、铜重量之比 W_{Au}/W_{Cu}？推导出测量公式。

（10）对于粉末状的固体（比如食盐），如何测它的密度？

（11）能否用比重瓶法测定液体的密度？如果能，请写出其测量方法和测量公式。

请同学们思考下面几个问题：1 kg 铁和 1 kg 木头，哪个更重？答案是一样重，但是为什么铁的体积小？因为铁的密度大。体积相同的铜块、铁块和铝块，它们的质量相同吗？为什么铜块的质量大于铁块大于铝块？挤压一块面包，体积变小，那么密度怎样变化？会变大。为什么路上的油渍都浮在水面上？为什么人在海水中比较容易浮起来？可以用密度鉴定黄金的真假吗？上述的问题都涉及物质的密度，那么什么是密度？

物质的密度是指单位体积中所含物质的质量，是物质的基本属性之一，是用来表征物质的成分或组织结构这一特征，与物质的质量、体积、大小、形状、空间位置无关，但与物质的纯度、温度有关，大部分物质密度随温度升高而降低。工业上通常用密度来进行原料成分的分析和纯度的鉴定。

工业上对不同物质设计有各种类别的密度计（密度仪），例如：磁性材料密度仪，橡胶密度计，塑料密度仪（如图 2.1.1 所示），汽油、柴油密度计（如图 2.1.2 所示）等。

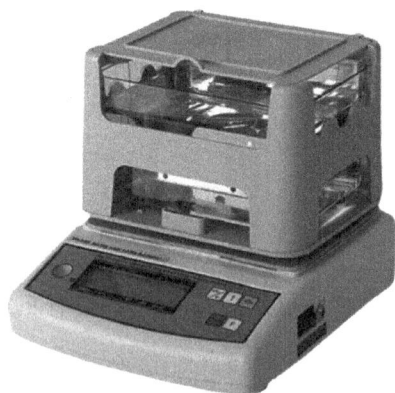

图 2.1.1　一种数显的固体密度计　　　　　图 2.1.2　一种数显的液体密度计

本实验主要介绍几种固体密度的测量原理和方法，并通过测量物体的密度，熟悉和掌握长度、质量这些基本物理量的测量。

【实验目的】

（1）掌握用定义法和流体静力称衡法测量固体的密度。

(2)了解用比重瓶法测小块固体和液体密度的原理。

(3)掌握游标卡尺、物理天平的使用方法。

(4)掌握测量数据的列表计算处理方法。

【实验仪器】

50分度游标卡尺(见图2.1.3)、TW－05B型(物理天平见图2.1.4)、空心圆柱体(见图2.1.5)、烧杯(见图2.1.6)、比重瓶(见图2.1.7)及细线等。

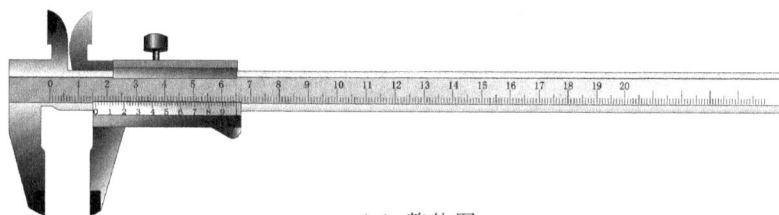

（a）整体图

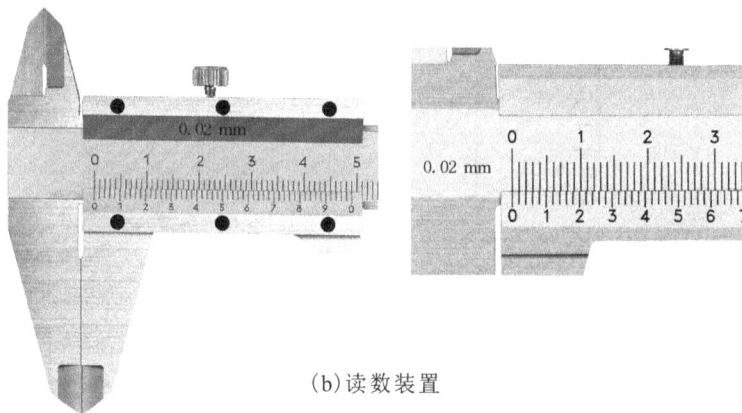

（b)读数装置

图 2.1.3　50 分度游标卡尺

图 2.1.4　TW－05B型(物理天平)

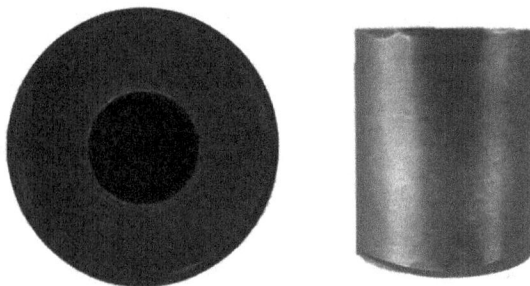

图 2.1.5　空心圆柱体（俯视图和侧面图）

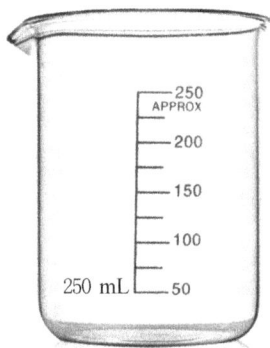

图 2.1.6　烧杯

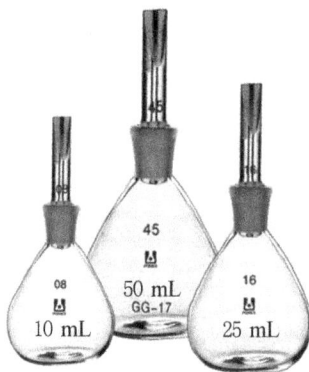

图 2.1.7　比重瓶

【实验原理】

设物体的质量为 m、体积为 V，则其密度 ρ 为

$$\rho = \frac{m}{V} \qquad\qquad (2-1-1)$$

密度的国际单位是 kg/m^3。由于物体的密度总是与一定的温度有关（液体的温度膨胀系数比固体的大得多），因而表示物质密度时，一定要注明温度。

1. 规则形状固体密度的测定

根据密度的定义式，测定了 m 和 V，就可求得 ρ。在物理实验中，物体的质量一般可用天平（如物理天平、电子天平）测量，物体的体积根据不同形态采用不同的方法测定。

对于形状规则的固体，可通过直接用量具测量其几何尺寸求出体积，再根据定义式计算其密度。

但对于形状不规则的固体，如何测量它的体积？可以利用阿基米德浮力原理间接测定体积，这种求密度的方法叫作流体静力称衡法。

2. **流体静力称衡测固体的密度**

如不计空气的浮力，物体在空气中称得的质量为 m_1，浸没在液体（物体的性质不发生变化）中称得的质量为 m_2，则物体在液体中所受的浮力

$$F = (m_1 - m_2)g \qquad (2-1-2)$$

根据阿基米德原理,物体在液体中所受浮力等于它排开液体的重量,即

$$F = \rho_0 V g \qquad (2-1-3)$$

式中,ρ_0 是实验条件下液体的密度;V 是物体全部浸入液体(全部浸入的条件是什么?如果不能完全浸入呢?)中排开液体的体积,亦即物体的体积;g 是重力加速度。由式(2-1-1)、(2-1-2)、(2-1-3),得

$$V = \frac{m_1 - m_2}{\rho_0} \qquad (2-1-4)$$

$$\rho = \frac{m_1}{m_1 - m_2} \rho_0 \qquad (2-1-5)$$

从式(2-1-4)可以看出,形状不规则固体体积的测量变成了质量的测量,这种"转化"思想就是本实验的主要物理思想。

利用式(2-1-5),已知液体密度,用天平称量出 m_1 和 m_2,就可以计算出物体的密度。

注意:实验中为了减小质量测量误差,应选择细线系物体。

接下来,请同学们思考,式(2-1-5)成立的条件是待测物体完全浸没在液体中,如果待测物体密度小于液体密度,无法完全浸没到液体中(比如:石蜡),则可以采用如下方法:① 首先称出石蜡在空气中的质量 m_1;② 然后将物体栓上一重物,重物浸入液体中,而物体置于空气中,称得质量为 m_2,如图 2.1.8(a) 所示;③ 再将物体连同重物全部浸于液体中,称得质量为 m_3,如图 2.1.8(b) 所示。则物体在液体中所受到的浮力为

$$F = (m_2 - m_3)g$$

密度为

$$\rho = \frac{m_1}{m_2 - m_3} \rho_0 \qquad (2-1-6)$$

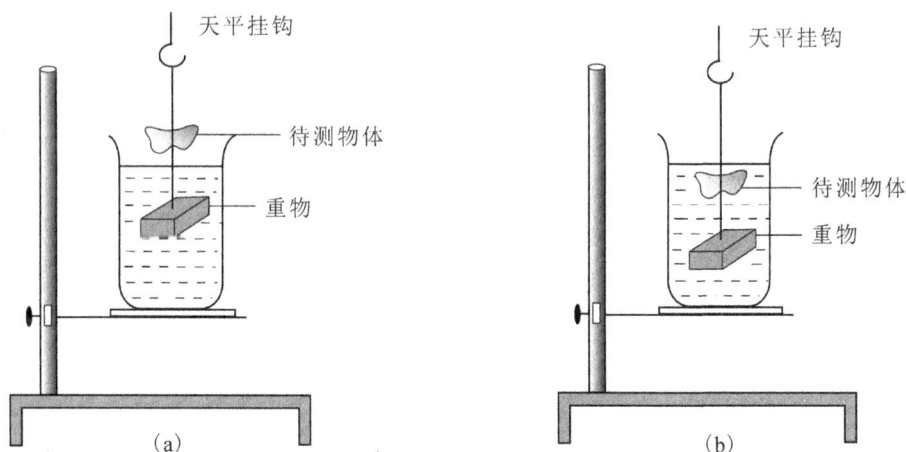

图 2.1.8 流体静力称衡法测密度

由式(2-1-6)可见,流体静力称衡法不仅可以测量规则形状固体的密度,还可以测量不规则形状的固体的密度,同时也可以测量液体的密度。那么,请同学们思考:如何用流体静力称衡法测量液体的密度?试推出测量公式。

可以看出,不同形状物体密度测量的难点是待测物体体积的准确测量,如果有一个容积固定的容器(如比重瓶),那么小颗粒状固体的体积就可以很容易测量出来,密度也就得到了。接下来,我们了解比重瓶法。

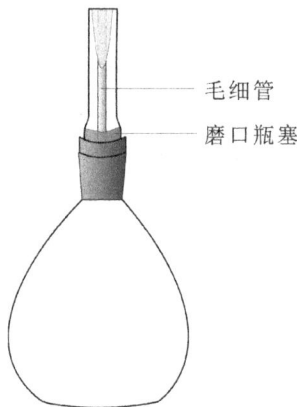

毛细管

磨口瓶塞

图 2.1.9　比重瓶

3. 用比重瓶法测小颗粒状固体的密度

比重瓶是用玻璃制成的容积固定的容器,如图2.1.9所示,为了保证瓶中的容积固定,比重瓶的瓶塞用一个中间有毛细管的磨口塞子制成。可用移液管在比重瓶中注满液体,并用瓶塞塞紧时,多余的液体就会通过毛细管流出来,这样就可以保证比重瓶的容积是固定的。

本实验中,用比重瓶测定不溶于液体(比如:水)的小颗粒状固体的密度 ρ,可先称出小颗粒状固体的总质量 m_1,再称出盛满水后比重瓶的质量 m_2,然后把所有小颗粒固体都投入装满水的比重瓶内,称得比重瓶、水、小颗粒固体三者的总质量为 m_3,这样,被小颗粒状固体排开的同体积的水的质量是 $m_1 + m_2 - m_3$,则小颗粒状固体的密度为

$$\rho = \frac{m_1}{m_1 + m_2 - m_3}\rho_0$$

式中,ρ_0 是实验条件下液体的密度。

当待测样品为液体时,用比重瓶装满被测液体,称出其质量,就可算出其密度为

$$\rho = \frac{m_3 - m_0}{V} \tag{2-1-7}$$

式中,m_0 是比重瓶空瓶质量;m_3 是比重瓶装满被测样品时的总质量;V 是比重瓶标称容积。

4. 流体静力称衡法和比重瓶法测定固体密度的优点和条件

优点是将固体体积的测量转换为质量的测量,所以不受物体形状的限制,只要物体能放入比重瓶或烧杯中即可。因为校准的天平可以将物体的质量测得很准,一般来说,称质量比测长度的误差要小。

条件是物体在所选用的液体中性质不发生变化。

【实验内容与步骤】

1. 测量规则形状固体(空心圆柱体见图2.1.10)的密度

(1)用游标卡尺测量样品的几何尺寸:外径 D、内径 d、高度 H、深度 h,每个量在不同

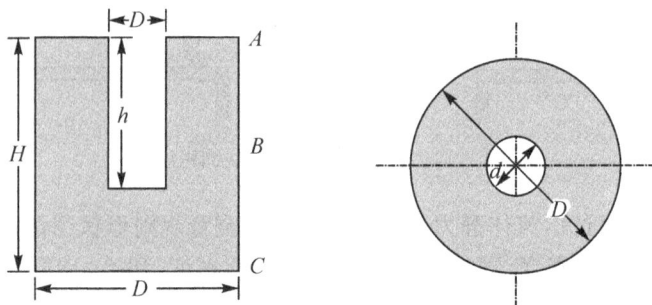

图 2.1.10　空心圆柱体结构图

部位测 3 次。数据记录见表 2.1.1。(游标卡尺使用方法参考本实验拓展)

(2) 调整好物理天平,物理天平的正确使用调整要点:调水平、调零点、左称物、常止动、复原。(参考本实验拓展)

(3) 用物理天平测量样品的质量 m,单次测量。

2. 用静力称衡法测定不规则样品(石蜡)的密度

(1) 调整好物理天平。

(2) 称出样品在空气中的质量 m_1。

(3) 在样品下拴一重物,只将重物浸没在水中,如图 2.1.8(a) 所示,称出此时的质量 m_2。

(4) 然后再将样品与重物一起浸没在水中,如图 2.1.8(b) 所示,称出此时的质量 m_3。

(5) 根据式(2-1-6)计算样品的密度。

【实验记录及处理】

1. 规则形状固体的密度

(1) 数据记录表格见表 2.1.1。

表 2.1.1 空心圆柱体数据记录表

次数	外径 D/mm	内径 d/mm	高度 H/mm	深度 h/mm
1				
2				
3				
平均值				
$m =$ \qquad g				

(2) 依据公式 $\rho = \dfrac{m}{V} = \dfrac{4m}{\pi(D^2 H - d^2 h)}$,计算样品的密度。

2. 不规则样品(石蜡)的密度

(1) 空气中的质量 $m_1 = $ _____。

(2) 样品下拴一重物,只将重物浸没在水中,称出此时的质量 $m_2 = $ _____。

(3) 样品与重物一起浸没在水中,称出此时的质量 $m_3 = $ _____。

(4) 根据式(2-1-6)计算样品的密度。

【实验拓展】

1. 密度在生活中的应用

密度在生活中的应用很多,不同物质密度一般不同。可用密度鉴别材料成分,比如:地质勘探队员根据样品的密度,确定矿藏的种类及其经济价值;农民利用风力扬场,对饱满麦粒、瘪粒、草屑分拣;农业上,利用盐水漂浮选种;商业中,鉴别牛奶、酒的浓度(注:一般用液体密度计);交通工具、航天器材中,选用高强度、低密度的合金材料、玻璃钢等复合材料;产品包装中,采用密度小的泡沫塑料作填充物,达到防震、便于运输、价格低廉等目的;化学实验中,萃取实验将不同的两种物质分离开来,也是利用密度不同实现分离。

2. 质量的测量

质量是物质的基本属性,测量宏观物体的质量,测的是引力质量,测量仪器大多数是以杠杆定律为基础而设计的杠杆天平,其示值与观测地点无关。物理实验中常用物理天平和电子天平称衡质量。

1）物理天平

（1）用途。

天平是利用等臂杠杆力矩平衡原理制成,能够精确地进行质量比较而称得质量。

（2）物理天平的构造。

物理天平的实物如图 2.1.4 所示,结构如图 2.1.11 所示,主要部分是横梁 4,在横梁中央垂直于它的平面固定一个三角钢质棱柱 3（也叫主刀口）,棱柱 3 的刀口置于由坚硬材料如玛瑙制成并研磨抛光的小平板（也叫刀承）上,小平板水平地固定在天平立柱 10 中央可上下调节的连杆顶端。

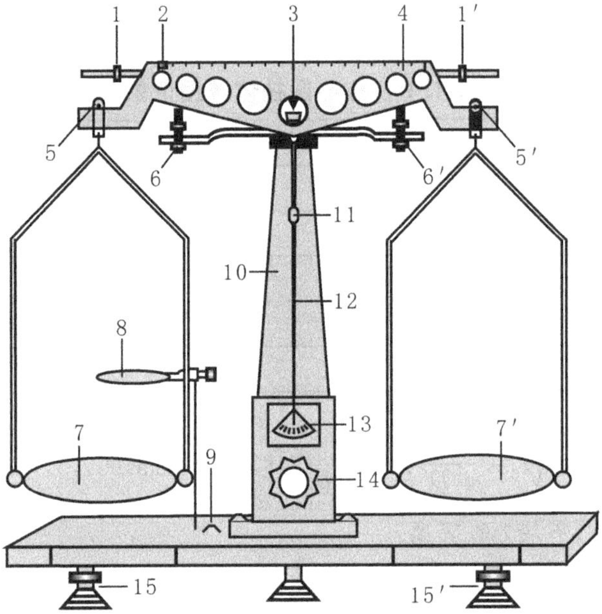

1,1′—平衡调节螺母；2—游码；3—三角钢质棱柱；4—横梁；5,5′—副刀口；
6,6′—横梁支撑螺钉；7,7′—载物盘；8—托架；9—气泡水平仪或重锤线；
10—立柱；11—重心铊；12—指针；13—标度尺；14—举盘旋钮；15,15′—底盘螺钉。

图 2.1.11　物理天平

另外横梁两端的两个刀口（也叫副刀口）5 和 5′ 是朝上的三角钢质棱柱,与中央三角钢质棱柱平行等距,用来悬挂天平的载物盘 7 和 7′。在两秤盘的弓型挂钩架上装有坚硬材料如玛瑙制成并研磨抛光的小平板（也叫副刀承）,整个横梁与秤盘的重心低于主刀口 3 所在的水平面,也就是说横梁始终处于稳定平稳状态。垂直固定在横梁上的一根轻而细长的指针 12 和指针下端立柱上的标度尺 13,用以观察和确定横梁的水平位置。当横梁水平时,天平的指针应指在标度尺的中央刻度线处。

横梁两边还有两个平衡调节螺母 1 和 1′。立柱横架两端有两个横梁支撑螺钉 6 和 6′可以托住横梁,立柱下端的掣动旋钮(也叫举盘旋钮)14 可调节连杆上下升降,升起时可使横梁自由摆动,降下时由横梁支撑螺钉托住。

底盘上有两个螺钉 15 和 15′调节天平水平,可由气泡水平仪 9(或重锤线)检验。8 是托架,2 是游码,11 为重心铊,11 上移,灵敏度增加。重心越高,灵敏度也越高。

(3)天平的主要参数。

灵敏度:天平灵敏度 C 定义为在砝码盘中增加一个单位质量的负载时,天平指针所偏转的格数,即

$$C = \frac{n}{\delta m}$$

感量:天平的感量就是天平空载时指针在标度尺上偏转一个最小分格,天平两秤盘上的质量差。天平感量是其灵敏度的倒数。一般天平感量的大小与天平砝码(游码)读数的最小分度值相等。

最大称量:天平的最大称量是天平允许称量的最大值。天平一般都附有专用砝码,质量按 5、2、2、1 比例组成,砝码的总质量等于或略大于天平的最大称量。超过最大称量时使用天平,其性能急剧变坏,甚至会被损伤。

(4)使用规则。

① 底座水平调节:旋动底座下的底盘螺钉 15、15′,使底座上的气泡水准仪的气泡移至中央。此时,立柱上部的刀承平面便处于水平面。

② 零点调整:天平空载,将载物盘弓型挂篮上的吊耳挂在两个副刀口 5、5′ 上,且将横梁上的游码 2 移至左边零刻线处,缓慢旋转举盘旋钮 14,将横梁升起,使其自由摆动。当指针指在标度尺中线,或摆动相对标尺中线幅度相等时,天平平衡。若不平衡,则应先制动横梁,即反向旋动举盘旋钮 14 使横梁降下,由横梁支撑螺钉拖住,然后调节天平平衡螺母 1、1′,再升起横梁观察,如此反复调节,直至天平平衡。

③ 天平的称衡:用天平称衡物体的质量时,一般左盘放置被测物,砝码置于右盘中,砝码的取用必须使用专用镊子,选用砝码应由大到小,逐个试用,逐次逼近,不足 1g 时调节游码,直到天平平衡,这时被测物体的质量等于右盘中砝码质量的总和加游码在横梁上所处位置的刻度示数。为消除天平不等臂误差可使用复称法、定载法、配称法等特宁的称衡方法。

(5)注意事项。

① 在向载物盘中放入、取出砝码或物体,移动游码或调节平衡螺母时,都应该在降下横梁使其在横梁支撑螺钉托住的情况下进行,以免损伤刀口、刀承。旋转举盘旋钮使横梁升降或增减砝码时,动作要轻稳,尽量减少横梁摆动,避免因晃动使中央刀口移位。

② 取用砝码要用镊子夹,而不要用手直接拿。称衡完毕,砝码要全部放入盒中对应位置。

③ 称衡完毕,降下横梁使其固定不动。为了保护横梁两端的棱柱刀口和弓型挂篮上吊耳内的刀承,用完天平后,应将吊耳移离刀口。使用时,首先要将吊耳挂在刀口上。

④ 空载调零时,不要调换左右载物盘、挂篮和吊耳,这些零部件出厂时是对号入座的,否则,无法调准零点。

双臂天平是根据等臂杠杆原理制成的,天平分度值与最大称量之比定义为天平的级别,共分 10 级。砝码与天平配套使用,一定精度级别的天平,要用等级相当的砝码与它配套来称衡质量。砝码精度分为 5 个等级。新天平的仪器误差一般取分度值或分度值的二分之一,旧天平要由年鉴证书确定。

2）电子天平

电子天平是由数字电路和压力传感器组成的一种测量质量的仪器。在使用之前,必须由标准砝码进行校准,以使电子天平能够准确地测得待测物体的质量,而不是重量。

在使用电子天平之前,应调节水平,然后检查零点读数是否为"0",若不为"0",应校准为"0"。测量过程中,结果显示时若最后一位数字出现 ±1 跳动属于正常现象。详细内容参考仪器的"使用说明书"。

3. 游标卡尺

1）用途和结构

由于米尺的分度值（1 mm）不够小,常不能满足测量需要。为提高测量精度,在主尺（即米尺）旁加一把可以在主尺上滑动的副尺（也叫游标尺）构成游标卡尺。游标卡尺还有一对外量爪、一对内量爪和深度尺。一对外量爪和一对内量爪中的一只与主尺为一体,另一只与游标尺为一体,深度尺也与游标为一体。当一对量爪合拢时,游标的"0"线刚好与主尺的"0"线对齐,这时读数为"0"。50 分度游标卡尺的实物如图 2.1.3 所示,结构如图 2.1.12 所示。

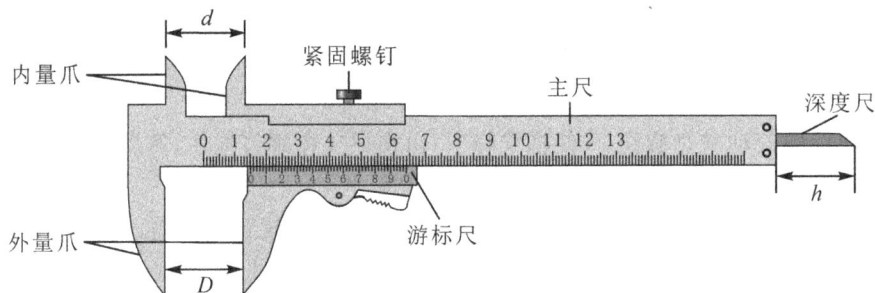

图 2.1.12　50 分度游标卡尺结构图

用游标卡尺可以测量物体的长度、厚度、外径、内径和深度等尺寸,用游标卡尺测尺寸时,应用刀口卡住物体的表面,如图 2.1.13 所示。

2）游标原理

游标卡尺上的游标,有几种不同的长度和分度。常见的有 3 种:一种为 9 mm 长、10 等分格,每分格为 $\frac{9}{10}$ mm = 0.9 mm,游标的 1 分格与主尺的 1 分格（即 1 mm）相差 0.1 mm,游标的分度值就为 0.1 mm,这种游标卡尺叫作 0.1 mm（或 10 分度）游标卡尺。再一种是 19 mm 长、20 等分格,每分格为 $\frac{19}{20}$ mm = 0.95 mm,游标的 1 分格与主尺的 1 分格（1 mm）相差 0.05 mm,这叫 0.05 mm（或 20 分度）游标卡尺。还有一种是 49 mm 长、50 等分格,每分格为 $\frac{49}{50}$ mm = 0.98 mm,游标的 1 分格与主尺的 1 分格（1 mm）相差 0.02 mm,这叫

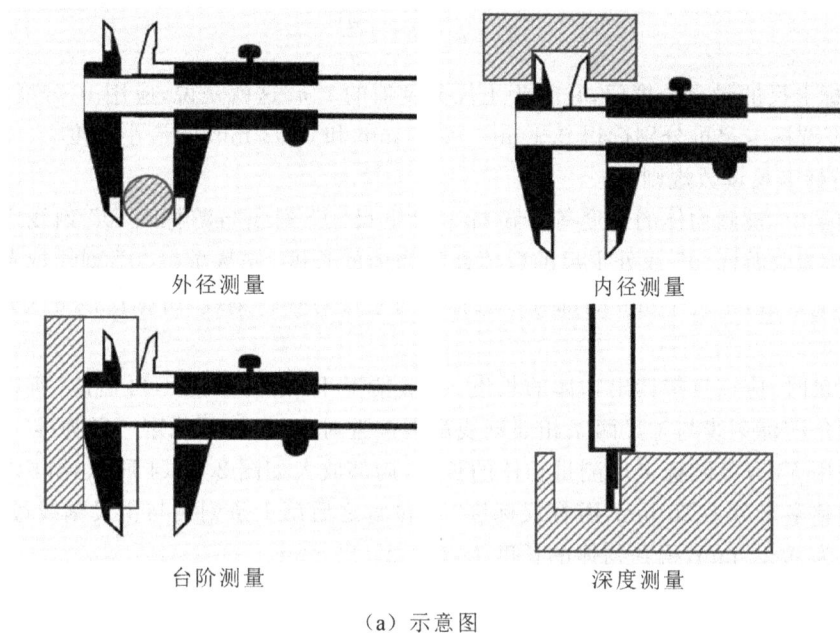

（a）示意图

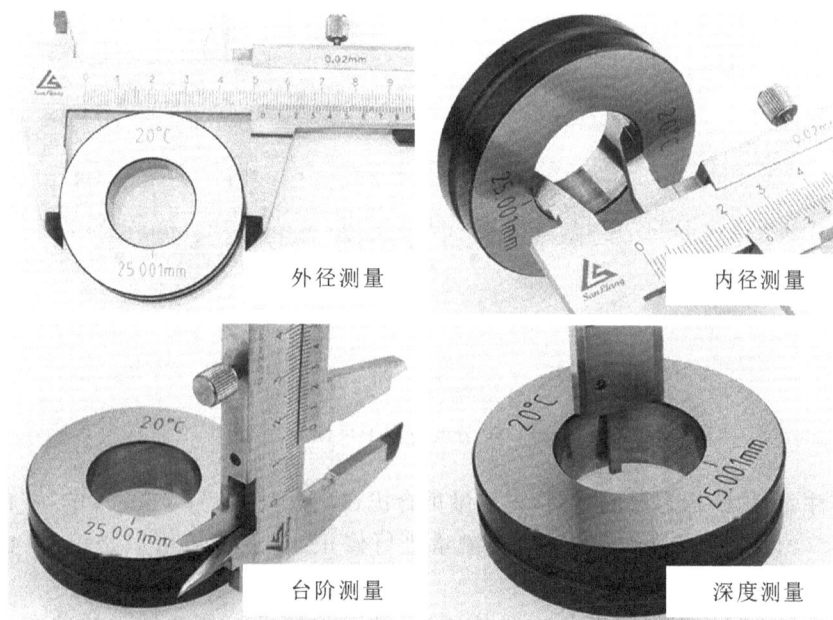

（b）实物图

图 2.1.13 游标卡尺测尺寸

0.02 mm（或 50 分度）游标卡尺。

归纳起来，如果以 a 表示主尺分度值、b 表示游标分度值、n 表示游标分度数、δ 表示主尺的分度值和游标的分度值之差，则各种规格的游标卡尺的游标公式为

$$b = \frac{(n-1)a}{n} \tag{2-1-8}$$

$$\delta = a - b = \frac{a}{n} \qquad\qquad (2-1-9)$$

δ 即为游标卡尺的最小分度值，它等于主尺分度值的 $1/n$。这就是说，应用 10 分度、20 分度和 50 分度游标卡尺可分别读得 0.1 mm、0.05 mm 和 0.02 mm 的最小长度。

3）游标卡尺读数规则

在测量中，被测物体的长度等于游标卡尺主尺"0"刻线与游标尺"0"刻线之间的距离。也就是读取游标"0"线处主尺的数值即为物体的长度。先从游标"0"刻线位置读出主尺上的整毫米数，不足 1 mm 的部分找游标尺与主尺对齐的刻线，游标尺该刻线处的值就是剩余长度。

在测量时，应该直接读出物体的长度。一般情况下，游标卡尺不再估读，所以如果遇到相邻两条游标刻线与主尺两条相邻刻线都很接近对齐时，也须确定一条为准。

例如用 50 分度游标卡尺测量物体的长度，局部放大如图 2.1.14 所示，游标"0"刻线处主尺的整毫米数为 25 mm，游标尺标度"2"位置之后第 1 条刻线与主尺刻线最对齐，游标尺读数为 0.22 mm，得到物体的长度为：$l = 25.22$ mm。

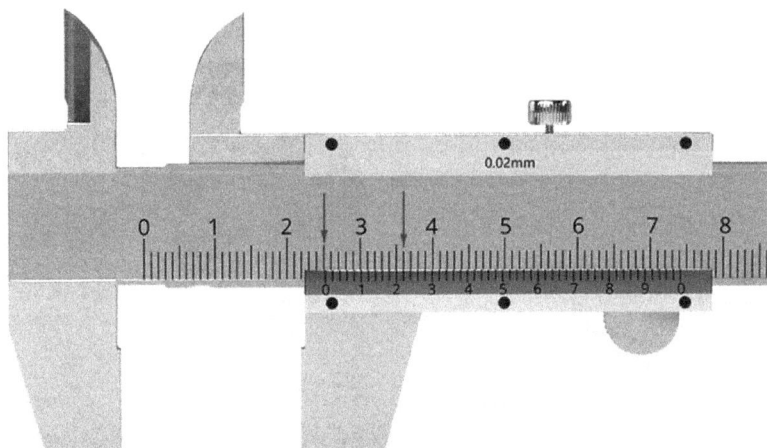

图 2.1.14 50 分度游标卡尺读数示意图

应该注意：用游标卡尺测量前，先将量爪合拢，检查游标"0"线与主尺的"0"线是否重合，如不重合记下零点读数，以便对被测量进行修正。零点读数可以是正值，也可以是负值。

有的游标卡尺在游标推手处有弹簧按钮，按下按钮游标便能被推拉着在主尺上滑动。有的游标卡尺在游标上边装有一只紧固螺钉，要移动游标时，将紧固螺钉旋松，夹住物体后旋紧，以防游标滑动。游标应用广泛，如福丁气压仪、落体仪、测高仪上都装有游标。

游标卡尺不分精度等级。一般测量范围在 300 mm 以下的取其分度值为仪器的示值误差，即本书中的 $\Delta_仪$，例如分度值为 0.1 mm 的游标卡尺，每次测量结果的仪器误差为 0.1 mm。我国使用的游标卡尺其分度值通常有 0.02 mm、0.05 mm、0.1 mm 三种。国家计量局规定的各种量程的游标卡尺的示值误差如表 2.1.2 所示。

表 2.1.2　游标卡尺的示值误差

测量范围 /mm	分度值 /mm		
	0.02	0.05	0.1
	示值误差 /mm		
0 ～ 300	± 0.02	± 0.02	± 0.1
300 ～ 500	± 0.04	± 0.05	± 0.1
500 ～ 700	± 0.05	± 0.075	± 0.1
700 ～ 900	± 0.06	± 0.10	± 0.15
900 ～ 1000	± 0.07	± 0.125	± 0.15

4. 20 ℃ 时物质的密度

20 ℃ 时常见物质的密度如表 2.1.3 所示,请同学们查阅表 2.1.3,判断待测物体的密度。

表 2.1.3　20 ℃ 时常见物质的密度

物　　质	密度 ρ /(kg·m^{-3})	物　　质	密度 ρ /(kg·m^{-3})
铝	2698.9	铂	21450
锌	7140	汽车用汽油	710 ～ 720
锡	7298	乙醇	789.4
铁	7874	变压器油	840 ～ 890
钢	7600 ～ 7900	冰(0 ℃)	900
铜	8960	纯水(4 ℃)	1000
银	10500	甘油	1260
铅	11350	硫酸	1840
钨	19300	水银(0 ℃)	13595.5
金	19320	空气(0 ℃)	1.293

实验 2　液体黏滞系数的测量

【实验预习题】

(1) 请回答黏滞系数的定义,生活生产中有哪些例子与黏滞系数有关?

(2) 测定液体黏滞系数有哪些方法?请简述单管落球法测定液体黏滞系数所依据的原理,并推导测量公式,根据测量公式指出产生误差的主要因素是什么?如何减小误差?

(3) 落球法测定液体黏滞系数要求液体无限广延,请说明实验是如何满足该条件的?

(4) 随温度升高,液体黏度迅速减小,请问在实验过程中可以用手触摸小钢球和圆柱管壁吗?

(5) 本实验用测量显微镜测小球直径,参考本实验拓展,学习测量显微镜的使用,并写出使用测量显微镜测小球直径的主要步骤。

（6）测量显微镜测直径之前，需将叉丝的 X 线（或 Y 线）与载物台的 X 轴（或 Y 轴）严格平行，否则，测量结果偏大，为什么？

（7）测量显微镜的物镜和目镜能用普通纸片、布块或手指擦拭吗？如有灰尘应使用什么清除？如有污痕，应使用什么清理？

（8）用测量显微镜测小球直径是一种光学放大法，参考本实验拓展，请简述放大法有哪几种，并举例说明。

（9）人工手动测量小球下落时间存在较大误差，请说明如何改善？

（10）单管落球法，需要通过修正公式计算得到 v_0，其中修正系数 K 值一般由实验室给定，实验室是如何确定出 K 的值？

测量血液黏度是检查人体血液健康的重要标志之一，许多心血管疾病都与血液黏度有关。因为血液黏度增大会引起血液流速减缓，流入人体器官和组织的血流量就会减少，轻者造成人体处于供血和供氧不足的状态，重者引发心脑血管疾病。那么什么是黏度（viscosity）？先从黏滞性说起。

实际流体都具有黏滞性，简称黏性，是流体固有的一种物理属性。黏性属于流体力学研究的范畴，其定义为流体在受到外部剪切力时要发生变形（流动），相应流体内部要产生对变形的抵抗（即阻碍其相对流动），并以内摩擦的形式表现出来，把流体的这种性质，叫作黏性，简单地说，黏性指的是流体抵抗变形的能力，黏性越大，其抵抗外界剪切作用的能力越强，比如搅动杯子里的水轻而易举，但搅动蜂蜜则有些费力。要进一步理解黏滞性和黏滞力，我们需要先了解层流（Laminar Flow）。

流体层流时，流动稳定，相邻各层以不同速度做相对运动，彼此不相混合，如图 2.2.1 所示。

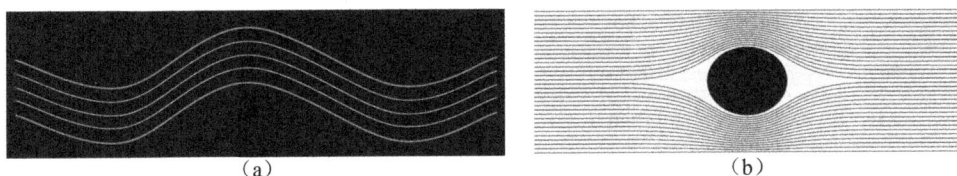

图 2.2.1　层流示意图

例如管内向下低速流动的液体，呈现为层流状态，如图 2.2.2(a) 所示，流动的液体实际分成许多平行于管壁的薄圆桶状薄层，各层之间有相对运动，液体的流速在管中心处最大，近壁处最小，其流速分布如图 2.2.2(b) 所示。

所以，流体稳定流动（参考本实验拓展）时呈现层流状态，各流层的流速不同，相邻流层有相对运动，而流体分子间吸引力的存在会阻碍流层间的相对运动，则在两流层的接触面上产生阻碍其相对运动的阻力（速度快的流层会对运动慢的流层施以拉力，运动慢的流层会对运动快的流层施以阻力），这种流层之间的相互作用力与固体接触面间的摩擦力相似，所以称为内摩擦力或黏滞力（Internal Friction），如图 2.2.3 所示。

内摩擦力是由分子间的相互作用力引起的，内摩擦力的作用是阻碍两流层的相对运动。当流体处于静止状态或以相同速度运动时，内摩擦力等于零，此时流体有黏性，但黏性没有表现出来。

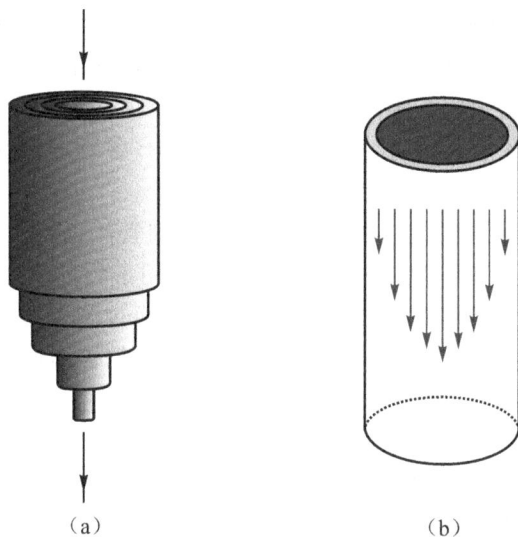

（a）　　　　　　　　　　　　（b）

图 2.2.2　层流流速分布

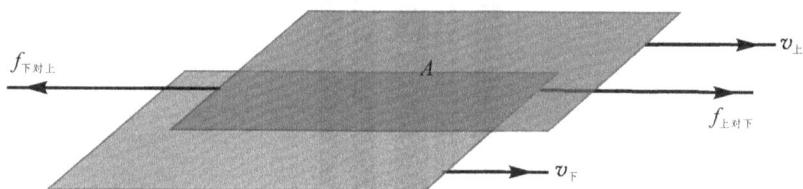

图 2.2.3　内摩擦力

相邻两个流层之间的黏滞力 f 方向沿流层的接触面，与流动方向相反，大小与两流层接触面积 A 及垂直流速方向的速度梯度 $\dfrac{\mathrm{d}v}{\mathrm{d}x} = \lim \dfrac{\Delta v}{\Delta x}$ 成正比，即

$$f = \eta A \frac{\mathrm{d}v}{\mathrm{d}x}$$

式中，η 称为动力黏度，简称黏度或黏滞系数。其中，速度梯度（Velocity Gradient）含义为：相距 Δx 的两流层的速率差为 Δv，则 $\dfrac{\Delta v}{\Delta x}$ 表示这两层之间的速率变化率。

黏滞系数的物理意义是：流体在单位速度梯度下流动时单位面积上产生的内摩擦力。黏滞系数是描述流体内摩擦力性质的一个重要的物理量，是表征流体反抗形变的能力，是流体黏性大小的宏观物理量，只有在流体内存在相对运动时，才表现出来。在国际单位制中，黏滞系数的单位为 $\mathrm{N \cdot s \cdot m^{-2}}$ 或 $\mathrm{Pa \cdot s}$（帕・秒）。

黏度的大小取决于流体的性质并受温度影响。液体的黏性随着温度的升高而减小，因为液体的黏性力主要是由分子间的吸引力形成的，温度升高，分子间距增大，分子间吸引力减小，内摩擦力减小，黏性减小；气体的黏性随着温度的升高而增大，因为气体的黏性力主要由分子动量交换形成，温度升高，气体热运动加剧，动量交换增大，内摩擦力增大，黏性增大。高压下，液体、气体黏性都增大。

黏滞性的实际应用在哪些方面?流体黏滞性在流体力学、化学化工、生物工程、医疗、航空航天、水利、机械润滑和液压传动等领域有广泛的应用。除了前面提到的医学上的血液黏度外,石油在封闭管道中长距离输送时,其输运特性与黏滞性密切相关,因此在设计管道前,必须要测量被输送石油的黏度;在机械工业中,各种润滑油的选择;化学上测定高分子物质的分子量等都需要测量相应液体的黏度。

测量液体黏滞系数的方法有落球法、阻尼法、毛细管法、转筒法等。落球法是通过测量小球在液体中下落的运动状态来求黏滞系数的,适用于测量黏度较大的透明或半透明的流体,如蓖麻油、变压器油、机油、甘油等。阻尼法是通过测定扭摆、弹簧振子等在液体中的运动周期或振幅改变来求黏滞系数。毛细管法是根据泊肃叶定理,通过测定在恒定压强差作用下,流经一段毛细管的液体流量来求黏滞系数,适用于测量黏度较小的流体,如水、乙醇、四氯化碳等。转筒法是根据黏滞力矩公式,在两个同轴圆筒间充入待测液体,通过内筒匀速转动,测量外筒受到的黏滞力矩,进而得到黏滞系数。对于黏度在 $0.1 \sim 100\ \text{Pa} \cdot \text{s}$ 的流体也可用转筒法进行测定。测量液体的黏滞系数有成品的测量仪器,如图2.2.4 所示几款黏度计。

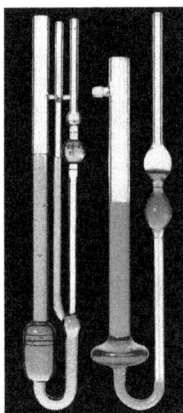

（a）数字黏度计　　　　　（b）毛细管黏度计　　　　　（c）石油黏度计

图 2.2.4　黏度计

本实验,我们重点讨论如何用落球法测量蓖麻油在室温下的黏滞系数。

【实验目的】

（1）观察小球在蓖麻油中的运动状况,理解液体对运动物体的阻力。

（2）学习用外延法实现理想条件的物理思想及方法。

（3）学习测量显微镜的使用方法。

（4）学习秒表的使用方法,正确选择计时起止点。

（5）计算直接测量值（小球直径）的标准不确定度。

【实验仪器】

15J测量显微镜（见图2.2.5）、多管黏度计（内装蓖麻

图 2.2.5　15J测量显微镜

油)(见图 2.2.6)、秒表(见图 2.2.7)、小球、磁铁、温度计等。15J 测量显微镜和秒表的使用说明请同学们查看本实验拓展。

图 2.2.6　多管黏度计(内装蓖麻油)

图 2.2.7　秒表

【实验原理】

1. 落球法

落球法测液体黏滞系数依据的是斯托克斯定律。该定律的基本论点：光滑均匀的小球在无限广延的液体中缓慢下落，当液体的黏滞性较大，小球的半径很小，且在运动中不产生涡旋，那么小球所受到的黏滞阻力大小 f 为

$$f = 3\pi\eta vd \tag{2-2-1}$$

式中，η 是液体的黏滞系数；v 是小球下落时的速度；d 是小球的直径。

设小球的密度为 ρ，体积为 V、液体的密度为 ρ_0、重力加速度为 g。当小球在液体中下落时，受到 3 个力的作用，如图 2.2.8 所示，重力为 ρVg，方向铅直向下，浮力 $\rho_0 Vg$ 和黏滞阻力 f 铅直向上。

小球开始下落时，$\rho Vg > \rho_0 Vg + f$，小球做加速运动，由式 (2-2-1) 可知黏滞阻力 f 随着小球速度增加而增大，当小球速度增加到某一值 v_0 时，小球所受合外力为零，即 $\rho Vg = \rho_0 Vg + f$，于是小球就以 v_0 匀速下落，这时

$$V(\rho - \rho_0)g = 3\pi\eta v_0 d$$

由于小球体积 $V = \frac{4}{3}\pi\left(\frac{d}{2}\right)^3 = \frac{1}{6}\pi d^3$，因此得

$$\frac{1}{6}\pi d^3(\rho - \rho_0)g = 3\pi\eta v_0 d$$

从而可得黏滞系数 η 为

$$\eta = \frac{(\rho - \rho_0)gd^2}{18v_0} \tag{2-2-2}$$

图 2.2.8　小球受力分析

式中，v_0 是小球在无限广延的连续液体中匀速下落时的速度，称为终极速度(Terminal Velocity)(也叫收尾速度)。

由式(2-2-2)可知，要测定液体的黏滞系数 η，关键是如何测得无限广延匀速运动的

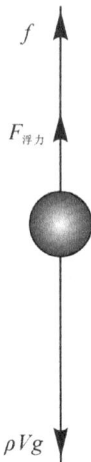

速度 v_0？但式（2-2-2）是依据斯托克斯定律推出的，斯托克斯定律要求液体要均匀、静止且无限广延，要求小球要足够小，那么实验是如何满足斯托克斯定律要求的条件，得到无限广延匀速运动的速度 v_0，从而利用式（2-2-2）计算黏滞系数呢？

2. 实验条件的满足

1）无限广延条件的获得

在实验室条件下，小球不是在无限广延的液体中下落而是在尺寸有限的圆筒中沿其轴线下落，应考虑器壁对小球下落的影响，受筒壁的影响，小球在不同内径的圆筒中下落的终极速度不同，大量实验数据分析表明，小球在圆筒中下落的终极速度 v 与在无限广延的液体中的终极速度 v_0 有如下关系：

$$v_0 = v\left(1 + K\frac{d}{D}\right) \qquad (2-2-3)$$

式中，D 为圆筒的内径；K 为修正系数。从上式可知，当 $D \to \infty$ 时，即无限广延的液体，$K\frac{d}{D} \to 0$，则 $v \to v_0$。所以在实验室条件下，可由式（2-2-3）对实验结果进行修正，修正系数 K 的值，一般由各个实验室结合实验装置条件具体给定，此处 $K = 2.4$。

实验装置如图 2.2.9 所示，圆筒垂直安装在一水平底板上，圆筒上刻有间距为 s 的 A、B 两刻线，上刻线 A 与液面有足够的距离，以保证当小球下落接近 A 刻线时，已在做匀速运动，下刻线与底板间也有较大的距离。测出小球通过圆筒两刻线间下落时间 t，根据 $v = \frac{s}{t}$，就可以计算出 v，再利用式（2-2-3）求出终极速度 v_0。

再利用测量显微镜测定小球直径 d，其他物理量 ρ、ρ_0、g 为已知量，将这些物理量代入式（2-2-2），即可得到 η。

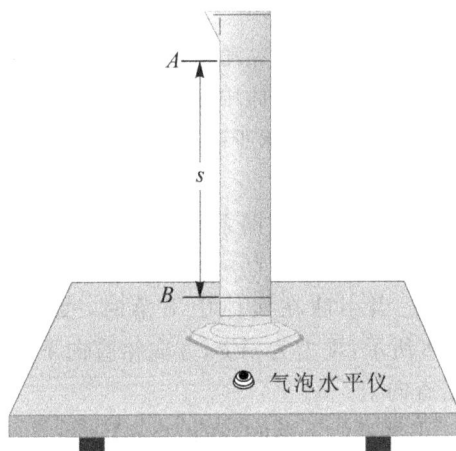

图 2.2.9　单管落球法测黏度装置图

2）液体均匀、静止的获得

斯托克斯定律要求液体均匀、静止。因此实验时，要注意以下几点：

（1）要使液体无气泡，小球要小、圆且表面洁净光滑，避免沾有杂物或附有气泡，比如可以使用直径 1 mm 左右的小钢球。

（2）小球在管中下落时，应尽量使小球从圆筒轴线中心处静止下落，而且在整个实验中，小球在每个圆筒中只下落一次。为什么要这样操作？原因如下：

A. 若小球不是沿中心轴线下落，则圆筒壁对小球的横向作用力的合力不为零，小球将处于非匀速运动状态，将使时间 t 的测量误差加大。

B. 若在一个筒内连续多次落球，液体处于非静止状态，对黏滞系数的测定也有影响。因为小球在液体中下落后，液体需较长时间才能再次达到静止状态。

3）温度恒定的获得

液体黏滞系数受温度影响，因此实验过程中需要保持实验室温度稳定，在一般的实验环境下是不可能做到的,但是应尽可能地保持实验室环境稳定以减小室温的变化,同时,尽量缩短测量时间。

【实验内容与步骤】

(1) 学习测量显微镜的结构、调节及读数方法(参考本实验拓展),将显微镜调到可使用状态后请教师检查。

(2) 测小球直径:用测量显微镜测量小球直径,要求在不同方位测 6 次(可旋转刻度圆盘),并将初读数及末读数填入表 2.2.1 中。

(3) 调节圆筒底板上的螺钉,观察底板上的气泡水平仪,使底板水平,以保证圆筒中心处于竖直状态。

(4) 测下落时间:用牙签尖部黏住小球,细心地放入圆筒液面的中心处,使小球沿圆筒轴线中心静止下落,用秒表(参考本实验拓展)测量小球通过 A、B 刻线间距的时间 t,只能测一次。

(5) 测油温(在粗略情况下可用室温代替)。

(6) 记录圆筒内径 D,A、B 间的距离 s,小球密度 ρ 及液体密度 ρ_0 填入表 2.2.1 中。

【数据记录及处理】

(1) 将测得的小球直径、在筒中下落时间等数据填入表 2.2.1 中。

表 2.2.1　数据记录表

次　数	小球直径 /mm			下落时间 t/s	下落距离 s/mm	圆筒内径 D/mm
	初读数	末读数	直径			
1						
2						
3						
4						
5						
6						

注:$\bar{d}=$ _____ mm;待测液体的温度 $t=$ _____ ℃;$\rho_0=$ _____ g/m³;$\rho=$ _____ g/m³。

(2) 利用修正式(2-2-3)计算出 v_0。

(3) 根据式(2-2-2),求出待测液体的黏滞系数 η,并与本实验拓展表 2.2.2 中的数据进行对比,判断是否处在对应的范围内。

(4) 计算小球直径 d 的不确定度,书写完整表达式。计算公式如下:

① d 的 A 类标准不确定度计算公式为

$$u_A(d) = \sqrt{\frac{\sum(d_i - \bar{d})^2}{n(n-1)}}$$

其中,n 为测量次数;$\bar{d}$ 为直径的平均值。

② d 的 B 类标准不确定度计算公式为

$$u_B(d) = \frac{\Delta_仪}{\sqrt{3}} = \frac{0.005}{\sqrt{3}} \text{ mm}$$

③ d 的合成标准不确定度计算公式为

$$u(d) = \sqrt{u_A^2(d) + u_B^2(d)}$$

④ 测量结果的完整表达式为

$$d = \bar{d} \pm u(d)$$

【实验拓展】

1. 概念了解

1）稳定流动（Steady Flow）

流体流动时，在不同时刻，通过任一固定点的流速不随时间而发生改变，这种流动称为稳定流动。

2）雷诺数（Reynolds Number）（Re）

雷诺（O·Reynold，1842—1912，见图 2.2.10），英国力学家、物理学家、工程师。雷诺在流体力学方面最主要的贡献是发现流动的相似性原理。

雷诺最早对湍流现象进行系统研究，1883 年他通过大量的实验，证实了流体在自然界存在两种迥然不同的流态，层流和湍流。

什么是雷诺数？每当物体在任何类型的环境中移动时，它都会改变周围环境的状况，并因此而承受由于这种

图 2.2.10　雷诺

改变而产生的力。例如一个游泳者在水中移动：当他在水中穿行时，他将水分子从其位置移开，然后水分子试图通过对游泳者的施加力（或阻力）来重新获得其初始位置。当此类物体流过任何流体时，将通过称为雷诺数的无量纲量来预测其流动阻力，进而预测其流动方式。

雷诺数的定义：

$$Re = \frac{\rho v r}{\eta}$$

式中，ρ 为液体的密度；v 为液体的平均流速；r 为特征长度。

在几何形状相似的管道中流动的流体，只要 Re 相同，它们的流动类型就相同。

$Re \leqslant 1000$ 时，流体流动为层流。

$Re \geqslant 1500$ 时，流体流动为湍流。

$1000 < Re < 1500$ 时，流动不稳定。

3）黏滞力（Internal Friction）

黏滞力是 1829 年法国物理学家让·路易·玛丽·波塞伊耶（Jean-Louis-Marie Poiseuille）在研究人体血液循环时发现的，可测量流体对变形产生的阻力。当流体运动时，其不同层之间存在摩擦，试图阻止流体的自由运动，该摩擦力是用黏度来度量的。

当流体运动时，要使其保持运动的惯性力与试图阻止其运动的黏滞力之间就存在着持续的斗争，雷诺数是表明这两种运动中的哪一种将占优势的指标。如果黏滞力占主导，则称为层流。如果惯性力起主导作用，则流体将变成湍流。

4）湍流（Turbulent Flow）

黏性流体层流时，层与层之间仅做相对滑动而不混合。但当流速逐渐增大到某种程度时，层流的状态就会被破坏，出现各流层相互混淆，外层的流体粒子不断卷入内层，流动显得杂乱而不稳定，甚至会出现涡旋，这种流动称为湍流，如图 2.2.11 所示。

（a）火山爆发　　　　　　　　　　　　　（b）核爆蘑菇云

图 2.2.11　湍流

流体在湍流时，能量消耗比层流多，湍流与层流的主要区别之一是湍流能将一部分能量转化为声能（噪声），这在医学上具有实用价值。

利用湍流的这一特性，医生能用听诊器辨别出血流的异常情况，从而诊断某些心血管疾病；还可通过听取支气管、肺泡呼吸音的正常与否，诊断肺部疾病。测量血压时，在听诊器中听到的声音，也是血液通过被压扁的血管时，产生湍流所产生的。

2. 测量显微镜

1）用途

测量显微镜是一种光学计量仪器，它是由显微镜将待测物体放大后再进行观察和测量的，可以测量长度或角度。测量显微镜的结构简单、操作方便、适用范围广，主要用途如下：

（1）在直角坐标中测量长度，例如测定孔距、基面距离、刻线距离、狭缝宽度等。

（2）通过转动度盘测量角度，例如对刻度盘、样板、钻孔模板以及几何形状复杂的零件进行角度测量。

（3）用作观察显微镜，例如检查印刷照相版、检验纺织纤维、用比较法检测工件表面的光洁度等。

2）仪器结构

仪器外型如图 2.2.12(a) 所示。目镜组 1 安装在棱镜室 8 的目镜套管内，目镜筒止动螺钉 9 可以固定目镜的位置。棱镜室能够转动，并可用止动螺钉 2 止动。物镜 3 直接旋在镜筒上，组成显微镜。转动调焦手轮 7 可使显微镜的物镜上下升降，进行调焦。反射镜 5 装在底座上，根据光源方向可以四面转动，以得到明亮的视场。

光学系统如图 2.2.12(b) 外界光线通过反射镜 5，垂直向上反射到载物台上与被测工件相遇，被照亮的工件由物镜 3 放大，再经过镜筒中的转向棱镜成像在分化板上，最后经过目镜 1 进入观察者眼中。物体经过物镜和目镜两次放大，总的放大倍数是目镜和物镜放大倍数的乘积，本实验所用的测量显微镜的物镜焦距 43.40 mm、放大倍数为 2.5 倍，目镜焦距 25 mm、放大倍数为 10 倍，因此总的放大倍数为 25 倍。

X、Y 测微器简介：

X 测微器 6 的螺杆螺距是 1 mm，由于其测微鼓轮边上刻线为 100 格，故鼓轮每转过 1 格，相当于载物台沿 X 方向移动 0.01 mm 距离。

Y 测微器 4 的螺杆螺距是 0.5 mm，由于其测微鼓轮边上刻线为 50 格，故鼓轮每转过 1 格，相当于载物台沿 Y 方向移动 0.01 mm 距离。

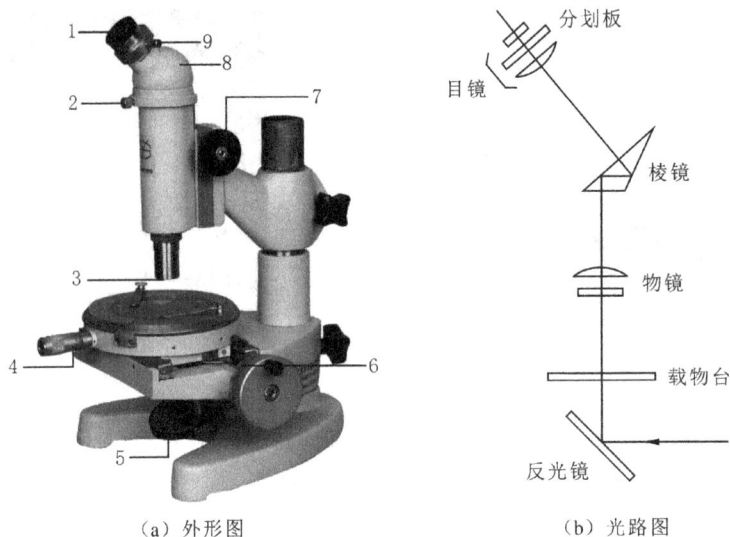

（a）外形图　　　　　　　　　　　　　（b）光路图

1—目镜；2—棱镜室止动螺钉；3—物镜；4—Y测微器；5—反射镜；

6—X测微器；7—调焦手轮；8—棱镜室；9—目镜筒止动螺钉。

图 2.2.12　15J测量显微镜

3）规格

（1）载物台读数装置主要规格。

X 轴移动测量范围（量程）：50 mm。

Y 轴移动测量范围（量程）：13 mm。

测微器分度值：0.01 mm。

（2）测量准确度。

仪器的示值误差：$\pm\left(5+\dfrac{L}{15}\right)\mu m$，式中 L 为被测件的长度（mm），仪器的示值误差可作为仪器误差。测量地点温度变化范围为（20±3）℃。

4）读数规则

用 X 测微器，以 mm 为单位，先从标尺上读出测量值的整数部分，再从测微鼓轮上读出小数部分，再估读一位，即得到测量值，可估读到 0.001 mm。Y 测微器坐标读数与 X 测微器相同。

例如测量显微镜 X 测微器主尺及测微鼓轮的位置如图 2.2.13(a) 所示，则读数值应为 32.461 mm；Y 测微器主尺及测微鼓轮的位置如图 2.2.13(b) 所示，则读数值应为 7.250 mm。

（a）X 测微器读数　　　　　　　　　　（b）Y 测微器读数

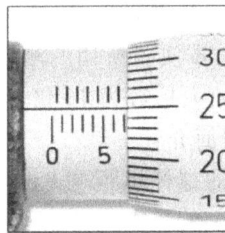

图 2.2.13　测量显微镜测量系统

5）显微镜的光路

显微镜是用于观测近处的微小物体的光学仪器,故物镜焦距很短,且其物镜和目镜都是会聚透镜。显微镜是通过调节整个镜筒相对于物体的距离而实现调焦的,它的目镜也可以做小范围的移动,以适应视力不同的人使用,其光路如图 2.2.14 所示。其中 F_o、F_o' 是物镜的焦点,f_o' 是物镜的焦距,F_e、F_e' 是目镜的焦点,f_e' 是目镜的焦距。

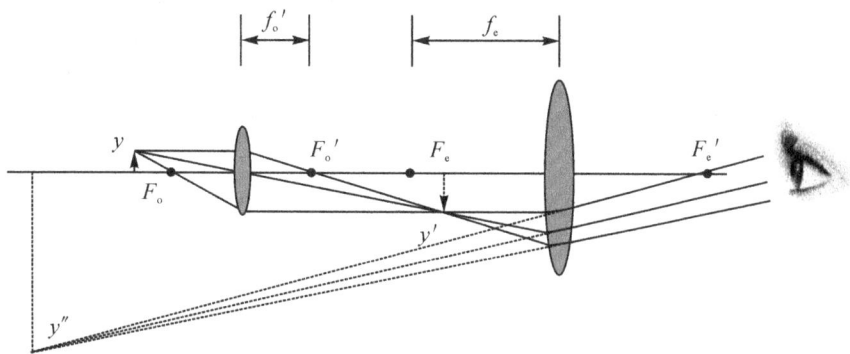

图 2.2.14　显微镜的光路图

6）使用方法

下面结合图 2.2.12 中测量显微镜的各部件,介绍测量显微镜的具体操作。

（1）调节反光镜:旋转载物台下的反射镜 5,从目镜 1 中看到明亮的视场。

（2）调节叉丝:从目镜 1 中观察分划板上的十字叉丝是否清晰。如不清晰,微微地转动目镜,调节目镜和分划板之间的距离,使分划板位于透镜的焦平面上,此时可以清楚地看到叉丝。

（3）粗调叉丝:松开目镜筒止动螺钉 9,转动目镜筒,从目镜中观察,目测粗调叉丝方位,使十字叉丝 X 线、Y 线分别与载物台的 X、Y 轴平行,然后转动止动螺钉 9 将目镜固紧,这一步为粗调。

（4）调焦:将小球置于载物台上,由于物镜口径很小,因此注意小球需位于显微镜的物镜 3 下方。为了完成这一步,可先从侧面观察,旋转调焦手轮 7 使显微镜下移接近小球,但不要触及。然后从目镜中观察,并旋转调焦手轮 7,使显微镜缓慢上移(千万不得向下移动,以防止物镜镜头与被测物相碰而损坏),直至看到小球的清晰图像为止。

（5）细调叉丝:经厂家校准,载物台 X 轴与 Y 轴严格垂直,叉丝 X 线与 Y 线严格垂直。为了准确测量,须通过精细调节叉丝,即进一步细调,使得叉丝 X 线(或 Y 线)与载物台 X 轴(或 Y 轴)严格平行,否则,测量结果偏大。为什么?那么如何进行细调?下面来讲解。

将小球放在载物台上,旋转 X 轴和 Y 轴测微鼓轮,使叉丝 X 线、Y 线与小球像同时相切,转动 X 轴(或 Y 轴)测微鼓轮,若小球移动时始终与叉丝 X 线(或 Y 线)相切,则测量显微镜已调节好。

若小球像偏离叉丝 X 线,视野中就会发现小球斜着走,说明叉丝 X 线(或 Y 线)与载物台 X 轴(或 Y 轴)没有严格平行,此时,按照步骤(3),可微微旋转目镜筒,再次调节叉丝方位后进行检查,直到小球在运动过程中始终与叉丝 X 线相切。

这样才能保证小球像沿着待测直径的方向移动,从而正确地测出直径。

（6）测量与读数：移动 X 轴（或 Y 轴）测微鼓轮，可先使叉丝 Y 线与小球像的一侧相切，从标尺和测微鼓轮上读出初读数 x_0。然后转动 X 轴测微鼓轮，使叉丝 Y 线与小球像的另一侧相切，从标尺和测微鼓轮上读出末读数 x_1。小球的直径为两者之差，即 $d = |x_0 - x_1|$。

读数时应该注意：由于丝杆螺母机构在倒向时会有空程，因此螺旋测微装置在倒向时，可能读数已有了改变，但尚未带动载物台，这就给测量带来误差，叫螺距差。

为了避免螺距差，在测量某一长度的过程中，应使载物台单方向移动，即在两次读数之间不得改变载物台的移动方向，以避免由于螺纹间隙而产生误差。若在测量过程中出现倒向，则该次测量作废，此时应顺时针、逆时针大幅度的转动测微鼓轮几次，以消除螺距差。

在多次测量时，为了减小随机误差，可将载物台转过一个角度，再进行测量，如此重复多次，求出直径的平均值及误差。

7）注意事项

（1）物镜、目镜如有灰尘，只能用镜头纸轻拭。

（2）注意 X 轴、Y 轴方向的量程，当载物台移动到尽头时，绝对不能再继续旋转测微器的旋柄或鼓轮，以免损伤螺杆的精密螺纹。

3. 电子停表

本实验中测量小球下落时间所使用的仪器为电子停表。

电子停表是数字显示停表，是一种较精密的电子计时器，其机芯全部采用电子元器件组成，并利用石英振荡器固有振荡频率作为时间基准。因石英晶体振荡器稳定性较好，所以这种电子停表精度高（石英片有良好的压电特性，在激励电压作用下，会产生频率很高的电磁振荡，应用分频器可得到较低的频率）。这种电子停表一般采用六位液晶显示器显示时间，数字显示、使用方便，而且功能比机械停表多。

如图 2.2.15 所示，电子停表不仅能显示分、秒，而且还可以显示时、日、月和星期，还具有 1/100 s 的计时功能。有的电子停表还装有太阳能电池，可以延长表内电源的使用寿

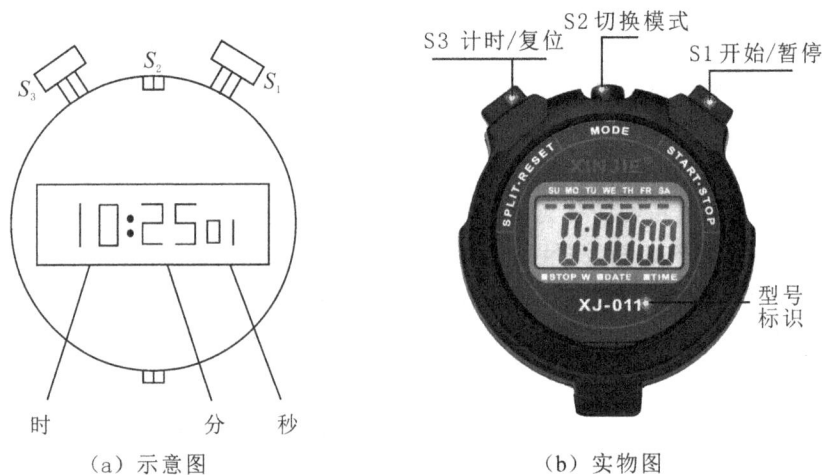

（a）示意图　　　　　　（b）实物图

图 2.2.15　电子停表

命。目前,国产电子停表的石英晶体振荡器的振荡频率一般为32768 Hz,并采用CMOS大规模集成电路。电子停表的功耗小,工作电流一般小于 6 μA,用容量为 100 mAh 的氧化银电池供电,可使用很长时间。一般使用的电子停表连续累计时间为59分59.99秒,精度可达 1/100 s,平均日差 0.5 s。

电子停表配有三个按钮。图 2.2.15(b) 中,S_1 为停表按钮(开始 / 暂停),S_2 为切换模式按钮,S_3 为计时 / 复位按钮。平时,电子停表具有手表的功能,正常显示"时、分、秒"。在测量时间时使用 S_1 和 S_3 按钮,在进行模式变换时使用 S_2 按钮。

用这种数字电子停表测量时间的方法:

(1) 在计时显示的情况下,持续按住 S_3 3 秒钟,即可呈现停表功能,数字显示全为零,如图 2.2.16(a) 所示。

(2) 按一下 S_1 即可开始自动计时,当再按一下 S_1,停止计时,如图 2.2.16(b) 所示,液晶显示器所显示的时间值(58 分 31.89 秒)便是测量的时间。再按 S_3 一次即可清零。

(3) 若需要恢复正常显示时间时,再持续按住 S_3 3 秒钟即可,如图 2.2.16(c) 所示。

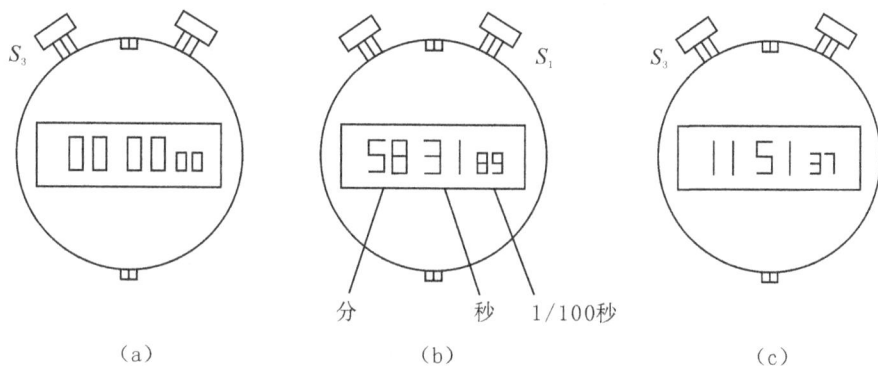

分　　秒　　1/100秒

（a）　　　　　　　　（b）　　　　　　　　（c）

图 2.2.16　电子停表的清零、计时和显示时间

4. 放大测量法

本实验中,利用测量显微镜将小球放大,然后进行观察并测量小球直径,这其实是一种光学放大的实验方法。放大法是物理实验中常用的实验方法,严格地说,放大测量只是测量过程的一个手段,并不能独立地构成一种测量方法。它适用于那些被测量值本身很小(或隐含于某一大的物理量中的增量部分),使得测量难于进行的情况,下面具体讨论放大法,请同学们结合实验体会物理实验方法的妙趣。

1) 直接放大

放大测量是一种常用的和重要的测量方法。利用各种放大手段可以巧妙地得到测量结果。例如,被测狭缝、小孔本身很小,可借助放大镜或显微镜将被测物和标准量同时放大进行测量。测很细金属丝的直径,要想直接测量其直径是有一定困难的,中学物理实验中曾建议将它密绕在一个光滑的圆柱体上,例如密绕 100 匝,这 100 匝的宽度就是直径的100 倍,这也是一种放大的思路。测量单摆、三线摆的周期,实测中并不测量一个周期,而是用停表累计 50 个(或 100 个)周期的总时间,这又等于将周期放大了 50(或 100)倍。再如 1 张纸的厚度较难测量,但是我们可以方便地测量 100 张纸的厚度,再除以 100,即可得到每张纸的平均厚度,这种放大方法又称累计放大法。

通过机械装置也可以对某些物理量进行放大（机械放大）。例如，用天平称量物体的质量时，需判断天平横梁的水平，实际不是直视天平横梁是否水平，而是观察固定在横梁上的很长的指针是否偏转，就可以把横梁微小偏离的角度放大而且显示出来。再如测量长度的游标卡尺、螺旋测微器就是分别利用了游标原理、丝杠鼓轮螺旋将读数放大，使读数更加精确。如螺旋测微器是将螺距（螺旋旋转一周的推进距离）通过螺母上的圆周予以放大，放大率是 $\eta = \pi D/d$，其中 d 是螺距，D 是与螺母连在一起的分度套筒的直径，这套装置提高了测量的精度。

上述种种，都是把被测量本身，通过光学、机械或其他方法直接放大而完成测量的。这种方法简单、易行、直观，其测量值还有一定的平均作用，所以在一般测量中得到普遍的采用。

但是，由于放大，就不可避免地带来了新的误差因素。例如光学放大，如果放大的光学系统有像差，则必然使被测物产生一定的形变，但在直接放大测量中，由于标准量和被测量同时放大，只要放大部分的像差同时且均匀存在，对结果的影响还不算严重，但如果不是同时放大，如测量显微镜，这些误差就不容忽视。用累计增加被测量的方法，如密绕多匝来测细丝的直径，则密绕的程度将直接关系到测量结果的误差。当然这种方法还隐含了一个条件——被测细丝的直径处处相等（严格地讲这是不可能的），测量结果并不代表任何一个截面的直径，而是这一段被测量的平均值。与此相类似的测单摆、三线摆周期的方法，增加总测量次数和单次测量多周期的累计，虽然在原理上其周期是个恒量，次数增加并不增加误差，但因测量是在一段时间内进行，在这一过程中测试条件（如空气阻力及振动等）不能保证绝对不变，所以误差仍然是存在的。在采用直接放大测量时，恰当而又周密地考虑和深入的分析这些因素是必要的。

2）间接放大

对于隐含于变量中的微小增量直接放大是困难的，例如一根金属棒在受外力作用或温度变化时，引起的长度增量就很难直接放大。本教材测定杨氏模量实验中介绍的光杠杆放大装置，巧妙地解决了这一问题，其关系式为

$$\Delta l = \frac{k}{2D} \cdot \Delta n$$

首先，测量装置将 Δl 放大了 $2D/k$ 倍，并以 Δn 示值显示出来。只要满足公式推导过程中对角度值的限定就能比较好地减小误差。显然，光杠杆到镜尺的距离 D 越大，不仅放大倍数增大，同时还会适当减小 θ 角，这对放大原理是有利的，但是对望远镜的要求提高了。这种不是把被测量直接放大，而是通过一定的函数变换，用另一个被放大了的物理量（式中的 Δn）通过一个变换系数（式中的 $\frac{k}{2D}$，实际上小于 1）求得被测量的方法，叫作间接放大。（关于公式推导及具体量的介绍见第 2 章实验 8）

为了拓展思路，研究一下液体温度计是有意义的。利用某种液体的体积与自身温度有敏感且线性的关系，用其体积的变化来表征其温度的测温仪器叫作液体温度计，如水银温度计、酒精温度计等。在这种温度计内，作为工作物质的液体的体积一定，且置于一个封闭空间内。温度变化 Δt 将引起相应的体积变化 ΔV，尽管变化关系敏感，但 ΔV 的量值仍然有限，直接读取 ΔV 的变化仍然是困难的。如果把这一 ΔV 限

定在一个均匀的很细的而且截面积 S 不变的直管之内,则 ΔV 的变化便成为 $\Delta V = S\Delta l$ 的变化,只要 S 很小且一定,则将很小的 ΔV 变成了一个足够大的长度增量 Δl 显示出来,这又是一个放大过程,且恰是在测温过程中一个间接放大的实例。显然 Δl 与 ΔV 的线性是建立在 S 不变的条件下,S 越小,放大倍数越大;S 越均匀,带来的误差就越小。还有与它类似的例子,您能分析一下电表的线圈之所以选用多匝密绕,与这个放大有什么关系吗?

严格地说,上述放大测量只是测量过程的一个手段,尚不能独立的构成一种测量方法。它适用于那些被测量值本身很小,使得难于进行的情况。

在以后的实验中,还将利用模拟法、补偿法、平衡法及非电量的电测法等测量技术和实验方法来解决一个个具体问题。所以,必须重视测量技术和实验方法的学习,更要重视在实际中的具体应用。

5. 常见流体在不同温度时的黏滞系数

常见流体在不同温度时的黏滞系数见表 2.2.2。

表 2.2.2　常见流体在不同温度时的黏滞系数

流　　体	温度 /℃	$\eta/(\mu Pa \cdot s)$	流　　体	温度 /℃	$\eta/(\mu Pa \cdot s)$
乙醚	0	296	葵花子油	20	5.00×10^4
	20	243	蓖麻油	0	530×10^4
甲醇	0	817		10	241.8×10^4
	20	584		15	151.4×10^4
水银	-20	1855		20	95.0×10^4
	0	1685		25	62.1×10^4
	20	1554		30	45.1×10^4
	100	1224		35	31.2×10^4
水	0	1787.8		40	23.1×10^4
	20	1004.2		100	16.9×10^4
	100	282.5	甘油	-20	134×10^6
乙醇	-20	2780		0	121×10^5
	0	1780		20	149.9×10^4
	20	1190		100	129.45×10^2
汽油	0	1788	蜂蜜	20	650×10^4
	18	530		80	100×10^3
变压器油	20	1.98×10^4	空气	25	18.3
鱼肝油	20	4.56×10^4			
	80	0.46×10^4			

实验 3 薄透镜焦距的测定

【实验预习题】

（1）什么是透镜，什么是凸透镜（会聚透镜），什么是凹透镜（发散透镜）？

（2）什么是薄透镜的焦距？

（3）薄透镜的成像公式是什么？

（4）什么是自准法，为什么称为自准法？请画出光路图。

（5）什么是共轭法，为什么称为共轭法？请画出光路图。

（6）什么是透镜的主光轴？为什么要对光学系统进行同轴等高调节？在同轴等高调节时，放大像和缩小像的中心在像屏上重合，是否意味着共轴？为什么？

（7）请简述自准法测凸透镜焦距时，为什么物屏上可能出现 2 个倒立等大的实像。

（8）请简述共轭法测凸透镜焦距时，为什么要求物屏到像屏的距离 $l > 4f$。如果 $l < 4f$ 将会出现什么现象，为什么？如果 $l \gg 4f$ 是否可以，为什么？

（9）用共轭法测凸透镜的焦距时，物屏到像屏的距离 l 变大，误差变大还是变小，为什么？

（10）请简述自准法和共轭法产生误差的原因及其优缺点各是什么？

（11）参考本实验拓展，请回答什么是视差，如何判断像最清晰。

（12）请说明什么是实像和虚像，什么是实物和虚物，如何获得虚物。

（13）如果用不同的滤光片加在光源前面，那么所测得的某一透镜的焦距是否一样？

（14）请简述用两个透镜如何组成望远镜和显微镜。

透镜（见图 2.3.1）是最基本的光学元件，在生活中应用非常广泛，眼球的晶状体（见图 2.3.2）就相当于一个凸透镜，眼镜镜片、相机镜头、望远镜、显微镜的物镜和目镜（见图 2.3.3）等都是透镜。那么什么是透镜呢？透镜是具有两个折射面的简单共轴球面系统，所谓薄透镜，是指透镜中心的厚度比两折射面的曲率半径和焦距小得多的透镜，例如一个厚度约为 4 mm、焦距约为 150 mm 的透镜就可以认为是薄透镜。

图 2.3.1 透镜

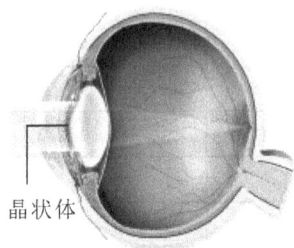

图 2.3.2 眼球的晶状体

图 2.3.3 目镜

透镜的焦距是透镜一个重要的参数,由于光学仪器的性能和用途不同,也就需要选择不同焦距的透镜或透镜组,为此就需要测定焦距。

什么是透镜的焦距呢?焦距是焦点到透镜中心的距离。凸透镜的焦距越小,对光线的偏折程度越大,放大倍数也就越大。以物理实验中常用的 15 J 测量显微镜为例,当物镜焦距为 43.40 mm 时,显微镜的放大倍数为 25 倍,为了提高放大倍数,就要减小焦距,当选择焦距为 17.13 mm 的透镜时,放大倍数增至 100 倍。请同学们思考:什么是透镜的焦点?

透镜的焦距一般是固定不变的。但是人眼的晶状体却可以通过眼部肌肉的拉伸、收缩来调节焦距,以看清不同远近的物体,所以晶状体可以认为是一个焦距可调的高级透镜。接下来请同学们思考:相机的变焦镜头是如何实现在一定范围内变换焦距?

测定透镜焦距的方法有很多,应该根据不同的透镜、不同的精度要求和具体的条件选择合适的方法。

本实验主要研究薄透镜成像规律,然后学习用多种方法测量薄凸透镜焦距的方法,并通过实验学习光学系统的同轴等高调节。

【实验目的】

(1) 通过实验加深对薄透镜成像规律的认识和理解。

(2) 掌握光学仪器(元件)的基本调节方法 —— 同轴等高调节。

(3) 用自准法和共轭法测量薄凸透镜的焦距。

【实验仪器】

光具座、薄凸透镜、平面镜、物屏、像屏、光源(见图 2.3.4)。

【实验原理】

1. 透镜的分类

一类透镜是凸透镜(也称为正透镜或会聚透镜),凸透镜中间厚边缘薄,对光线起会聚作用,如图 2.3.5 所示,焦距越短,会聚本领越大,例如放大镜、人眼晶状体、老花镜镜片、相机镜头、显微镜、望远镜的物镜和目镜等。

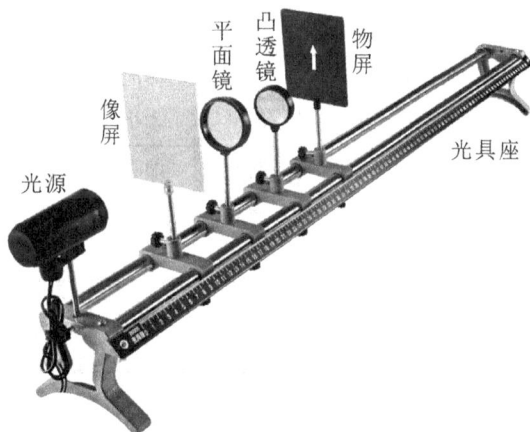

图 2.3.4 实验仪器实物图

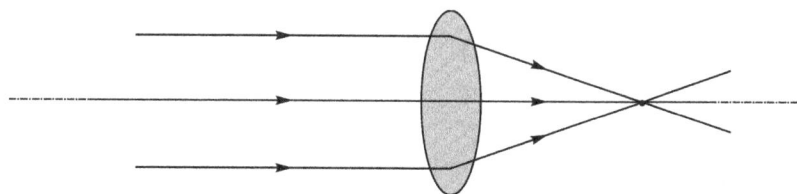

图 2.3.5 凸透镜对光线具有会聚作用

另一类透镜是凹透镜（也称负透镜或发散透镜），凹透镜中间薄边缘厚，对光线起发散作用，如图 2.3.6 所示，焦距越短，发散本领越大，例如近视镜。

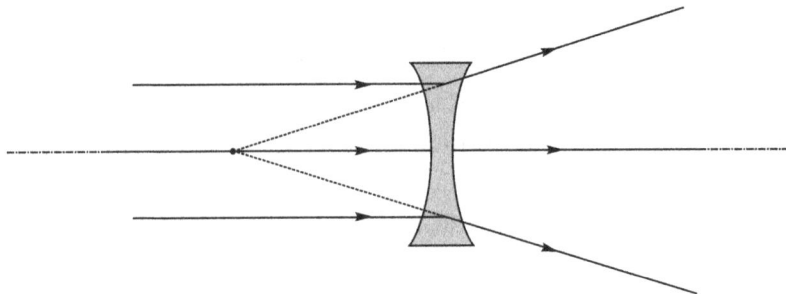

图 2.3.6　凹透镜对光线具有发散作用

2. 透镜成像公式

在满足薄透镜和近轴光线的条件下，物距 u、像距 v 和焦距 f 之间的关系为

$$\frac{1}{u} + \frac{1}{v} = \frac{1}{f} \qquad\qquad (2-3-1)$$

这就是透镜成像的高斯公式，u 恒取正值；当物和像在透镜异侧时，v 为正值，在透镜同侧时，v 为负值；对凸透镜 f 为正值，对凹透镜 f 为负值。如果已知透镜的焦距，根据式（2-3-1）就可求出成像位置和大小，反之也可求出透镜的焦距。

凸透镜成像规律总结见表 2.3.1：

表 2.3.1　凸透镜成像规律

物距 u 的范围	像距 v 的范围	像的正倒	像的大小	像的虚实	物、像的位置关系	应　用
$u > 2f$	$2f > v > f$	倒立	缩小	实像	异侧	照相机、摄像机
$u = 2f$	$v = 2f$	倒立	等大	实像	异侧	精确测焦仪
$f < u < 2f$	$v > 2f$	倒立	放大	实像	异侧	幻灯机、电影放映机、投影仪
$u = f$	—	—	—	不成像	—	强光聚焦手电筒
$u < f$	$v > u$	正立	放大	虚像	同侧	放大镜

3. 凸透镜焦距的测定

1）物距像距法

直接利用薄透镜成像公式，只要 $u > f$，就可得到一个倒立实像，分别测出物距 u 和像距 v，代入式（2-3-1），就可以求出焦距 f，这种方法叫物距像距法，如图 2.3.7 所示。

那么在测量中，u 取多大时，误差最小呢？根据式（2-3-1）推导出 f 的相对

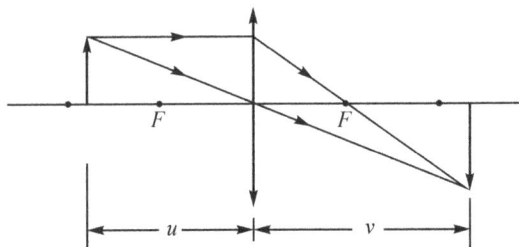

图 2.3.7　物距像距法测焦距的光路示意图

合成标准不确定度公式可知,当 $u = v$ 时,f 的误差最小(请同学们自己推导),这时,$u = v = 2f$。为了消除透镜光心位置估计不准带来的误差,可以将透镜转 $180°$ 再进行测量,取两次测量的平均值。

2) 平行光法

若光源为平行光,以光源为物,平行光平行于主光轴入射到透镜上,光线经透镜后会聚成一个点,该点是焦点也是像点,此时有 $f = v$,即焦距和像距相等,可认为物距 $u = \infty$。则式(2-3-1)变为

$$\frac{1}{\infty} + \frac{1}{v} = \frac{1}{f}$$

平行光法是测量透镜焦距的最简单而又最准确的方法,其光路如图 2.3.8 所示。

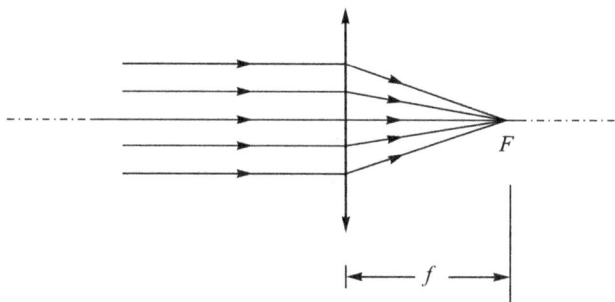

图 2.3.8　平行光法测焦距的光路示意图

那么现成可利用的平行光就是太阳光了,可按图 2.3.9 所示,透镜正对着太阳光,地面或其他平面当作像屏,当在像屏上看到一个最亮最小的光点时,即为太阳的像,像到透镜中心的距离即为焦距。

也可用激光光源测焦距,如图 2.3.10 所示。

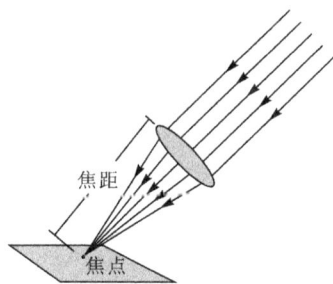

图 2.3.9　利用太阳光测焦距示意图

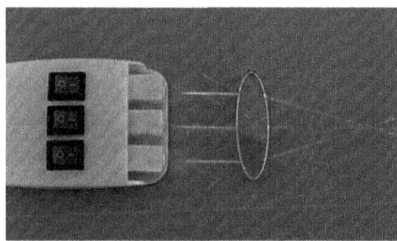

图 2.3.10　三路平行光源测焦距

3) 自准法

平行光法需要有现成的平行光,如果没有现成的平行光,如何获得平行光呢?

如图 2.3.11 所示,若物体 AB 正好位于凸透镜 L 的焦平面上,则 AB 上任一点发出的光经 L 后都是平行光,由于平面镜反射后仍为平行光,再经过 L 后必仍会聚于前焦平面上,得到与原物等大的倒立的实像 $A'B'$,此时,物距就等于透镜的焦距 f。

设物体 AB、透镜 L 在光具座上的位置分别为 x_1、x_2,则 $f = |x_2 - x_1|$,此法常用于粗测透镜的焦距。

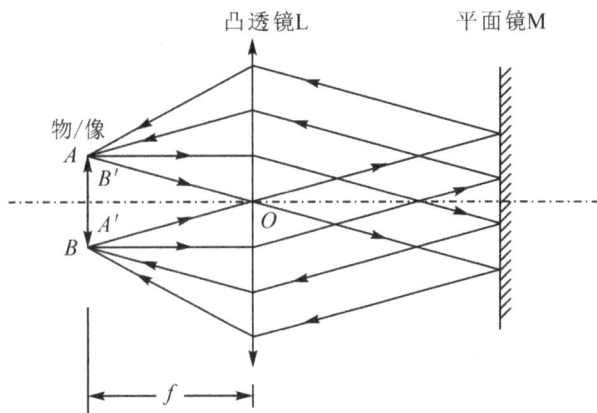

图 2.3.11　自准法测量凸透镜焦距光路示意图

由于此方法是利用透镜产生平行光，再经平面镜反射回透镜，然后在焦平面上成像来测量透镜焦距的方法，所以称为自准法。

4）共轭法（贝塞尔法）

由凸透镜成像规律可知，如果物屏与像屏之间的距离 l 大于 4 倍的焦距 f（即 $l >
4f$），则当凸透镜在物屏与像屏之间移动时，可在像屏上分别成一大一小两个实像，如图
2.3.12 所示，这两次成像物像共轭对称。即两次成像时，第一次成像的物距等于第二次的像距，第二次成像的物距等于第一次的像距，即有 $u_1 = v_2$；$v_1 = u_2$；物屏与像屏可以互换，透镜位置与像的大小一一对应。

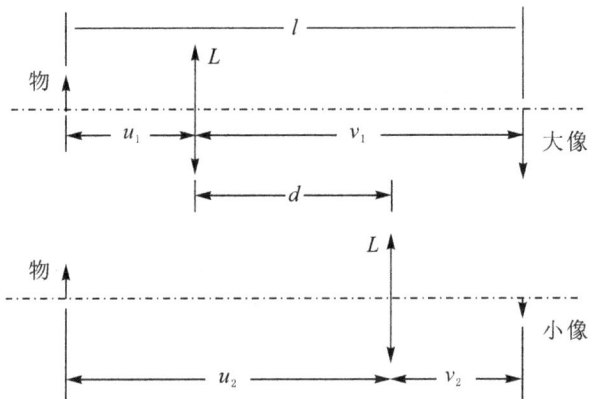

图 2.3.12　共轭法测量凸透镜焦距

设两次成像透镜之间的距离为 d，设物屏和像屏之间的距离为 l，由图 2.3.12 可以得到

$$l = u_1 + v_1$$

$$d = v_1 - v_2 = v_1 - u_1$$

$$u_1 = \frac{l - d}{2}, v_1 = \frac{l + d}{2}$$

根据 $\dfrac{1}{u}+\dfrac{1}{v}=\dfrac{1}{f}$，则可求得

$$f=\frac{l^2-d^2}{4l} \qquad\qquad (2-3-2)$$

上式为共轭法测量凸透镜焦距的公式（$l>4f$）。

利用共轭法测量焦距，只要满足 $l>4f$，就可以两次成像，只须测量 l 和 d 两个量。l 是一段固定不变的距离，可以准确测量；同时 l 固定，移动透镜时，物距和像距同时改变，像的清晰程度变化较明显，因而误差有可能减至最小；d 是透镜两次成像时位置之差，只要保证透镜相对稳定，它们的系统误差是互补且可以抵偿，共轭法避免了物距像距法估计光心位置不准带来的误差，也不必将透镜转动 180° 测量。因此共轭法是误差较小的一种方法。

但采用此方法须注意，l 不可取得太大，否则会因小像过小而不能准确判断其清晰成像的位置。

【实验内容与步骤】

1. 光学元件的同轴等高调节

构成透镜的两个玻面的中心连线称为透镜的主光轴。各光学元件的主光轴重合，即为同轴；若光学元件在光具座上，必须使主光轴与光具座导轨表面相平行，即为等高。

所有光学元件构成光学系统，而对光学系统进行同轴等高调节是光学测量的先决条件，也是减少误差、确保实验成功的十分重要的步骤，必须反复、仔细地调节。

光学实验中经常要用一个或多个透镜成像，为了获得质量好的像，必须使光路中各个透镜的主光轴重合（即共轴）并使物体位于透镜的主光轴附近。此外透镜成像公式中的物距、像距等都是沿主光轴计算长度的，为了测量准确，必须使透镜的主光轴与带有刻度的导轨平行。

调节分为两步进行：

粗调（目测粗调）：利用目测判断，将各光学元件和光源中间调成等高，并使各元件所在平面基本上相互平行且铅直。将光具座上的所有光学元件沿导轨靠拢在一起，用眼睛观察，调节高低、左右位置，使光源、物屏上的透光孔中心、透镜光心、像屏的中央大致在一条与光具座导轨表面平行的直线上，并使物屏、透镜、像屏所在的平面基本上相互平行且与导轨垂直，这样各光学元件的主光轴大致重合。

细调：利用光学系统本身或借助其他光学元件的成像规律来判断和调节，使沿光轴移动元件时像不发生偏移。不同的装置有不同的调节方法，如自准法、"大像追小像"法等，一般用"大像追小像"法（共轭法）来调节。

下面介绍单透镜的共轴用"大像追小像"法的调节过程：

（1）利用共轭法调整同轴等高：固定物屏和像屏的位置，使物屏与像屏之间的距离大于 4 倍焦距，在物屏与像屏间移动凸透镜，在两共轭位置时，可得一大一小两次成像。

（2）采用"大像追小像"法调节共轴：移动透镜，出现小像时，标记小像中心在像屏的位置，移动透镜，观察大像中心在像屏的位置，并调节透镜高低使大像中心与小像中心（像屏标记处）重合，再移动透镜观察小像，重复上述调节直到大像和小像中心重合（均与像屏上同一标记处重合）为止，如图 2.3.13(a) 所示。

若物的中心偏离透镜的光轴，则所成的大像和小像的中心将不重合，但小像位置比大像位置更靠近光轴（如图 2.3.13(b) 所示）。

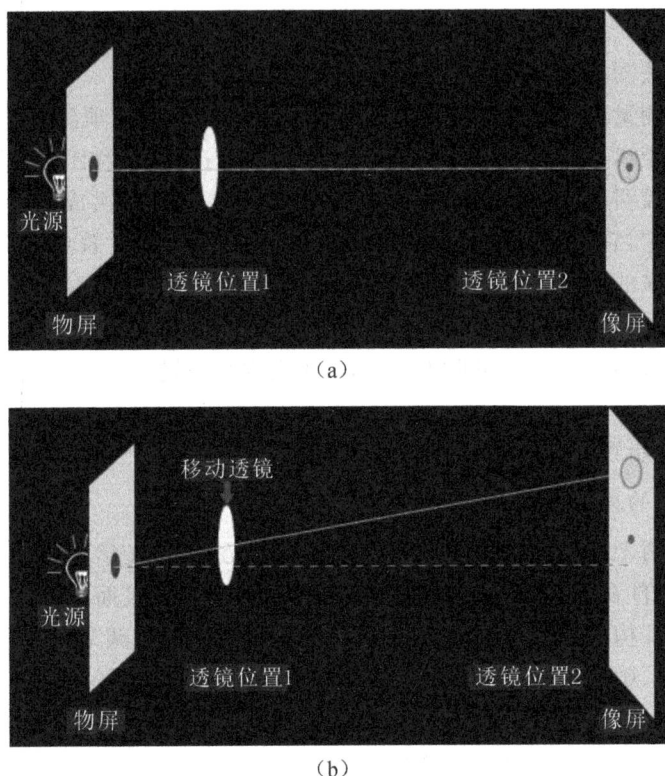

（a）

（b）

图 2.3.13　单透镜的共轴调节

就垂直方向而言，如果大像中心高于小像中心，说明此时透镜位置偏高（或物偏低），这时应将透镜降低（或把物升高）。反之，如果大像中心低于小像中心，便应将透镜升高（或将物降低）。

2．自准法测量凸透镜焦距

（1）将光源、物屏、透镜及平面镜依次安装在光具座上。

（2）调节各元件至同轴等高状态。此实验中，还要求平面镜垂直于导轨，如何判断？（可通过前后移动平面反射镜，看成像位置是否变化来判断）

（3）固定物屏，移动凸透镜 L，直至物屏上得到一个与物等大、倒立、清晰的实像，如果前后移动平面镜，此像不变，此时物屏与透镜之间的距离就是透镜的焦距，记录物屏位置 x_1 和透镜位置 x_2。

注意：区分物光经凸透镜内表面和平面镜反射后所成的像，前者不随平面镜转动而移动。为了判断成像是否清晰，可使凸透镜稍向左（右）移动，使反射像稍稍偏离物，不要完全重合。

（4）重复测量 3 次，数据记录见表 2.3.2。

3．共轭法测量凸透镜焦距

（1）在光具座上依次放置光源、物屏、凸透镜、像屏，取物屏和像屏之间的距离 $L > 4f$。

（2）然后调节各元件至同轴等高状态。

（3）固定物屏、像屏,记录物屏位置 x_1 和像屏位置 x_4;然后移动凸透镜,当像屏上成清晰放大实像时,记录凸透镜的位置 x_2;移动凸透镜,当像屏上成清晰缩小实像时,记录凸透镜的位置 x_3。

（4）重复测量 3 次,数据记录见表 2.3.3。

【数据记录及处理】

1. 自准法

表 2.3.2 自准法数据记录表格

测量次数	物屏位置 x_1/mm	透镜位置 x_2/mm	焦距 f/mm $f = \mid x_2 - x_1 \mid$	平均值 $\overline{f}/mm$ $\overline{f} = \dfrac{f_1 + f_2 + f_3}{3}$
1				
2				
3				

2. 共轭法

表 2.3.3 共轭法数据记录表格

测量次数	物屏 x_1/mm	透镜1 x_2/mm	透镜2 x_3/mm	像屏 x_4/mm	l/mm $l = \mid x_4 - x_1 \mid$	d/mm $d = \mid x_3 - x_2 \mid$	焦距 f/mm $f = \dfrac{l^2 - d^2}{4l}$	平均值 $\overline{f}/mm$ $\overline{f} = \dfrac{f_1 + f_2 + f_3}{3}$
1								
2								
3								

【注意事项】

（1）使用光学元件和仪器时,要轻拿轻放,勿使它们受到冲击或震动,特别要防止光学元件跌落。暂时不用或用毕的元件应放在安全的地方或放回原处,不可随便乱放。

（2）不要用手触摸光学元件的光学表面;光学元件表面如有灰尘,要用洁净的镜头纸或软毛刷轻轻地拂去,或用橡皮球吹掉,切勿用嘴吹或用手指抹,以防沾污或损伤光学表面。

【实验拓展】

1. 光学元件和仪器的维护

组成光学仪器的各种光学元件,如透镜、棱镜、反射镜、光栅等光学元件大多数是玻璃制成的,其光学表面都经过了仔细的研磨和抛光,有些还镀有一层或多层膜。人们在使用时对这些元件或其材料的光学特性（例如折射率、反射率、透射率等）都有一定的要求,而它们的机械性能和化学性能都可能很差,若使用和维护不当,则会降低其光学性能甚至损坏。造成损坏的常见原因有摔落、磨损、污损、发霉、腐蚀等。

为了安全使用光学元件和仪器，必须遵守以下规则：

（1）使用时一定要轻拿、轻放，避免冲击或震动，特别要防止摔落。暂时不用的器件应随时装入专用盒内并放在桌子的里侧。

（2）禁止用手触摸元件的光学表面。如必须用手拿光学元件时，只能接触其磨砂面，如透镜的边缘、棱镜的上下底面等，如图 2.3.14 所示。

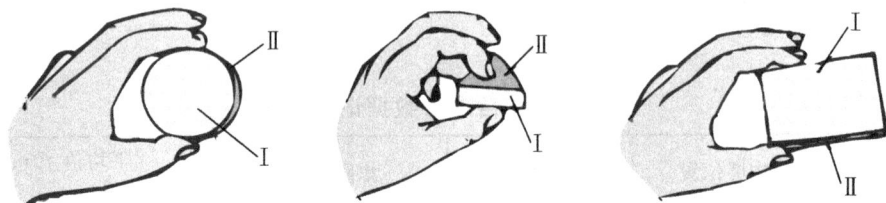

Ⅰ—光学面；Ⅱ—磨砂面。
图 2.3.14　手持光学元件的方式

（3）不能对着光学元件的表面说话。如果发现光学表面上有污物时，不允许对着它哈气或用手和手帕等粗糙物擦拭（特别是照相机镜头）。日久天长光学器件的表面会被粗糙物划破，或者因为口水或汗水腐蚀出现汗斑，影响透光性能。若光学表面有严重的污痕或指印，应由实验室人员用丙酮或酒精清洗。所有镀膜均不能触碰或擦拭。

（4）光学器件中的机械部件，如测量显微镜的螺杆，读数鼓轮，分光计的刻度盘等都是精密加工部件，操作时，一定要轻、慢、不允许乱扭、乱转，更不允许随便调换或拆卸这些部件，以免造成严重损坏。止动螺钉未拧松前，不能用力硬板，微动装置在使用到极限位置时不可强行转动。严禁盲目及粗鲁操作。

2. 消视差

视差是指观察两个静止物体，当观察者的观察位置发生变化时，一个物体相对于另一个物体的位置有明显的移动。在用米尺测长度及指针式电表读数时都存在视差。

用米尺测量物体长度时，为了准确定位和测量，测量时必须使米尺刻度线紧靠被测物体，且视线要垂直于被测物或刻度，以避免因测量者视线方向的不同而导致读数的不同。若待测物与标尺刻度之间有间隙或视线不垂直于被测物或刻度，那么得到的读数是不正确的，这就会产生视差。如图 2.3.15、2.3.16 所示。

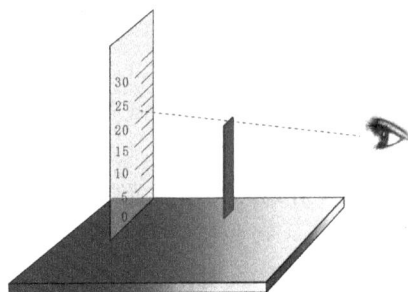

图 2.3.15　米尺的不正确使用产生视差　　图 2.3.16　米尺的正确使用消除视差

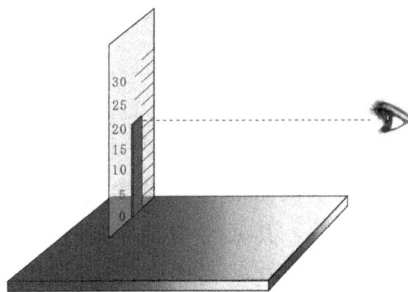

视差不仅在使用米尺时会产生，一切有指针在标尺上移动的仪器都会产生，如在光学实验中经常要测量像的位置和大小，像与标尺（分划板或屏）之间也会有视差存在。视差的存在会使测量和读数不准确，所以必须进行消视差或减小视差。

指针式电表读数时，眼睛垂直指针及刻度盘读数，也可利用刻度盘上的平面镜，使眼睛与指针及指针像排成一线（三点一线），以保证视线垂直于刻度盘，从而减小视差，如图 2.3.17 所示。

图 2.3.17　指针式仪表的正确读数

光学实验中经常要用目镜中的十字叉丝或标尺准线来测量像的位置和大小。当像平面与十字叉丝不在同一平面上时，就会产生视差。

光学实验消视差：通过调焦使像平面与十字叉丝所在平面相重合，这时眼睛上下左右移动，两者没有相对移动，即视差消除。

在光学实验中"消视差"常常是测量读数前比不可少的操作步骤，否则，测量就会引入误差。

3. 与眼睛有关的光学知识

我们的眼睛是如何看到物体的？眼睛成像是正立的还是倒立的？眼睛近视的原因是什么？为什么近视眼只能看清楚近处的物体呢？近视后可以采用哪些方法纠正视力？激光治疗近视的原理是什么呢？

人的眼球在结构上好像一部照相机，如图 2.3.18 所示，由瞳孔、角膜、晶状体、睫状体、视网膜等构成。瞳孔相当于照相机的光圈，控制进入眼睛光线的多少；角膜

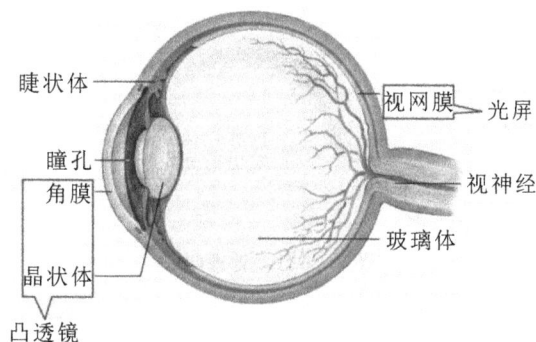

图 2.3.18　眼球的结构

和晶状体相当于一个焦距可调的凸透镜，因为晶状体富有弹性，可以通过睫状体的收缩或松弛改变晶状体的形状(焦距)，如图 2.3.19 所示，从而使远处和近处物体的像都能落在视网膜上，视网膜上所成物体的像是倒立缩小的实像，如图 2.3.20 所示；视网膜相当于交卷(光屏、像屏)，视网膜上的视神经细胞受到光刺激，把这个信号传给大脑视觉中枢，我们就看到了物体。

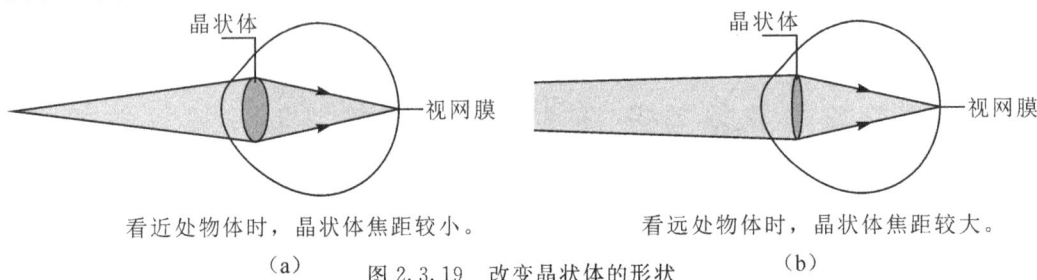

看近处物体时，晶状体焦距较小。　　　　看远处物体时，晶状体焦距较大。
　（a）　　　　图 2.3.19　改变晶状体的形状　　　　（b）

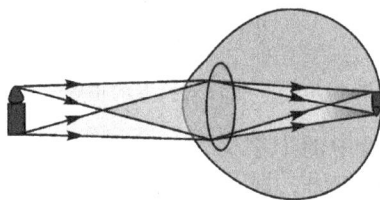

图 2.3.20　倒立缩小的实像

　　人的眼睛的调节范围是有限的，依靠眼睛调节能看清的最远和最近的两个极限点分别叫远点和近点。正常人眼睛的远点在无限远，近点在大约10 cm左右。

　　正常眼睛观察近处物体最清晰而又不疲劳的距离大约是 25 cm，这个距离叫明视距离。读书时眼睛与书本的距离应保持在 25 cm 左右。

　　近视眼可以看清楚近处物体，而看不清远处物体。那么造成近视眼的原因是什么呢？

　　因眼睛使用不当，造成睫状肌痉挛、紧张，从而引起晶状体变厚(变凸)、折光能力(会聚作用)变强(焦距变短)，或者眼球在前后方向过长，使远处物体的像落在了视网膜之前，到达视网膜时已经不是一个点而是一个模糊的光斑了，形成近视，如图 2.3.21 所示。

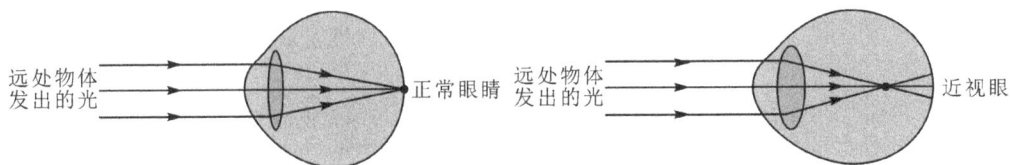

图 2.3.21　近视眼

　　如何矫正近视眼呢？

　　近视眼能看清楚近处物体的原因是近处物体的光对眼睛有一定角度的散开，物体所成的像后移至视网膜上；而要看清楚远处物体，可采用凹透镜，凹透镜对光线具有发散作用，所以可使光线在进入眼睛前先发散，这就相当于把远处物体移到了近处，所以近视眼可采用凹透镜进行矫正，如图 2.3.22 所示。

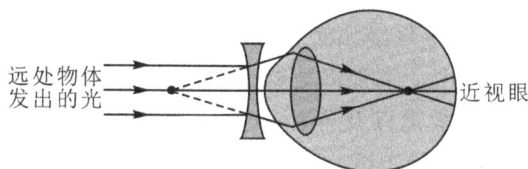

图 2.3.22　近视眼的矫正

远视眼只能看清楚远处的物体，看不清近处的物体。造成远视眼（老花眼）的原因是什么呢？

晶状体太薄、折光能力太弱（焦距太长），或者眼睛在前后方向过短，使来自近处物体的光还没有会聚成一点就到达视网膜了，在视网膜上形成一个模糊的光斑，如图 2.3.23 所示。

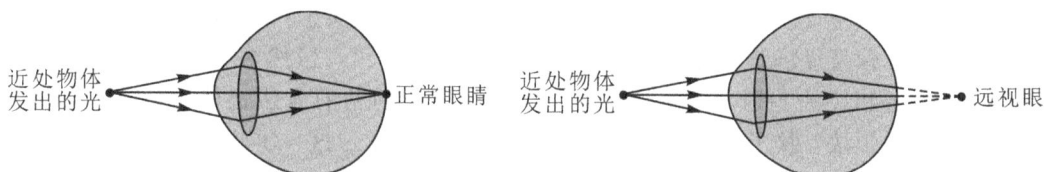

图 2.3.23　远视眼

如何矫正远视眼呢？

远视眼要看清楚近处物体，可采用凸透镜，凸透镜对光线具有会聚作用，所以可使光线在进入眼睛前先会聚，这就相当于把近处物体移到了远处，所以远视眼可采用凸透镜进行矫正，如图 2.3.24 所示。

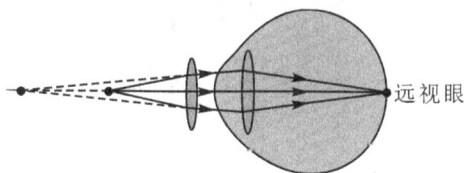

图 2.3.24　远视眼的矫正

实验 4　用稳恒电流场模拟静电场

【实验预习题】

(1) 什么是静电场，什么是稳恒电流场？请简述电场强度、电势的概念。

(2) 为什么不直接测量静电场？

(3) 什么是模拟法？请简述模拟法的分类及其模拟条件。

(4) 为什么可以用稳恒电流场模拟静电场？

（5）本实验如何满足稳恒电流场模拟静电场的模拟条件的？

（6）当电源电压变化时，等势线、电场线的形状是否变化？电场强度和电势的数值是否变化？

（7）请简述靠近导体处的电场线如何分布，为什么。

在科学研究及生产实际中，常常需要确定带电体周围的静电场分布情况，如对各种示波管、电子管、电子显微镜以及各种显示器内部电极形状的设计和研究制造中，都需要了解各电极间的静电场分布情况。

那么如何得到静电场的分布？静电场的分布可通过计算或测量得到。当电极形状和场源分布比较简单时，可通过理论计算得到场的分布；但当电极形状或场源分布比较复杂时，仍利用理论来计算电场分布就很困难，有时甚至无法求出，此时一般通过实验手段来确定电场的分布。例如使用"模拟法"可以很方便地测量电场分布。许多物理问题如电流场、恒定磁场、稳定温度场、液流场等，也可以通过模拟法进行测量，在经过多次修正后，可使测量结果与实际分布接近一致。例如，设计新的飞行器必须经过风洞实验。风洞是模拟飞行器或物体周围气体流动的管道状实验设备，如图 2.4.1 所示，它是进行空气动力实验最常用、最有效的工具。事实上，模拟法不仅应用于物理领域，在法律及经济管理等很多领域都有着广泛的应用，虽然在不同领域模拟的概念和技术有着相应的差别，但是模拟法作为一种研究问题的方法仍然是值得学习的。那么什么是模拟法？接下来我们通过静电场模拟来具体学习这一实验方法。

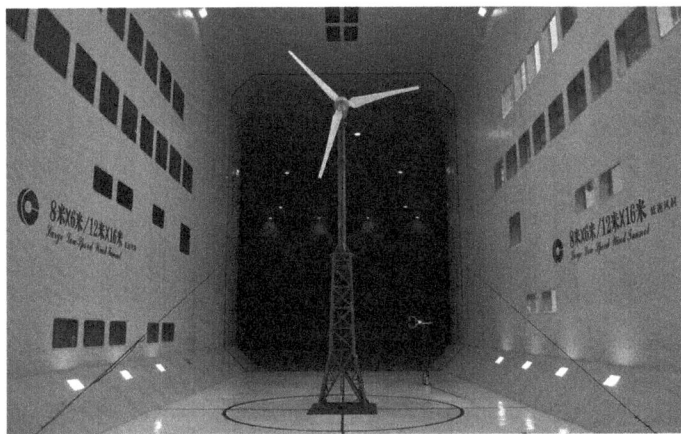

图 2.4.1　风洞

【实验目的】

（1）了解模拟法及其适用条件。

（2）加深对电场强度和电势概念的理解。

（3）描绘静电场的分布，学会由等势线画电场线，加深对电场分布的认识。

（4）学习用图示法表达实验结果。

【实验仪器】

静电场描绘仪（见图 2.4.2）、静电场描绘仪专用电源（见图 2.4.3）、曲线板（见图 2.4.4）、毫米方格纸（实验时务必自带）。

（a）实物图　　　　　　　　　　　　　（b）示意图

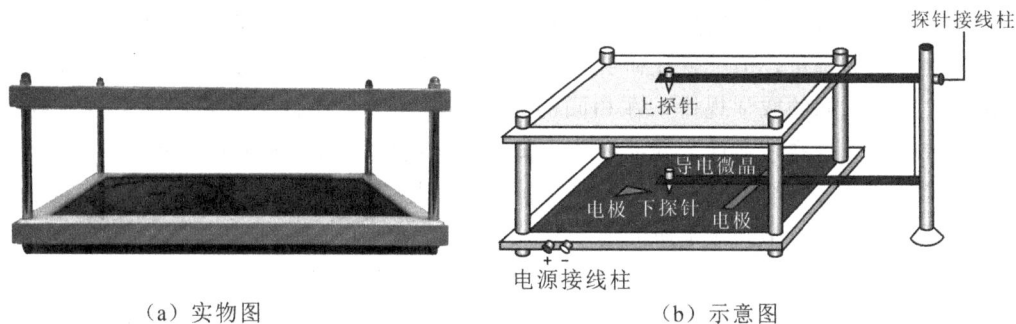

图 2.4.2　静电场描绘仪实物图及示意图

图 2.4.3　静电场描绘仪专用电源　　　　　图 2.4.4　曲线板

【实验原理】

1. 概念和方法

什么是静电场？静电场是相对于观察者静止的电荷在其周围空间产生的电场，它虽看不见，摸不着，但却是客观存在的一种物质。一般用电场强度 E 来描述电场性质。稳恒电流场是指电流场不随时间变化。一般用电流密度 J 来描述电流场的性质，因此，稳恒电流场中各处电流密度 J 都不随时间变化。由上述表述可以发现，静电场和稳恒电流场是两种性质不同的场。

为什么不直接测量静电场？实验中一般不直接测量静电场，因为直接测量静电场比较困难。对于静电场，测量仪器只能是静电式仪表，因为静电场中无电流，对磁电系仪表不起作用；另外，一旦将探针引入静电场中，探针上会产生感应电荷，这些电荷产生的电场将叠加到原来电场中，导致原电场畸变；此外，当电极形状复杂时，理论计算静电场分布也很困难，此时，可通过实验的方法测量得到静电场，而模拟法就是其中的一种测量方法。

模拟法是一种广义的物理量变换、等效的方法。本质是用一种易于实现、便于测量的物理状态或过程模拟不易实现、不便测量的状态或过程。模拟法是在测量难于直接进行，尤其是理论上难于计算时，常常采用的方法。

模拟法的分类？模拟法一般可以分为以下两类：

第一类是同性质的模拟，也称物理模拟。模拟量与被模拟量之间具有相同的属性和共同的物理本质，两者之间只有量的大小。它的特点是对实物按一定的比例进行放大或缩小。例如医学上的动物实验、飞机模型的风洞实验和光测弹性显示工件内部的应力分布等。

第二类是两者具有相同数学特征的模拟，也称数学模拟。模拟量与被模拟量可以是不同性质的物理量，但二者在研究和测试的内容上具有完全相同的数学模型或函数表达式；遵循相同的数学规律；在相同的初始条件和边界条件下，它们的微分方程有完全一致的解。这样，在这个局部或某一属性上它们可以完全模拟且等效。例如机-电（力-电）类比中，力学的共振与电学的共振虽然不同，但它们有相同的二阶常微分方程，因此可以通过电学共振来研究力学共振现象。

在物理实验中，静电场既不易获得，又易发生畸变，很难直接测量。在本实验中我们可用直流或低频交流产生的稳恒电流场来模拟静电场。下面我们具体来分析为什么用稳恒电流场可以模拟静电场。

2. 为什么可以用稳恒电流场模拟静电场？

尽管稳恒电流场与静电场虽然是两种不同性质的场，但根据电磁理论可知，均匀导电媒质中稳恒电流的电流场与均匀电介质中的静电场具有相似性。这是因为稳恒电流场的电流密度矢量 J 与静电场的电场强度矢量 E 所遵循的物理规律具有相同的数学形式。从电磁场理论的麦克斯韦方程中可以得出，当媒质内无电流源时，稳恒电流场的电流密度矢量 J 满足方程

$$\oint_s J \cdot \mathrm{d}s = 0$$

$$\oint_l J \cdot \mathrm{d}l = 0$$

当介质内无自由电荷时，静电场的电场强度矢量 E 满足方程

$$\oint_s E \cdot \mathrm{d}s = 0$$

$$\oint_l E \cdot \mathrm{d}l = 0$$

而且，在相似的场源分布和相似的边界条件下，它们的解也具有相同的数学形式，符合数学模拟的条件，即稳恒电流场的电流密度及电势分布与静电场的电场线及电势分布相似，因此可以用稳恒电流场模拟静电场。

在实验室中，稳恒电流场很容易建立，模拟法的适用条件也较容易满足。因此，用稳恒电流场模拟静电场是了解和研究静电场最方便的方法之一。

3. 具体实验时模拟条件是如何满足的？

要比较准确地描绘出电场分布，就必须满足以下的条件：

(1)电极周围的导电媒质均匀连续，且电导率远小于电极，那么这两个电极就相当于静电场中的静电荷或带电体，稳恒电流场就相当于静电场了。本实验中，电极为金属材质，导电媒质为导电微晶(图2.4.2(b)中的下方阴影部分)，稳恒电流场建立在导电微晶中。

(2)用导电率较高且细小的探针置入稳恒电流场中不会引起明显改变。本实验中的探针为金属材质且尖端非常细小，如图2.4.2(b)所示。

4. 如何进行电场描绘？

(1)模拟构造一个与静电场相似的稳恒电流场。

（2）用探针测出稳恒电流场中电势相等的点，连接各等势点画出等势线；等势线的选取应满足什么条件？等势线的选取应满足电位梯度不变，即相邻两条等势线的电势差要恒定。

（3）再根据电场线与等势线处处垂直正交的原则，描绘出电场线，这些电场线上每一个点的切线方向，就是该点的电场强度矢量 E 的方向。

从静电场理论可知，电场线可以形象地描述电场强度的分布，电场线密集的地方，电场强度大，而每点的切线方向正好和场的方向一致，这样，通过稳恒电流场的等势线和电场线就能形象地表示静电场的分布情况。

【实验内容与步骤】

描绘分别带异号电荷的条形电极与劈尖电极间的电场分布

（1）如图 2.4.3 所示，在电源面板中，旋转"电压调节"旋钮，调节电压至 10 V，用导线将面板左侧的电压输出端分别接静电场描绘仪对应的输入端，探针与面板右侧的"探针测量"相接。

（2）按导电微晶的范围，在静电场描绘仪上铺好毫米方格纸，并用磁条压平整，上、下探针同步，用上探针在方格纸上打出电极的位置及形状，注意实验中不能随意移动方格纸。

（3）测量时，电压置于"测量"档，下探针依次找出 1 V、2 V、3 V、…、9 V 各电势处的等势点，并用上探针在纸上打点，注意：等势线弯曲处打的点应密集些，等势线平缓处打点可稀疏些。

【数据记录及处理】

1. 画出电极位置及形状。

2. 画等势线

用曲线板将测得的等势点分别连成光滑的等势线，标出等势线的电势值。

3. 画电场线

根据电场线与等势线处处垂直正交，用曲线板作出电场线。画电场线时，首先确定电场线的起点位置，然后应遵从静电场的一些基本性质。

（1）电场线起点位置的确定。

条形电极在静电平衡状态下，导体表面是等势面，所以，条形电极附近的等势线基本为直线，电场强度大小基本相同，电场线应基本均匀，因此可以近似等分条形电极作为电场线的起点。

（2）静电场的一些基本性质。

①电场线与等势线处处垂直正交。

②导体表面是等势面，电场线垂直于导体表面。

③疏密度表示电场强度的大小。

④电场线有方向，发自正电荷而终止于负电荷。图中标明电极极性及电场线方向。

（3）画电场分布图。

以电场线的起点向下一个等势线引垂直正交的射线（用目测或用曲线板），目的是找到等势线与电场线的正交点，最后将这些点用曲线板连成光滑的曲线，按照由高指向低的原则确定电场线的方向，这样就描绘出了一个完整的电场分布图。

4. 带异号电荷的条形电极与劈尖电极间的电场分布

带异号电荷的条形电极与劈尖电极间的电场分布如图 2.4.5 所示。

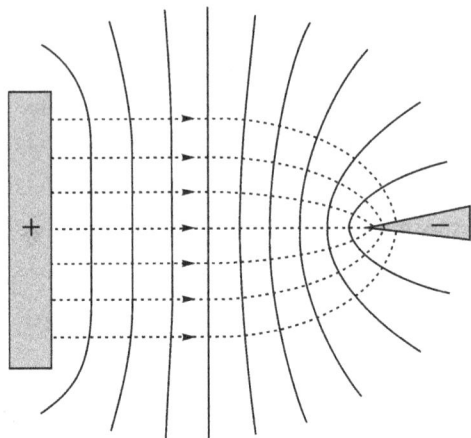

图 2.4.5　带异号电荷的条形电极与劈尖电极间的电场分布图

【实验拓展】

1. 曲线板的使用规则

曲线板是用来画非圆曲线的，如图 2.4.6 所示。为了能把已知点连成一条光滑的曲线，一般按以下步骤进行描绘：

(1)首先可以用铅笔徒手将各点依次连成细实线，如图 2.4.6 所示。

(2)然后按"找四点连三点"画线：也就是从一端开始，在曲线板上找刚好通过 1、2、3、4 四点的部分，然后用曲线板画曲线，但只画到第三点就终止，如图 2.4.7 所示。

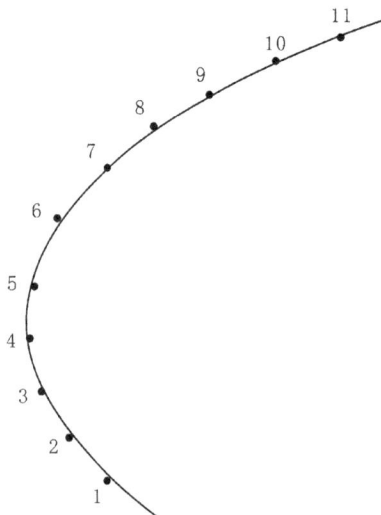

图 2.4.6　用铅笔将各点连成细实线

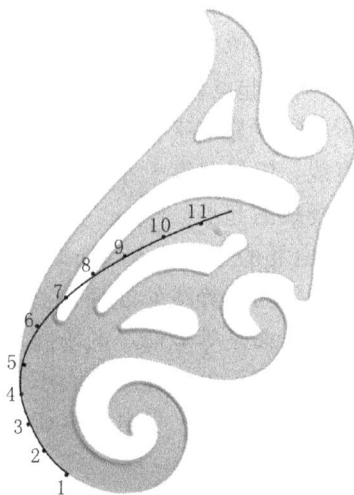

图 2.4.7　找四点连三点

(3)以后的各段，都要退回一个点，按照"找五点连三点"的办法，使每一段的首部都与前一段的尾部相重叠。比如：现在从第二点开始，寻找能通过 2、3、4、5、6 五点的部分，然后画线，但是只画到第五点就终止，如图 2.4.8 所示，以后各段以此类推。这种首尾重叠的方法，保证了曲线的光滑，最后画好的曲线如图 2.4.9 所示。

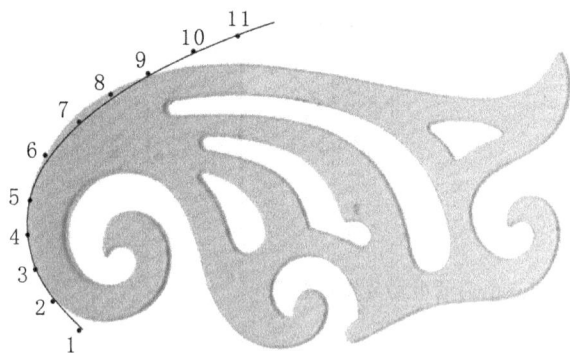

图 2.4.8　找五点连三点

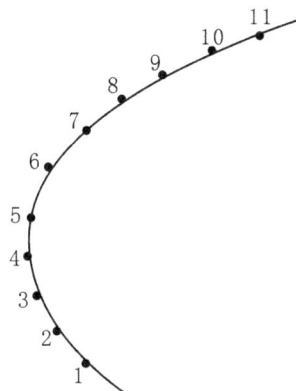

图 2.4.9　画好的曲线

2. 两长直带异号电直导线之间的电场分布分布图

两长直带异号电直导线之间的电场分布如图 2.4.10 所示。

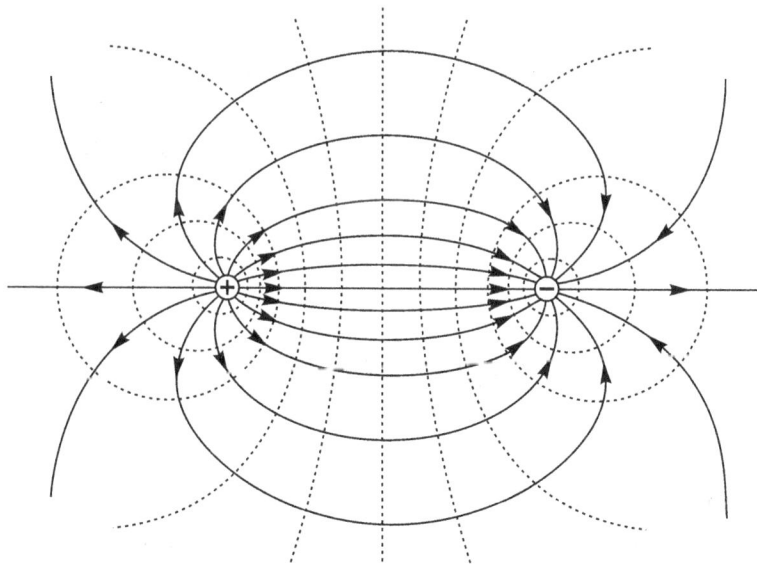

图 2.4.10　两长直带异号电直导线之间的电场分布图

3. 几种电场分布图

(1)孤立点电荷的电场分布，如图 2.4.11 所示。

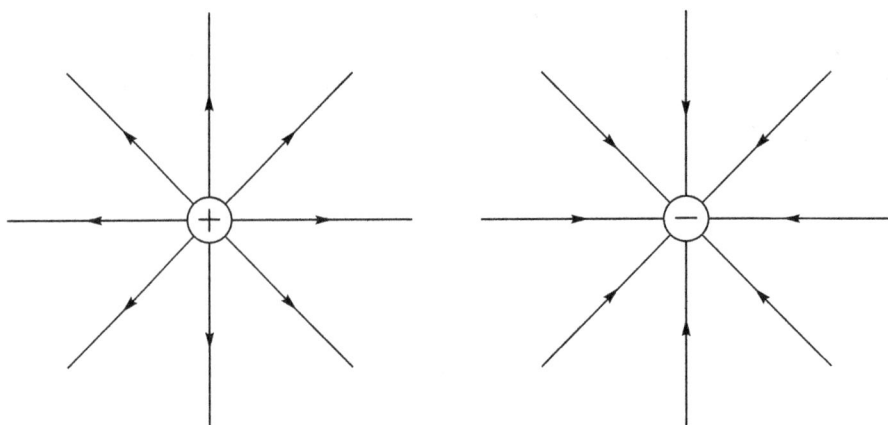

图 2.4.11　孤立点电荷的电场分布示意图

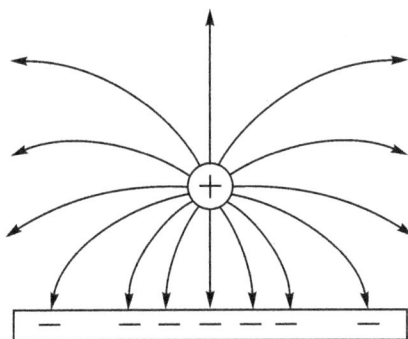

（2）匀强电场分布如图 2.4.12 所示。

（3）点电荷与金属板间的电场分布如图 2.4.13 所示。

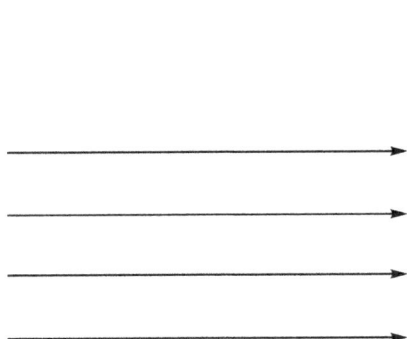

图 2.4.12　匀强电场分布示意图　　　　图 2.4.13　点电荷与金属板间的电场分布示意图

实验 5　光电效应

【实验预习题】

（1）什么是光电效应现象？其中"电"这个字怎么理解？

（2）光电效应现象在生活生产中很常见，参考本实验拓展，请举出两个具体实例。

（3）只要有光照射金属表面就会有电子从表面逸出吗？如何判断电子已经逸出？

（4）爱因斯坦是如何解释光电效应现象的，光电效应方程是什么？方程中各个物理量含义是什么？什么是截止频率，什么是截止电压？

（5）光电管一般都用逸出功小的金属做阴极，用逸出功大的金属做阳极，为什么？

（6）当加在光电管两极间的电压增加到一定程度后，光电流不再增加，为什么？

（7）当加在光电管两极间的电压为零时，光电流不为零，这是为什么？

(8)光电管两极间不加电压，当有光照射光电管时，外电路中 I 不为零；没有光照射光电管时，I 仍不为零；把光电管放在理想的暗箱中，I 还不为零。试分别解释其原因。

(9)当反向电压加到一定值后，光电流为什么会出现负值？

(10)减小光电管与小灯泡之间的距离，光电流的大小如何变化？如果小灯泡与光电管靠的太近，测量误差就比较大，为什么？

(11)了解光电管的伏安特性及光电特性有何实用意义？

光电效应(Photoelectric Effect)是物理学中一个重要而神奇的现象。光电效应充分显示了光的粒子性，它对人们认识光的本性及光量子理论的建立起着极为重要的作用。1887 年赫兹(H. R. Hertz)在验证电磁波存在时意外地发现了光电效应现象，它所反映的实验事实是经典电磁理论无法完满解释的。1905 年爱因斯坦(A. Einstein)把普朗克(M. Planck)提出的辐射能量不连续的观点引入光辐射，提出了光量子的概念，成功地解释了光电效应现象。1916 年密立根(R. A. Millikan)以精确的光电效应实验证实了爱因斯坦光电效应方程的正确性，并测定了普朗克常数，充分揭示出光具有波粒二象性。

而今光电效应已经广泛地应用于现代科学技术的各个领域。利用光电效应制成的光电器件如光电管、光电倍增管、光敏电阻、光电耦合器、光敏二极管、光敏三极管、光电池、太阳能电池等广泛应用于鼠标器、电影、电视、纺织、制造、印刷、医疗、环保、红外探测、辐射测量、光纤通信、自动控制等各个领域，它们已成为生产和科研中不可缺少的器件。

利用光电管制成的光控制电器，可以用于自动控制，如自动计数、自动报警、自动跟踪等。光电倍增管是由真空光电管衍生而来的，是将微光信号转变成电信号的光电传感器，可以测量非常微弱的光，广泛使用在很多高新探测技术中。光电池是将光能转换为电能的装置，可为许多仪表及设备提供轻便的电源。太阳能电池是将太阳光转换成电能的器件，是一种永久、环保的新型电源，硅太阳能发电实物及原理如图2.5.1 所示。

（a）硅太阳能发电实物图　　　　　　（b）硅太阳能发电原理图

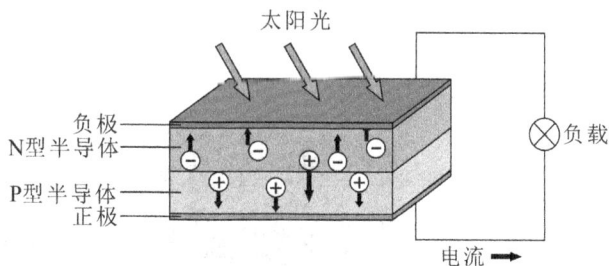

图 2.5.1　硅太阳能发电

本实验首先学习光电效应及其规律，然后研究光电管的特性。

【实验目的】

(1)了解光电效应的分类及外光电效应基本规律，加深对光量子性的认识。

（2）了解光电管的结构和性能，测定其伏安特性及光电特性（光电流和光照强度关系）曲线，为正确使用光电管提供依据。

（3）学习用作图法和线性拟合法处理数据。

（4）了解光电效应的应用。

【实验仪器】

自制光电效应测试仪示意图（含暗箱、光电管和光源，见图 2.5.2），WYT－306 直流稳压电源（见图 2.5.3），DM－nA₆ 数字检流计（见图 2.5.4）。

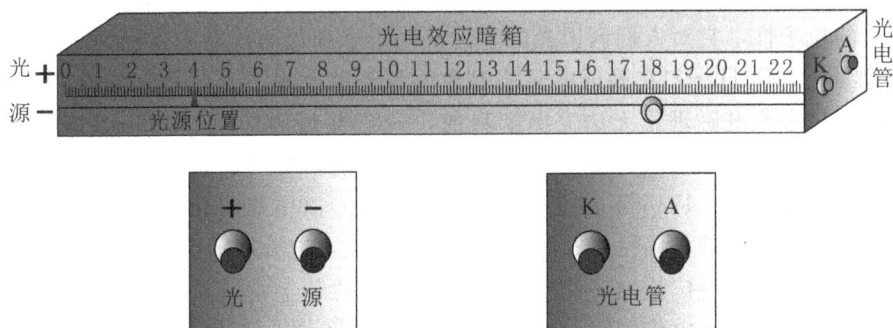

图 2.5.2　光电效应测试仪

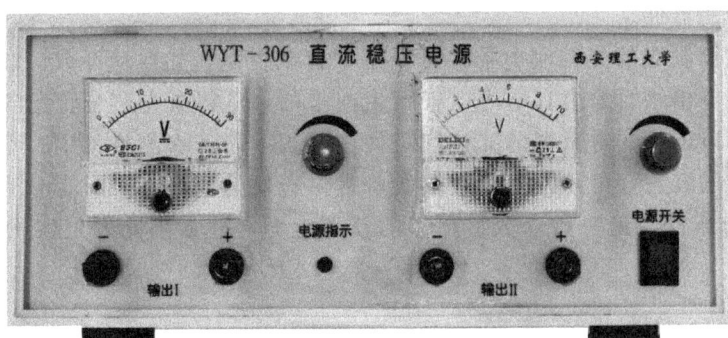

图 2.5.3　WYT－306直流稳压电源

图 2.5.4　DM－nA₆数字检流计

【实验原理】

1. 光电效应的分类

光电效应分为外光电效应和内光电效应。

1）外光电效应

外光电效应是指在入射光能量作用下，某些物体内的电子逸出物体表面，向外发射电子。用此原理制成的光电信息转化器件有光电倍增管、真空光电管、充气光电管等。

2）内光电效应

内光电效应是指在入射光能量作用下所产生的载流子（自由电子或空穴）仍在物质内部运动，使物质的电导率发生变化或产生光生伏特的现象。

（1）光电导效应，又称光敏效应，是指在入射光线的作用下，半导体材料中的电子受到能量大于或等于禁带宽度的光子的激发，将由价带越过禁带跃迁到导带，从而使导带中电子浓度加大，材料的电导率增加，电阻率减小。基于这种原理的光电信息转换器有光敏电阻等。

（2）光伏效应，是指在入射光能量作用下能使物体产生一定方向的电动势。以 PN 结为例，由于光学照射 PN 结而产生的电子和空穴，在内电场作用下分别移向 N 区和 P 区，从而对外形成光生电动势。基于该效应制成的光电信息转换器件有光电池、光敏二极管、光敏三极管等。

2. 外光电效应及其规律

金属物质（或金属化合物）受光照射而释放出电子的现象，称为外光电效应，如图 2.5.5 所示。释放出的电子称为光电子。

外光电效应分为两类：第一类是波长较长的光（如可见光、紫外线）照射金属，使其导带中的"自由"电子逸出金属表面；第二类是波长较短的光（如 X 射线）照射金属，使其原子内层的"束缚"电子逸出金属表面。

实验证明外光电效应有如下的基本规律：

（1）只有当照射光的频率大于一定值时，才有光电子产生，如果光的频率低于这个值，则不论光的强度多大，照射时间多长，都没有光电子产生；

（2）光电子的能量与光的频率成正比，而与光的强度无关；

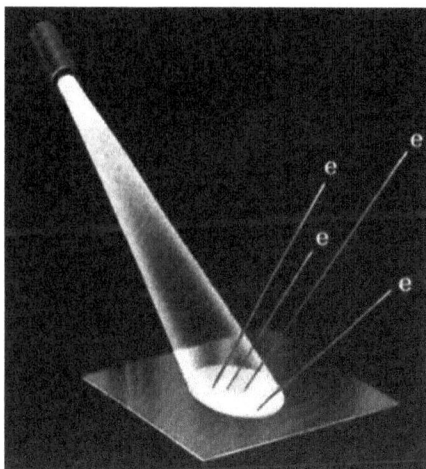

图 2.5.5 外光电效应

（3）光电子数的多少与光的强度成正比；

（4）光电效应是瞬时完成的，光电子吸收光能几乎不需要积累时间；

（5）光电效应的这些实验规律是经典电磁理论无法解释的。

3. 光量子论与爱因斯坦光电效应方程

1）光量子论

光是由运动速度为 c、能量为 $h\nu$ 的粒子（光子）组成的，它被发射和吸收时也是以能

量 $h\upsilon$ 的微粒形式出现的，h 为普朗克常数、υ 为光的频率。

2）爱因斯坦光电效应方程

按照光量子理论，当光子入射到金属表面，其能量一次被电子吸收，电子获得的能量，一部分用作金属表面所需的逸出功 W，另一部分成为逸出后的初动能 $\frac{1}{2}mv^2$（v 为电子的逸出速度），根据能量守恒定律有

$$h\upsilon = \frac{1}{2}mv^2 + W \qquad (2-5-1)$$

式（2-5-1）即为著名的爱因斯坦光电效应方程，如图 2.5.6 所示。此方程可完满地解释光电效应的实验规律。由此方程可见：只有当照射光的频率 υ 大到 $h\upsilon \geqslant W$，即 $\upsilon \geqslant W/h = \upsilon_0$ 时，才能发生光电效应，υ_0 即为实验规律中所指的定值，称为金属的截止频率，与金属材料的性质有关。光的频率低于 υ_0 时，则不会发生光电效应。光电子的初动能与照射光的频率 υ 成正比。光的频率一定时，射向金属表面的光子数越多，从金属中逸出的光电子也就越多，光电子数与照射光的强度成正比。

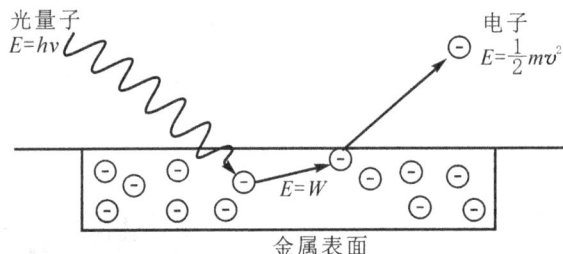

图 2.5.6　爱因斯坦光电效应方程示意图

4. 光电管

光电管是利用外光电效应原理制成的将光信号转化成电信号的光电器件。

1）光电管的结构

GD-4 型真空光电管的结构如图 2.5.7 所示。它的外形是一只球形真空玻璃泡，在约半个内壁上，涂以容易发射电子的锑、铯等金属材料，制成具有半透明感光薄层的阴极。阳极做成小圆盘状，位于管的中央。

2）光电管发生光电效应的过程

当入射光照射在阴极上时，单个光子把它的全部能量传递给阴极材料中的一个自由电子，从而使自由电子的能量增加。当电子获得的能量大于阴极材料的逸出功时，它就可以克服金属表面束缚而逸出，形成电子发射，这种电子称为光电子。只有当入射光的频率高于极限频率时，才会产生光电子。光电子产生之后，被真空管中的阳极所吸收，从而产生电流（光电流，这个电流可用

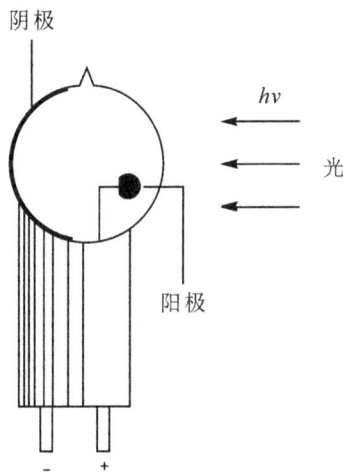

图 2.5.7　GD-4 型真空光电管结构简图

串联在电路中的电流计来测量)。若此时增加光照强度,更多的光子将会照射到阴极材料,从而产生更多光电子,光电流也会相应增加。在电阻 R 值确定的情况下,回路中的光电流与入射光的光照强度成函数关系,从而实现光-电转化,通过测量电路读取光电流,即可算出光照强度。

从光电效应的基本规律可以看出,光电流 I 的大小与光电管本身的性质 —— 照射光的频率、强度和极间电压 U(极间电压的高低反映了阳极收集光电子能力的大小)有关。在选用光电管时,必须知道光电流与这些条件之间的关系,也就是要了解光电管的一些特性。其主要特性有:

(1)伏安特性。当照射光的频率和强度一定时,光电流随极间电压变化的特征称为伏安特性。其曲线如图 2.5.8 所示。从图中可以看出,光电管两端的正向电压(阳极接正电势,阴极接负电势)开始增加时,光电流也增加,当电压增加到某一数值后,光电流不再增加或增加很少,达到饱和,称为饱和光电流 I_H,使光电流达到饱和的最小正向电压 U_b 称为饱和电压。另外,饱和光电流 I_H 与光强 P 成正比。从图 2.5.8 可知极间电压为零时光电流并不为零,这是因为有些光电子具有一定的初动能,即使没有电场作用,也能到达阳极形成较小的光电流。当光电管两端加反向电压时,光电流迅速减小但不立即降为零,直至反向电压达到 U_a 时,光电流才为零,U_a 称为截止电压。这表明此时具有最大动能的光电子也被反向电场所阻挡,应有

$$\frac{1}{2}mv^2 = eU_a$$

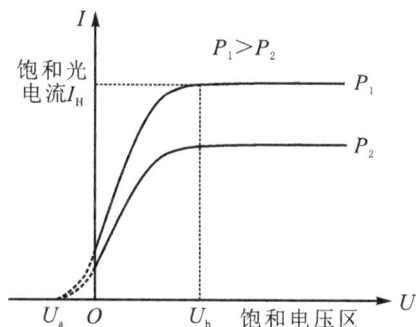

图 2.5.8 光电管的伏安特性曲线

实际测量所得到的光电管伏安特性要比图 2.5.8 复杂,这是因为:

① 存在暗电流和本底电流。在完全没有光照射光电管的情况下,由于阴极材料本身的热电子发射及光电管管壳漏电等原因所产生的光电流称为暗电流。各种杂散光入射到光电管上所产生的光电流称为本底电流。这两种电流均随极间电压的大小而变化,它们属于实验中的系统误差,实验时可将它们测出,并在作图时消除其影响。

② 存在阳极反向光电流。在制作光电管阴极时,阳极也会被溅射上阴极材料,故光射到阳极上亦会发射光电子,形成阳极反向电流。

因此,实际的光电流是以上三种电流及阴极电流的叠加结果。为了准确找出截止电压,必须设法消除暗电流、本底电流及阳极反向电流的影响。暗电流和本底电流可通过从实际光电流中减去无光照时的光电流来消除。阳极反向电流通常根据所使用光电管的具

体特性的不同采用"交点法"和"拐点法"两种方法来处理,这两种方法此处不再介绍。

（2）光电特性。当照射光的频率和极间电压一定时,饱和光电流 I_H 随照射光强 P 变化的特性称为光电特性,其在真空中成线性关系,如图 2.5.9 所示。

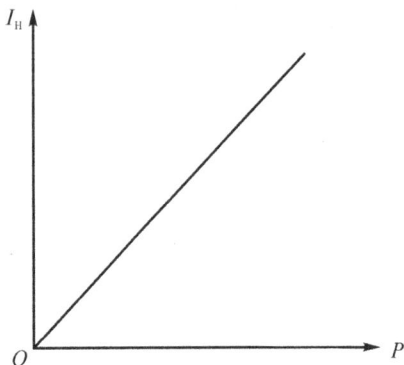

图 2.5.9　光电管的光电特性曲线

【实验装置】

本实验测试装置和电路如图 2.5.10 所示。其中直流稳压电源与滑动变阻器组成的分压电路为光电管提供所需的电压;直流电压表与电流计分别测量光电管两端的电压及光电流;光电管与安装在导轨上的活动支架及活动支架上的照明光源小灯泡置于内壁涂黑的暗箱内,以减少杂散光的影响,活动支架上小灯泡的位置指示标沿暗箱外刻度安装,通过旋转暗箱外的旋钮可改变其位置;将小灯泡看作点光源,则光电管上所接收到的光的照度与小灯泡到光电管距离的平方成反比,通过调节导轨上灯泡与光电管间的距离即可改变照射光的强度。

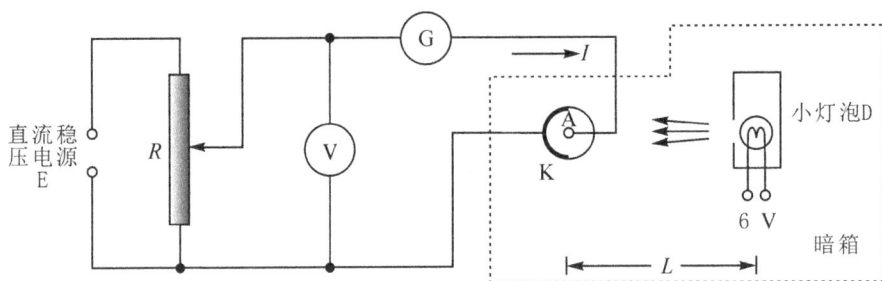

图 2.5.10　光电管特性测试装置示意图

【实验内容与步骤】

1. 观察外光电效应现象

按图 2.5.10 接好线路,小灯泡 D 接 6 V 电源,两极间电压 $U_{AK}=0$ V 时,点亮小灯泡,移动 D 的位置,观察光电流的变化。

2. 测绘光电管的伏安特性曲线

（1）确定适当的小灯泡与光电管间的距离 L:点亮小灯泡,将两极间电压 U_{AK} 调至饱和电压（约 15 V）以上,调整小灯泡与光电管间的距离 L,使光电流接近电流计的满偏（这样,在整个测量过程中,只要小灯泡与光电管之间的距离不小于此值,就能保证待测光电流不会超出电流计的测量范围)。确定好小灯泡的位置后,记录 L。

（2）固定 L 不变,使光电管间的电压 U_{AK} 由零逐渐升高至 30 V,测出若干组不同电压下的光电流 I 值。注意数据采集的间隔要合理:在光电流 I 变化大的区域,相应 U_{AK} 的取值间隔应减小,多测几组数据。可参考表 2.5.1 采集数据。

（3）作 $I = f(U_{AK})$ 特性曲线。

3. 测绘光电管光电特性曲线

将小灯泡看作点光源,则光电管上所接收到的光照强度与小灯泡到光电管距离 L 的负 2 次方成正比,即改变小灯泡与光电管间的距离 L 测绘光电流。

（1）将光电管极间电压固定在饱和区的某一适当数值并记录。（比如:15 V）。

（2）改变灯距 L 至光电流最大,但不超过电流计的量程,然后增大 L 使电流每减小 5 μA,分别记录 I 和 L 的值,直至最远（比如:700 mm 处）,最后关闭小灯泡,视为 $L = \infty$,记录光电流。

（3）用作图法作出光电流 I 随距离平方的倒数（L^{-2}）变化的光电特性曲线（即 $I \sim f(L^{-2})$ 图）,也可借助数据处理软件用线性拟合法对光电流 I 与 L^{-2} 进行拟合得到曲线及方程。

【数据记录及处理】

1. 测绘光电管的伏安特性曲线

表 2.5.1　光电管伏安特性数据记录表（$L = $ _____ mm）

电压 U_{AK}/V	0.0	1.0	2.0	3.0	4.0	5.0	6.0	7.0	8.0	9.0	10.0	15.0	20.0	25.0	30.0
光电流 I/μA															

2. 测绘光电管光电特性曲线

表 2.5.2　光电管光电特性数据记录表（$U_{AK} = 15$ V）

光电流 I/μA	50.0	45.0	40.0	35.0	30.0	25.0	20.0	15.0	10.0		
灯距 L/mm										700	∞
L^{-2}/m^{-2}											0

【实验拓展】

1. 光电器件

下面介绍一些常见的光电器件。

1）光电倍增管

由真空光电管衍生出来的光电倍增管是将弱光信号转变成电信号的光电传感器。其由光阴极、次阴极（倍增电极）以及阳极组成,结构如图 2.5.11 所示。光阴极是由半导体光电材料锑铯做成;次阴极是在镍或铜-铍的衬底上涂上锑铯材料而形成的,通常为 12～14 级,多者可达 30 级;阳极最后用来收集电子,阳极收集到的电子数是阴极发射电子数的 $10^5 \sim 10^8$ 倍,即光电倍增管的放大倍数可达几万倍到几百万倍,则光电倍增管的灵敏度就比普通光电管高几万倍到几百万倍,因此在很微弱的光照时,它就能产生很大的光电流，广泛应用于很多高新探测技术中，如各种光谱仪、光子计数仪、红外探测仪、表面分析仪等场合。

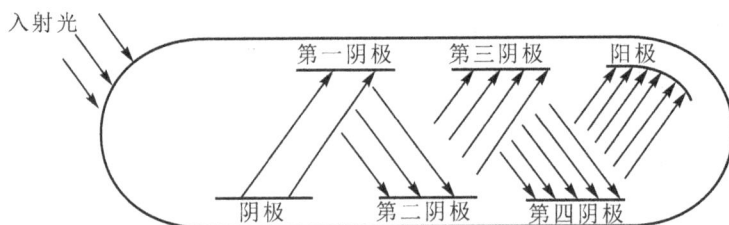

图 2.5.11　光电倍增管的结构示意图

2）光敏电阻

光敏电阻是利用半导体的光电导效应制成的一种电阻值随入射光的强度改变的电阻器，又称光电导探测器。半导体材料接受光照，吸收光子后，可以在材料内激发出电子-空穴对，使材料的电导率增加，这就是光电导效应。材料受到的光照强度越高，单位时间接收的光子数越多，电导率增加也越多。光敏电阻器一般用于光的测量、光的控制和光电转换。

3）光电池

光电池是利用光生伏特效应把光能直接转换成电能的光电器件，实物如图2.5.12(a)所示。光电池既可作为电源，也可以作为光电检测器件。作为电源使用的光电池，主要是直接把太阳辐射能转换为电能，称为太阳能电池。光电池能接收不同强度的光照射，产生不同的电压。用可见光作为光源的光电池有硒光电池和硅光电池两种，由于硅光电池的光电转换效率高，因此一般都采用这种光电池做传感器。

在 N 型衬底上制造一薄层 P 型层作为光敏感面，再通过电极引出，就构成最简单的光电池了，光电池结构如图 2.5.12(b)所示。

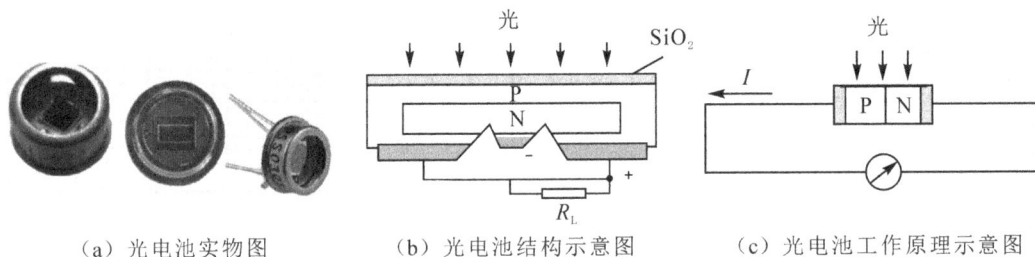

（a）光电池实物图　　　　（b）光电池结构示意图　　　　（c）光电池工作原理示意图

图 2.5.12　光电池

当入射光子的能量足够大时，P 型区每吸收一个光子就产生一对光生电子-空穴对，光生电子-空穴对的扩散运动使电子通过漂移运动被拉到 N 型区，空穴留在 P 区。所以 N 区带负电，经短暂的时间，PN 结两侧就有一个稳定的光生电动势输出，如果用导线把 PN 连接起来，就会产生光电流，光电池的工作原理如图 2.5.12(c)所示。

4）光电二极管、光电三极管

光电二极管和普通二极管的基本结构都是一个 PN 结。普通二极管在反向电压作用时处于截止状态，只能流过微弱的反向电流，光电二极管在设计和制作时尽量使 PN 结的面积相对较大，以便接收入射光。光电二极管是在反向电压作用下工作的，没有光照时，反向电流极其微弱，叫暗电流；有光照时，反向电流迅速增大到几十微安，称为光电流。光的强度越大，反向电流也越大。光的变化引起光电二极管电流变化，即光电二极管可把光信号转换为电信号，是一种光电转换器件，光电二极管的一种实物如图 2.5.13 所示。

光电二极管无放大作用，为了把光电转换和放大融于一体，人们在三极管的基极和集电极之间接入一只光电二极管制作出了光电三极管，一种实物如图 2.5.14 所示。光电三极管有 PNP 型和 NPN 型两种。光电三极管也称光敏三极管，在无光照射时，光电三极管处于截止状态，无电信号输出。当光信号照射光电三极管的基极时，光电三极管导通，首先通过光电二极管实现光电转换，再经由三极管实现光电流的放大，最后从发射极或集电极输出放大后的电信号。

光电三极管工作原理分为两个过程：一是光电转换；二是光电流放大。最大特点是输出电流大，可达毫安级。但响应速度比光电二极管慢得多，温度效应也比光电二极管大得多。

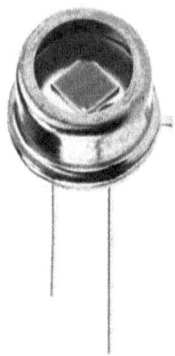

图 2.5.13　光电二极管　　　　　　图 2.5.14　光电三极管

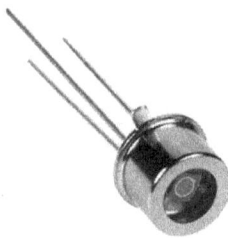

2. X 射线光电子能谱仪

X 射线光电子能谱仪（X - Ray Photoelectron Spectrometer，XPS），是利用 X 射线激发样品表面元素的内层能级电子信号，再用电子能谱仪检测光电子的动能及强度，进而确定元素的种类及价态等信息。主要用于研究材料表面的元素及元素不同价态组成。现代 X 射线光电子能谱仪可以集成 AES（俄歇电子能谱）、UPS（紫外光电子能谱）、ISS（离子散射谱）等功能。

X 射线光电子能谱仪一般由 X 射线源、电子能量分析器、电子探测器和数据系统，以及其他附件构成。除了数据系统外，其他部件都要在超高真空下运行。原因在于，在超高真空下光电子可以避免与残余气体分子发生碰撞损失，另一方面样品表面也可以避免吸附残余气体分子而影响样品结果。X 射线光电子能谱仪原理示意如图 2.5.15 所示。X 射线照射到样品上，样品表面的电子被激发出来，经过传输透镜，此后通过电子能量分析器，对光电子的动能进行分辨，再通过电子探测器，对电子进行计数，最后到达数据系统，经分析，就可以呈现出最终的 X 射线光电子能谱。

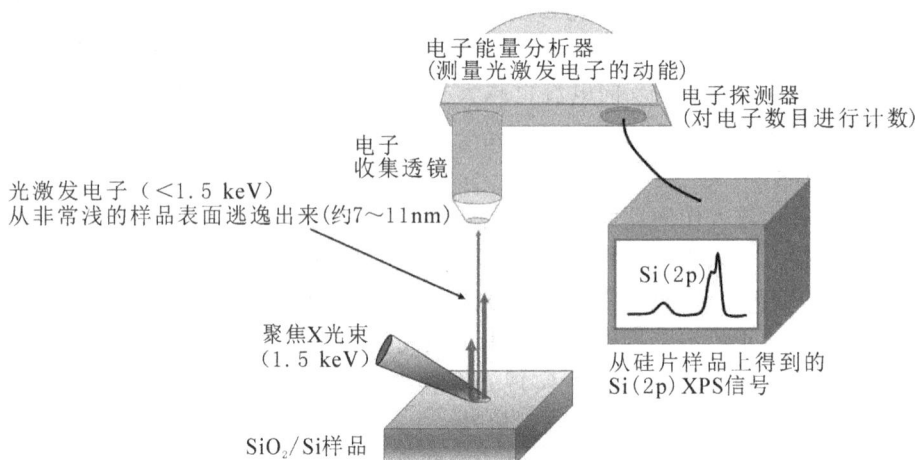

图 2.5.15　光电子能谱仪的原理示意图

3. 红外光电转速测量装置

红外光电转速测量装置原理如图 2.5.16 所示，同学们可以查阅资料，研究和设计该装置。

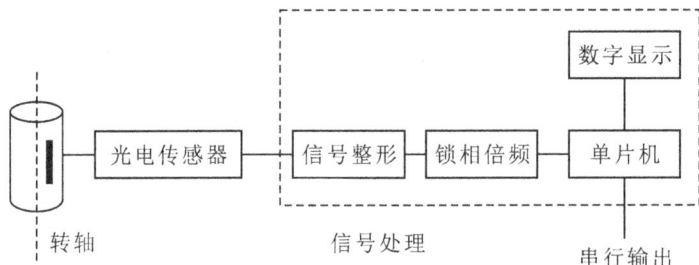

图 2.5.16　红外光电转速测量装置原理示意图

实验 6　非线性元件伏安特性的研究

【实验预习题】

(1)什么是电学元件的伏安特性？什么是线性电阻、非线性电阻？请举出两个具体实例。

(2)测量直流电阻的方法有哪些？不同方法测量电阻的范围是多少？

(3)请画出电流表内接法和外接法测电阻的电路图，请简述伏安法测电阻的优缺点。

(4)用电流表内接和外接的伏安法测电阻，在什么情况下系统误差较小？参考本实验拓展，请简述如何改进电路以消除该误差？

(5)滑动变阻器有限流接法和分压接法，请简述这两种接线方法的要点，并利用滑动变阻器和一个固定电源，设计一个可变电源的电路。

(6)请简述毫安表和电压表的读数规则。

(7)小灯泡的电阻值随电压的增加,阻值如何变化?为什么?

(8)小灯泡在通电时,在多大电压下灯丝才开始发光?灯丝各部分发光是否有先有后?升压和降压时是否一致?如何解释这种现象?

(9)参考本实验拓展,请简述电学实验的基本规程。如何应用回路接线法接线?

(10)如果实验室配备的导线有故障,如何使用万用表电压档检查故障?

在日常生活和工农业生产中,经常会使用各种各样的电气设备,如手机、台灯、计算机、电风扇、空调、手电筒等,这些电气设备正常工作时都有电路控制部分,那么什么是电路?电路是电流流经的路径,是按一定方式把用电设备或元器件与供电设备(称为电源)通过金属导线连接而成的通路,以实现一定的功能。例如,手电筒是常用的一种照明设备,手电筒电路是最简单的一个通路电路,它由电池、灯泡、开关和导线组成,如图2.6.1所示。电池、灯泡统称为电路元件,那么电路中基本的电路元件有哪些?

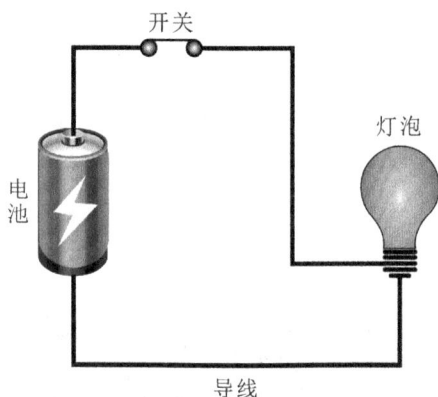

图 2.6.1 手电筒电路

常见的电路元件有:电阻、电容、电感、二极管、三极管等,实物如图2.6.2所示。电路元件在使用之前,必须要了解其电学特性,而电路元件最基本的电学特性就是伏安特性。接下来从电学元件的伏安特性开始了解本实验。

色环电阻　　　　电解电容　　　　电感　　　发光二极管　　　二极管　　　三极管

图 2.6.2 常见的基本电路元件

【实验目的】

(1)掌握电学仪器的使用、电学实验规程、电路接线方法。

(2)掌握测量电路元件伏安特性的基本方法和伏安法测电阻的误差估算及修正方法。

(3)测绘电流表内、外接时小灯泡的伏安特性。

(4)掌握电表的读数方法。

(5)掌握伏安特性曲线的绘制方法。

【实验仪器】

多路直流稳压稳流电源(见图2.6.3)、0.5级直流毫安表(见图2.6.4)和0.5级直流电压表(见图 2.6.5)、滑动变阻器(1 A、50 Ω)(见图 2.6.6)、小灯泡 R_x(12 V、0.1 A)、万用电表(检查电路用)、单刀双掷开关(见图 2.6.7)、导线。

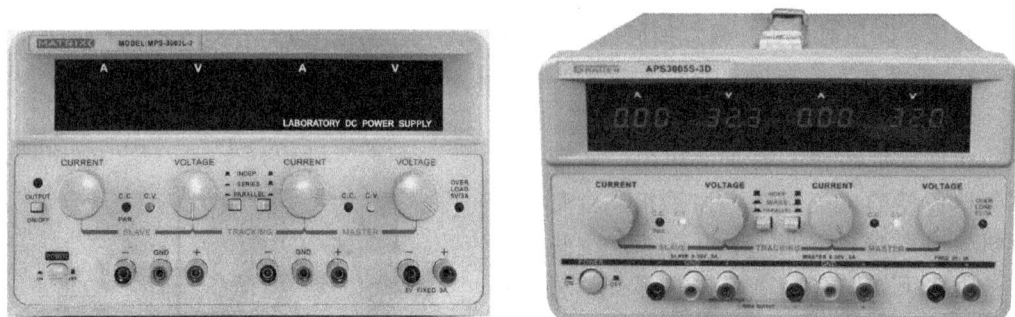

图 2.6.3　多路直流稳压稳流电源

图 2.6.4　0.5 级直流毫安表

图 2.6.5　0.5 级直流电压表

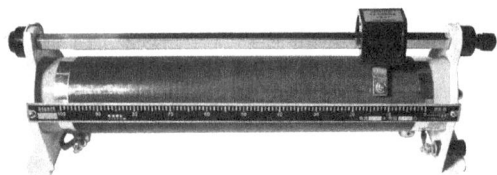

图 2.6.6　滑动变阻器

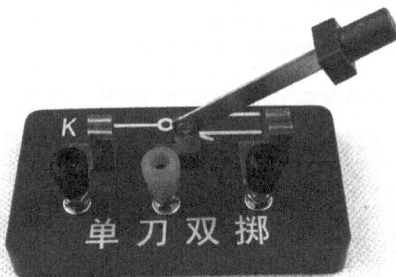

图 2.6.7　单刀双掷开关

【实验原理】

1. *概念和方法*

什么是电路元件的伏安特性？流过元件的电流 I 随外加电压 U 变化的关系称为元件的伏安特性，伏安特性表达式为 $I = f(U)$。

根据元件的伏安特性，可将元件分为线性元件和非线性元件。

流过元件的电流随外加电压增加而线性增加，两者的比值 R 为定值，其伏安特性曲线是一条直线，这种元件称为线性电阻，如碳膜电阻、金属膜电阻、线绕电阻等。若元件两端的电压与流过元件的电流的比值 R 不是一个定值，它的伏安特性曲线不是一条直线，这种元件称为非线性电阻，如图 2.6.2 中的二极管和三极管以及白炽灯、热敏电阻、光敏电阻等。

非线性元件伏安特性所反映的规律，必然与一定的物理过程相联系，利用非线性元件研制成的各种传感器、换能器，在压力、温度、光强等物理量和自动控制方面有十分广泛的应用。对于非线性元件特性的研究，将有利于有关物理过程的理解和认识。

研究非线性元件特性最常用的方法是伏安法。所谓伏安法是指通过测量元件两端的电压和流过元件的电流来研究元件特性的方法，用这种方法进行测量，必须按照待测元件的特性来设计电路，还要考虑测量仪表的内阻、量程和灵敏度对测量结果的影响。为了使测量结果更加准确，还可以使用电桥、电势差计、示波器等仪器进行测量。

在画伏安特性曲线时，通常以电压 U 为横坐标，电流 I 为纵坐标。对于一定的电路元件，只要流过电流，就有与之对应的电压降，在伏安特性曲线上就是某点的坐标值，其电压与电流的比值是一个电阻值，该阻值称为等效电阻或静态电阻，其物理意义是什么？静态电阻表示元件对电流的阻碍作用。

伏安法有电流表内接和电流表外接两种接线方法，如图 2.6.8 所示，这两种方法都有误差。两种接线方法在电流、电压比较小时可以任意选择，在电压比较大时，应选择误差小的接线方法。

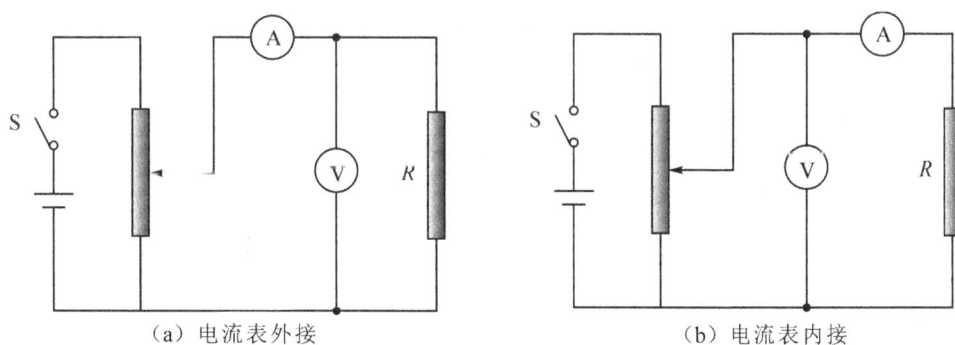

|（a）电流表外接 | （b）电流表内接 |

图 2.6.8　电流表内、外接电路图

本实验中，我们以小灯泡为例，改变其两端电压，测量流过小灯泡的电流来研究其内、外接的伏安特性，并对数据进行分析，比较电流表内、外接的差异（电路如图 2.6.9 所示）。接下来了解电流表内、外接的判断依据、系统误差的修正及消除方法。

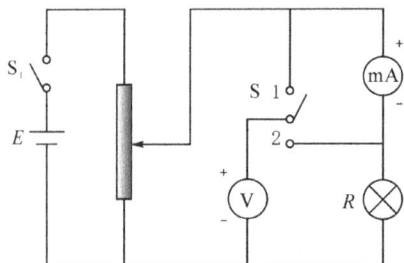

图 2.6.9　电流表内、外接时小灯泡的伏安特性电路

2. 电流表内、外接的判断依据、系统误差（方法误差）的修正及消除方法

伏安法测电阻时，被测量电流或电压总有一个量测不准，使得电阻值不是偏大就是偏小，从而引入测量误差，误差产生的原因是实际电流表内阻不为零、电压表内阻也不是无穷大。对于确定的元件，用伏安法测电阻时，为了减小测量误差，选择电流表内接还是外接，判断依据如下：

设待测元件电阻的真实值为 R，测得值为 R_x，电流表的内阻为 R_A，电压表的内阻为 R_V。

（1）当采用电流表外接时，如图 2.6.8(a) 所示电路，电流表测出的电流 I 值偏大，根据 $R_x = U/I$ 可知，测得值 R_x 偏小，可推导出电阻的真实值

$$R = R_x\left(1 + \frac{R_x}{R_V}\right)$$

由此可见，当 $R_x \ll R_V$ 时，采用电流表外接法误差小。

（2）当采用电流表内接时，如图 2.6.8(b) 所示电路，电压表测出的电压 U 值偏大，根据 $R_x = U/I$ 可知，测得值 R_x 偏大，可推导出电阻的真实值

$$R = R_x\left(1 - \frac{R_A}{R_x}\right)$$

由此可见，当 $R_x \gg R_A$ 时，采用电流表内接法误差小。

（3）当 $R_V \gg R_x \gg R_A$ 时，采用两种接法都可以。

但是如果将电路进行一定的变换，变换成补偿法测电压（参考本实验拓展），就消除了伏安法测电阻时方法上的误差。

【实验内容与步骤】

（1）掌握直流稳压电源的使用、滑动变阻器 R 的分压接法、毫安表和电压表的正确读法、单刀双掷开关 S 的使用，按图 2.6.9 接线。

（2）经教师检查电路确认无误后开始实验：调节稳压电源和分压器的输出，使输出电压在 $0.00 \sim 10.00$ V 范围内变化，在每个电压节点处，记录 S 分别打向"1"（内接）"2"（外接）时电流表的示值，参考表格 2.6.1 记录数据。

【数据记录及处理】

（1）按表 2.6.1 进行数据记录。

表 2.6.1　电流表内、外接数据表

U/V	0.00	0.50	1.00	1.50	2.00	2.50	3.00	4.00	5.00	6.00	7.00	8.00	9.00	10.00
$I_{内接}/mA$														
$I_{外接}/mA$														

（2）画电流表外接时小灯泡的伏安特性曲线。

（3）根据曲线计算 $U = 4.50$ V 时的静态电阻和动态电阻，并计算静态电阻的标准不确定度 $u(R)$。计算过程如下：

由 $R = U/I$，先推导出 R 的合成相对标准不确定度的公式：

$$u_{cr}(R) = \frac{u_c(R)}{R} = \sqrt{\left[\frac{u(U)}{U}\right]^2 + \left[\frac{u(I)}{I}\right]^2}$$

0.5 级电流表和 0.5 级电压表的测量范围上限分别为 I_{max}、U_{max}，在参考条件下基本误差的极限即仪器误差 ΔI_m、ΔU_m 分别为

$$\Delta I_m = 0.5\% \cdot I_{max}，\quad \Delta U_m = 0.5\% \cdot U_{max}$$

因为只测量 1 次，电流 I 和电压 U 的标准不确定度就取其 B 类标准不确定度，分别为

$$u(I) = u_B(I) = \Delta I_m/\sqrt{3} = 0.5\% \cdot I_{max}/\sqrt{3}$$

$$u(U) = u_B(U) = \Delta U_m/\sqrt{3} = 0.5\% \cdot U_{max}/\sqrt{3}$$

R 的合成标准不确定度为

$$u_c(R) = u_{cr}(R) \cdot R$$

【实验拓展】

1. 多路直流稳压稳流电源

多路可调式直流稳压稳流电源是一种具有输出电压与输出电流均连续可调，稳压与稳流自动转换的高稳定性、高可靠性、高精度的多路直流电源。其可同时显示输出电压和电流值，具有固定输出：5 V/3 A，并具有电流限制及保护特征。

两路可调电源可单独使用（需将"TRACKING"中的两按钮分别弹起），也可进行串联和并联使用。串联时最高输出电压可达两路电压额定值之和，并联时最大输出电流可达两路额定电流之和。

1）作为稳压电源使用时调节方法

开机后先将"CURRENT"（即电流）调节旋钮顺时针调至最大，再分别调节"VOLTAGE"（即电压）调节旋钮使输出电压至需求值。

2）作为恒流电源使用时调节方法

开机后先将"VOLTAGE"（即电压）调节旋钮顺时针调至最大，同时将"CURRENT"（即电流）调节旋钮逆时针调至最小，接所需的负载，调节"CURRENT"（即电流）调节旋钮，使主、从动路的输出电流分别达到所需值。

2. 滑动变阻器

滑动变阻器是可以连续改变电阻值的电阻器。

1）结构

滑动变阻器结构如图 2.6.10 所示，其是将一根涂有绝缘膜的电阻丝均匀地密绕在绝缘瓷管上制成的。电阻丝的两端引出线固定在接线柱 A、B 上，作为变阻器的两个固定端。与密绕电阻丝紧贴着的滑动触头 P（滑动触头 P 与电阻丝相接触处的绝缘膜已刮掉）通过瓷管上方的铜条与接线柱 C 相连，称作滑动端。这样，当滑动触头 P 在铜条上来回滑动时，就改变了 A、C 和 B、C 之间的电阻。

2）用途

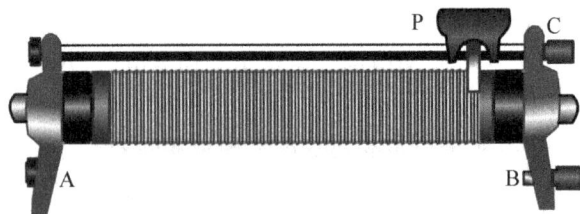

A，B—固定端；P—滑动触头；C—滑动端。

图 2.6.10　滑动变阻器

滑动变阻器的具体用法有 3 种：

（1）做固定电阻 —— 导线接 A、B 两个接线柱即可。

（2）做可变电阻 —— 导线接 A、C（或 D）或 B、C（或 D）均可，只要改变滑动触头 P 的位置，就可以达到改变电阻的目的。

（3）做分压器 —— A、B、C（或 D）3 个接线柱都要接线。具体接法为：先将滑动变阻器的两个固定端 A、B 分别与电源的正、负极相连，再将滑动端 C 和固定端 B 接入电路。

3. 电流表和电压表

（1）直流电流表：准确度等级 0.5 级，多量程电流表：100 mA/200 mA/500 mA。

使用时，要把电流表串联在待测电路中，使电流从电流表的正端流入，从负端流出。

（2）直流电压表：准确度等级 0.5 级，多量程电压表：5 V/10 V/20 V。

使用时，要把电压表并联在待测电阻的两端，并将电压表的正端接在电位高的一端，负端接在电位低的一端。

（3）机械调零：调节面板上的"机械调零"旋钮即可。

（4）电表的读数：不能根据"格数×量程换算的倍数值"作为读数值。读数时应根据所选量程、表盘总格数及电表级别来确定电表读数的有效位数。

正确读数方法为：首先根据所选量程及表盘总格数，得到最小分度值，然后读出指针指示的整数值，一般要再估读一位。此估读位不能简单地认为估读到最小分度的 1/10，应计算出该量程的最大绝对误差，测得值的末尾应与最大绝对误差位对齐，然后按照实际情况（最小分度值，分度的宽窄，指针的粗细等）估读到最小分度的 1/10～1/2。

如图 2.6.11 所示电流表的级别为 a 级（0.5 级）、量程为 X_m（0～100 mA），表盘上有100 格，最小分度值为 1 mA，则示值的最大绝对误差 $\Delta_仪 = X_m \times a\% = 100 \times 0.5\% =$

图 2.6.11　100 mA 电流表

0.5 mA,说明误差位在小数点后一位上。读数时,按指针指示位置先从表盘上读出整毫安值,不足 1 mA 时,可读取最小分度的十分之一,此时测得值的末位与最大绝对误差对齐。

（5）常用电气测量指示仪表度盘上的标记符号:根据国家标准规定,电气仪表的主要技术性能都用一定的符号标记在仪表度盘上,表 2.6.2 是指示仪表度盘上常见的一些标记符号。

表 2.6.2　指示仪表度盘上的标记符号

名　称	符　号	名　称	符　号
安培表	A	磁电系仪表	
毫安表	mA	电磁系仪表	
微安表	μA	电动系仪表	
伏特表	V	静电系仪表	
毫伏表	mV	感应系仪表	
千伏表	kV	直流	—
欧姆表	Ω	交流（单相）	~
兆欧表	MΩ	交流和直流	≃
负端钮（负极）	—	以标度尺长度百分数表示的准确度等级,例如 1.5 级	1.5
正端钮（正极）	+	以上量限的百分数表示的准确度等级,例如 1.5 级	(1.5)
公共端钮	*	仪表垂直放置标度尺位置为垂直的	⊥ ↑
接地端钮		仪表水平放置标度尺位置为水平的	→
与机壳或底板连接端钮		绝缘耐压试验电压 2 kV	☆ ⚡2kV
调零器		Ⅱ级防外磁场及外电场	Ⅱ Ⅱ

4. 补偿法

伏安法测电阻的依据是"一段电路的欧姆定律"，电路如图 2.6.12 所示，无论是电流表外接还是电流表内接，被测量值电流或电压中总有一个测不准，所谓测量小电阻用电流表外接法（见图 2.6.12(a)）、测量大电阻用电流表内接法（见图 2.6.12(b)），都只能是减小误差而没有从方法上加以消除。

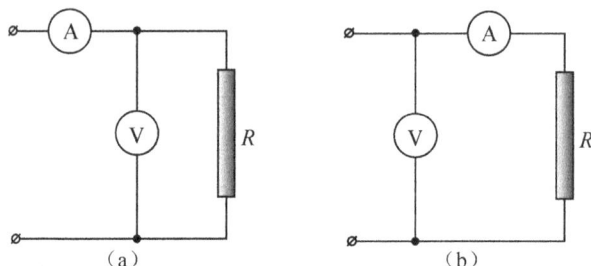

图 2.6.12　伏安法电路图

在图 2.6.12(a)中补充一些仪器和元件，变成图 2.6.13 所示的电路，图中虚线左侧，就是图 2.6.12(a)，虚线右侧增加的电路是为了测电压。测量过程为：S_1、S_3、S_4 断开，S、S_2 闭合，调节 R_1 到某一组 I、U 值；闭合 S_3、S_4 调节 R_2，使电压表 V_2 变化到和 V_1 相同；然后断开 S_2，闭合 S_1，此时检流计 G 中一般还有电流流过，细心调节 R_2，使检流计 G 指"0"，此时 a、b 两点等电势，V_2 的示值正好和 R 上的电压降相同，这就准确地测出了电阻 R 上的压降。由于 a、b 两点等电势，ab 支路没有电流，所以电流表指示的值就是流过 R 的电流，从而实现了正确测量电阻 R 的电压、电流。这个电路消除了原电流表外接引起 V_1 分流而产生的误差。

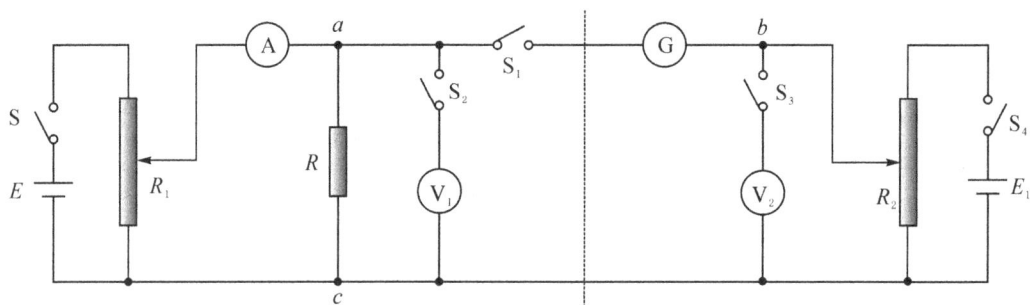

图 2.6.13　补偿法原理图

由上述分析可知，尽管测量过程不可避免地会改变被测系统的原始状态，使得被研究对象或被测量产生一些变化和误差。但是通过一定方式改变一些条件或结构，甚至补充一些能量，以补偿这些影响，使系统保持原始（或理论规定的）状态，或消除某些附加误差，这就是补偿原理的思想，这种方法叫作补偿法。

5. 电学实验操作规程

通常，做电学实验都需要对照原理图进行连线，即把实验所用电源、仪器、线路板或元件用导线连接起来，检查无误后，才能进行实验操作和测量等其他工作。为了使实验顺

利进行,电学实验一定要遵守电学实验的规程,须养成良好的操作习惯,现对电学实验一般的操作规程简要说明如下:

(1)首先熟悉电路原理图。了解各仪器、元件在电路中的作用及使用方法。

(2)布置好仪器、电路板。依据"布局合理、操作方便、易于观察、实验安全"的原则,将实验所用全部仪器和元件摆放在合适位置。一般是将经常要调节或者要读数的仪器放在近处,其他仪器放在远处,具有高压的仪器要远离人身。

电路中的各器件要处于正确的使用状态。例如接通电源前,电源输出电压和分压器输出电压均置于最小位置、限流器的接入电阻置于最大位置、电表要选择合适的量程、电阻箱的阻值不能为零等。

(3)接线前需要先将所需电源调整好,然后关闭电源待用。

(4)在断开电源的情况下,对照电路图正确接线,可采用回路接线法(参考本实验拓展)。首先按主要回路依次连接,再接其他附属线路。一般从电源的正极开始,按高电势到低电势的顺序一个回路一个回路地接线。例如,第一个回路接好后,再接下一个回路,切忌乱接线。同时注意电源正、负极和电表的正、负接线柱不要接反。

(5)接好电路后,要仔细对照原理图检查线路,待检查线路完全正确且各器件确实处于正确使用状态时,才可接通电源。这就是"先接线路,后接电源"的原则。

(6)实验时,要注意电表的指示,防止电压或电流超过电表的量程或电学仪器的额定值。如发现不正常现象(如指针反偏等)应立即切断电流,查找原因,排除故障(参考本实验拓展)。测量前先要对线路的调节和现象作定性的、全面的观察和了解,以便测量时心中有数。

(7)实验完成后,应将线路中各个电学仪器调节到最安全的位置。实验数据经教师检查认可后再拆线,注意拆线前应关闭电源。这就是"先断电源,后拆线路"的原则。

6. 回路接线法

电学实验中,正确接线是做好实验的关键。这里建议采用回路接线法,这种接线方法比较科学。它可以使导线分布均匀,不会过多地集中于一个接线柱上,而且,在接好的线路中便于查线,便于排除故障。现介绍如下:

(1)将电路中所用开关全部断开,电阻器要有适当的阻值。

(2)从电路的电源正极出发,将电路分成若干个闭合回路,可用 Ⅰ、Ⅱ、Ⅲ 等序号和箭头标记回路,应注意的是,每个闭合回路中箭头的出发点,都是回路的高电势端。例如图 2.6.8(a),可分成了三个闭合回路。

(3)从电源正极出发开始接线,按箭头(顺指针)方向走线,碰到什么接什么,接完一个回路,再接下一个回路。如图 2.6.8(a)的情况,接完三个回路,终止于电压表的负极,接线完毕。

7. 故障排除

当电路发生故障时,如能观察出故障发生在哪个回路,就不必拆线,可直接用万用电表的电压档在电路通电的情况下查找。从故障发生的所在回路查起,逐点查向电源。常用等电势法查导线的通断,导线好的,它两端电压为零,导线断的,它两端就出现电压。用这种方法可以较快判定故障所在,但不适合检查电压太小的部位。如无法确定故障发生的部位,则可从电源出发查找,用电压法检查。把万用电表直流电压档的"—"表笔接于电源负极,"+"表笔接到电路各点,观察各点相对于电源负极的电压,看是否正常,从而判断故障所在。

8. 直流电表

直流电表按照测量机构工作原理的不同可分为磁电系、电磁系、电动系、静电系、感应系等多种类型。每一种类型的电表有其各自的特性,因而具有不同的用途。物理实验中常用的是磁电系电表。本实验中使用的直流电流表、直流电压表及表头都是磁电系仪表。

（1）磁电系仪表的工作原理。

磁电系仪表的工作原理是以永久磁铁气隙中的磁场与其中的载流线圈（称动圈）相互作用为基础,将被测量的电流以电表指针的偏转角位移来表示。磁电系仪表的测量机构如图 2.6.14 所示,主要由固定的永久磁铁和活动的线圈构成,指示被测电流大小的指针和可转动的线圈装在同一个轴上。

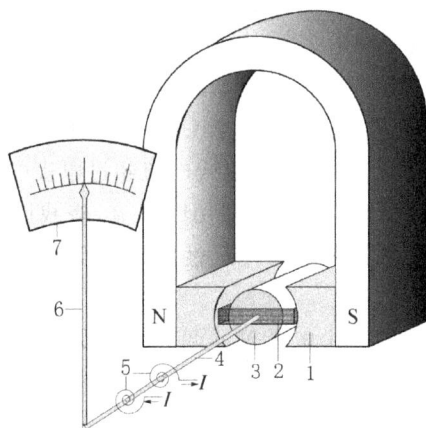

1—有均匀辐射磁场的永久磁铁；2—可转动线圈；3—圆柱形软铁芯；

4—转动轴；5—固定螺旋弹簧；6—指针；7—刻度盘。

图 2.6.14　磁电系仪表的测量机构

测量机构有三个功能。第一个功能为产生偏转力矩。当电流表接入电路中,动圈中有电流流过时,动圈在永久磁铁磁场中受到偏转力矩的作用,带动指针随之偏转,其偏转力矩的大小为

$$M = BINA$$

式中,B 为磁铁空气隙中的磁感应强度；I 为通过动圈的电流；N 为动圈匝数；A 为动圈的有效面积。

测量机构的第二个功能是产生反作用力矩。为了获得特定的指示,当偏转力矩作用在电表的活动部分使它发生偏转时,活动部分还必须受反作用力矩作用,并且这个反作用力矩还必须随偏转角的增大而增大。当偏转力矩和反作用力矩大小相等时,指针就停下来,指示出被测电流的数值。反作用力矩可以用游丝产生,其大小为

$$M' = C\theta$$

式中,C 是反作用力矩系数,它取决于游丝的材料、几何形状；θ 为指针偏转角度。偏转力

矩与反作用力矩平衡,即二者大小相等,$M = M'$。则有

$$\theta = \frac{BNA}{C} \cdot I$$

可见电表动圈(即指针)偏转角与动圈面积 A、匝数 N、磁感应强度 B 和电流 I 成正比,与游丝的反作用力矩系数 C 成反比。当电表一经制成,B、N、A 和 C 都是定值。又因为磁铁极掌与圆柱形铁芯之间的气隙中的磁场是均匀辐射状的,如图 2.6.15 所示,因此动圈的偏转角仅与动圈中所通过的电流成正比,这样,刻度标尺是均匀的,这就是磁电系仪表的基本工作原理。如用 S_L 代替 BNA/C,则

$$\theta = S_L I$$

一般把 S_L 叫作电流灵敏度,表示每单位电流的偏转角度。

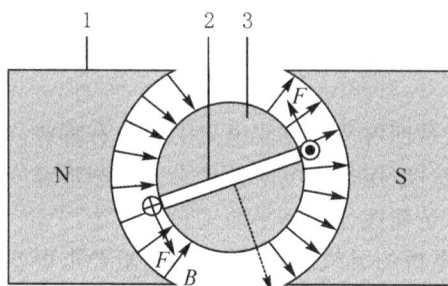

1—磁铁;2—动圈;3—铁芯。

图 2.6.15 均匀辐射磁场

测量机构的第三个功能是产生阻尼力矩。实际上,因为电表活动部分有转动惯量 J,所以当偏转量变化时,将产生加速力矩 $J \cdot \mathrm{d}^2\theta/\mathrm{d}t$,导致指针在平衡位置左右摆动,不能很快停下来。为了防止输入电流变化引起过度振荡,必须提供阻尼力矩 $D\mathrm{d}\theta/\mathrm{d}t$,让它在活动部分运动时,发挥阻尼作用,$D$ 为阻尼系数。一般利用绕制线圈的铝框架形成涡流来产生阻尼力矩。

所以,当电流通过线圈时,通电线圈在磁场中偏转,产生磁力矩,当它转动时又产生感应电流,因此线圈受到制动作用(有悬丝的反抗力矩、电磁阻尼力矩、空气阻尼力矩等),在磁力矩 $M_磁$ 和制动力矩 $M_制$ 的作用下使线圈平衡在某个位置上。线圈偏转角度的大小与通过的电流大小成正比(也与加在电流计两端的电势差成正比),而线圈偏转的角度,通过指针的偏转可以直接指示出来,所以上述电流或电势差的大小均可由指针的偏转直接指示出来。

电表允许通过的最大电流称为电表的量程,用 I_g 表示,这个电流越小,电表灵敏度越高。电表的线圈有一定的内阻,用 R_g 表示。I_g、R_g 是表征电表特性的两个重要参数。

(2)检流计。

上述测量机构称为磁电系表头,只允许通过较小的电流,直接用表头制成的电表为检流计。

实验 7　金属材料电阻温度系数的测定

【实验预习题】

（1）金属电阻温度计依据的原理是什么？

（2）电阻温度系数的物理意义是什么？请简述本实验测电阻温度系数的思路。

（3）请画出直流单臂电桥的电路原理简图，请回答什么是电桥的平衡条件。

（4）有人先将待测电阻接到电桥的 R_x 两个接线柱上，然后用万用表欧姆挡测量它的阻值，这样操作对吗，为什么？

（5）若待测电阻一端接入直流单臂电桥，另一端没有接入（或断开），电桥能否调节平衡，为什么？

（6）请简述如何用电阻箱、检流计、电源及导线自组电桥，并用其测量一个百欧级的固定电阻。

（7）结合学过的知识，请回答测量直流电阻的方法有哪些，哪种方法较精确，为什么？

（8）热敏电阻有什么特性？用热敏电阻为什么可以测量温度？

（9）参考本实验拓展，请简述什么是平衡法和比较法。

（10）请思考：什么是电桥的灵敏度？如果测量电阻要求误差小于万分之五，那么电桥灵敏度要求多大？

温度与人类生活密切相关，是表征物体冷热程度的物理量，是国际单位制中七个基本物理量之一。温度在生产实际、科学研究中是一个普遍且重要的测量参数。随着科技的发展，温度的测量方法也呈现多样性。例如，要测量体温，在准确度要求不高的情况下，可以采用酒精温度计（测量范围：$-117 \sim 78$ ℃）或者水银温度计（测量范围：$-33 \sim 357$ ℃）。而在很多工业场合中，经常需要测量更高的温度，此时可以使用金属电阻温度计，比如铂电阻温度计是目前最精确的金属电阻温度计，标准铂电阻温度计测量范围为 $-259.35 \sim 961.78$ ℃，一款数显的铂电阻温度计如图 2.7.1 所示。

图 2.7.1　一款数显的铂电阻温度计

那么，金属电阻温度计如何测量温度？金属电阻温度计是利用金属阻值随温度的变化规律来测量温度。选择性能好（参考本实验拓展）的金属材料制成测温元件，测量时将其放入待测介质中，用测电阻的仪器测其电阻变化，再根据已知的电阻与温度的关系，便可得到待测介质的温度。例如利用高纯铂丝作为感温元件，可制成铂电阻温度计，与其他温度计相比，具有测温准确、精度高的优点。本节实验研究金属材料的电阻随温度的变化规律，并测量金属材料的电阻温度系数。

【实验目的】

（1）了解金属材料电阻随温度的变化规律。

（2）学习用直流单臂电桥测量电阻的原理和方法。

（3）了解金属电阻温度计的设计原理。

（4）掌握电学平衡法和比较法。

（5）学习用线性拟合法或作图法处理实验数据，求解金属材料的电阻温度系数。

【实验仪器】

QJ23a 型直流电阻电桥（见图 2.7.2）、智能温控实验仪和加热炉（见图 2.7.3）、待测金属电阻（铜电阻）（见图 2.7.4）、万用表（见图 2.7.5）。

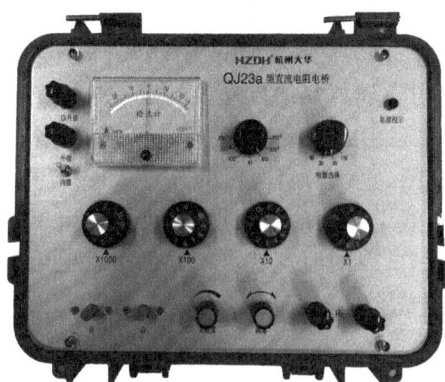

图 2.7.2 QJ23a 型直流电阻电桥

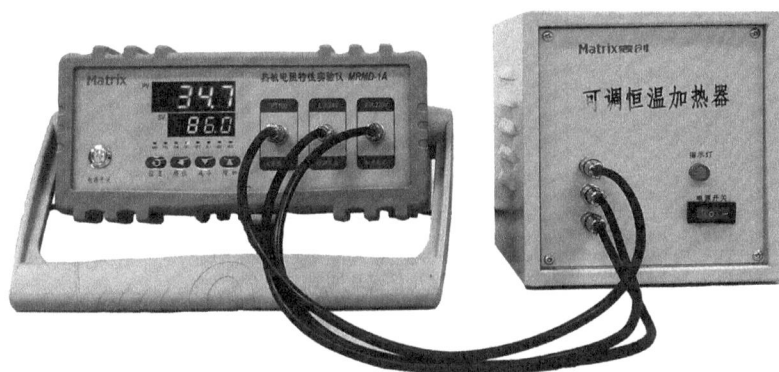

图 2.7.3 智能温控实验仪和加热炉

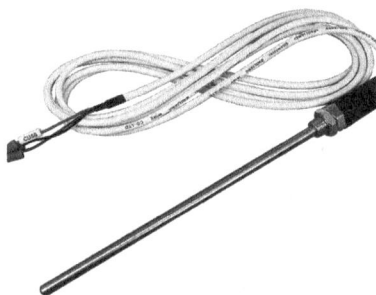

图 2.7.4 铜电阻

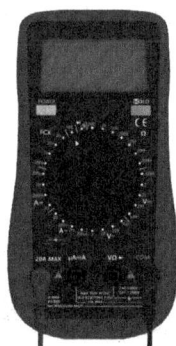

图 2.7.5 数字万用表

【实验原理】

1. 金属材料电阻随温度的变化规律是什么？

一般用纯金属材料制成的电阻，其阻值随温度的升高而增大，在温度不太高的情况下，电阻值随温度变化近似线性关系，可记为

$$R_t = R_0(1 + \alpha t) \qquad (2-7-1)$$

式中，R_t 是 t ℃ 时的电阻值；R_0 是 0 ℃ 时的电阻值；α 称为金属材料的电阻温度系数（参考本实验拓展）。严格地说，α 和温度有关，但在 0 ~ 100 ℃ 范围内，α 的变化很小，可以认为不变。那么 α 的物理意义是什么？α 表示金属的温度每升高 1 ℃，其电阻对于 R_0 的相对变化量。α 与哪些因素有关？α 与金属材料的性质及纯度有关。

那么如何通过实验测定 α？由式（2-7-1）可知，只要测出一组不同温度 t 时的金属电阻 R_t 的值，作出 $R_t \sim t$ 曲线图（直线），当温度的起点从 0 ℃ 开始，则直线的截距即是 0 ℃ 的电阻值 R_0，再通过读取直线上合适的数据点，便可求得金属材料的电阻温度系数 α 值，如图 2.7.6 所示。利用式（2-7-1）的原理就可以制成金属电阻温度计（参考本实验拓展），铂、铜、钨和铁等材料都能制成金属电阻温度计，但以铂为最好。

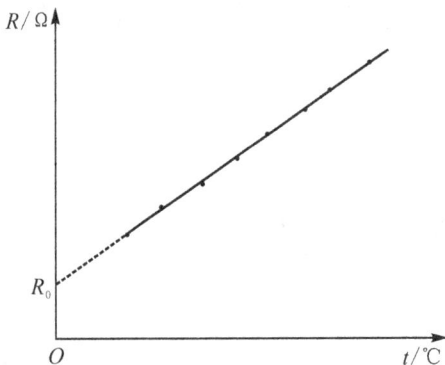

图 2.7.6 R_t-t 曲线图

上面我们了解了金属电阻温度系数的测量原理，接下来，实验中就需要测量温度及该温度下金属的电阻值。温度测量可以用测温仪器，如水银温度计、酒精温度计或数显的金属电阻温度计等；电阻测量的仪器或方法比较多，可以按准确度来选择测量仪器或方法，直流单臂电桥（也称惠斯通电桥）测电阻可以达到比较高的准确度。本实验中，温度测量使用数字显示智能温控实验仪、电阻测量使用直流单臂电桥，接下来我们重点了解电阻的测量。

2. 电阻测量

电阻是电学中的基本物理量，电阻测量是最基本的电学测量之一。

测量电阻的方法有哪些？测量电阻的方法有万用表法、伏安法、电桥法等。电桥法是测量电阻的常用方法，利用桥式电路制成的各种电桥是用比较法进行测量的仪器。本实验采用电桥法测电阻。下面介绍电桥法、电桥的分类及直流单臂电桥。

电桥法是利用待测电阻与标准电阻做比较来确定其阻值的一种方法。由于标准电阻本身误差非常小，因此，电桥法测电阻可以达到很高的准确度。电桥法的应用有哪些？电

桥法在电测技术中应用极为广泛,不仅能够测量很多电学量,如电阻、电容、电感、频率以及电介质和磁介质的特性等,配合其他的变换器,还能测量某些非电量,如温度、湿度、微小位移等。电桥应用之所以广泛,原因在于它具有测试灵敏、准确度高和使用方便等特点。

电桥的分类及其测试直流电阻的范围?电桥分为直流电桥与交流电桥两大类,直流电桥是用来测量电阻或与电阻有关的物理量的仪器,交流电桥(参考本实验拓展)主要用来测量电容、电感等物理量。直流电桥又分直流单臂电桥和直流双臂电桥,直流单臂电桥主要用于测量中等阻值的电阻($1 \sim 10^{6}$ Ω),直流双臂电桥(也称开尔文电桥)主要用于测量低值电阻($10^{-6} \sim 10$ Ω)。

直流单臂电桥是根据平衡法(参考本实验拓展)和比较法(参考本实验拓展)进行测量电阻的仪器。接下来详细了解直流单臂电桥。

1) 直流单臂电桥的结构及原理

直流单臂电桥的电路构成?直流单臂电桥是最常用的直流电桥,由 3 个标准电阻 R_1、R_2 和 R_3 和 1 个待测电阻 R_x 构成一个四边形,四边形的每一条边称为电桥的一个"臂";一条对角线 AC 接电源 E 支路,另一条对角线 BD 接检流计 G 支路;所谓"桥"就是指 BD 这条对角线,而检流计在这里的作用是将"桥"的两个端点 B、D 的电势直接进行比较。直流单臂电桥内部电路简图,如图 2.7.7 所示。

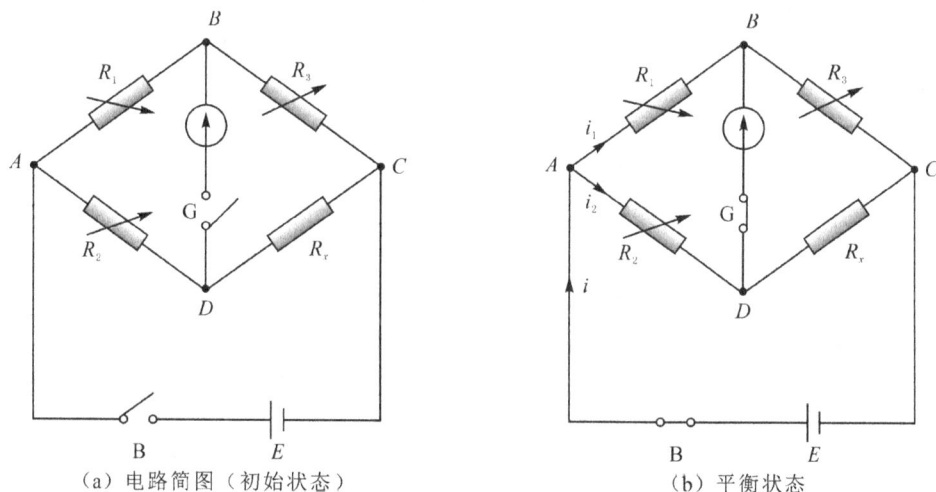

（a）电路简图（初始状态）　　　　（b）平衡状态

图 2.7.7　直流单臂电桥内部电路简图

闭合电源控制开关 B 和检流计接通开关 G,初始状态时检流计中有电流流过,一般不指零,此时电桥不平衡;但当调节 R_1、R_2 和 R_3 到适当值时,检流计中就无电流流过,而指"0"($I_g = 0$),这时称为"电桥平衡"(请分析电桥平衡时,电流的流向)。于是 B、D 两点等电势,即流过电阻 R_1 和 R_3 和的电流一样,设为 i_1;流过 R_2 和 R_x 的电流一样,设为 i_2。如图 2.7.7(b) 所示。从而有如下的关系式:

$$\left. \begin{array}{l} i_1 R_1 = i_2 R_2 \\ i_1 R_3 = i_2 R_x \end{array} \right\} \qquad (2-7-2)$$

将两式相除,得

$$\frac{R_1}{R_3} = \frac{R_2}{R_x}$$

上式就是电桥的平衡条件。它说明电桥平衡时，电桥的四个臂成比例。因此，待测电阻 R_x 的阻值为

$$R_x = \frac{R_2}{R_1}R_3 \qquad\qquad (2-7-3)$$

式中 $\dfrac{R_2}{R_1}$ 称作比率。这样，就把待测电阻的阻值用 3 个标准电阻的阻值表示出来。可见，电桥的平衡与通过电阻的电流大小无关。

实际设计与制作电桥时，是否做成 3 种（R_1、R_2、R_3）电阻盘？为什么？

为了使用方便，通常把 R_2 和 R_1 的比值做成 1 个比率盘 R_2/R_1，R_3 由 4 个可变电阻器串联而成。使用时，先估测 R_x 的数量级，然后调节 R_3 使电桥平衡，得到 R_x 的阻值。

观察式（2-7-3），考虑为什么电桥测电阻精确度高？

电桥测电阻可以达到很高的精确度，主要原因有：

（1）电桥平衡时，待测电阻是由标准电阻通过乘除运算得到的，由于标准电阻准确度高，有效数字的位数多，因此待测电阻精确度高。

（2）当电桥平衡时，其结果与电桥电源电压的稳定性无关。电源电压的微小变化（这在一般电路中是很难避免的）不会影响测量的精确度。

（3）测量精确度主要取决于检流计的灵敏度，只要选用高精度的检流计就可以达到高精确度。单臂电桥所用检流计的灵敏度可达到 10^{-6} A。

综上可知，从测量角度来看，平衡测量比直接测量灵敏度要高。因此，桥式电路在直流电路中很容易实现精密测量，因而得到了广泛的应用。

2）直流单臂电桥的使用方法

本实验用 QJ23a 型直流单臂电桥来测量电阻，其面板结构如图 2.7.8（a）所示，电桥线路如图 2.7.8（b）所示，现结合面板图介绍其使用方法。

（1）待测电阻 R_x：接在 R_x 两个接线柱之间。

（2）R_3 调节旋钮：电阻 R_3 实际是由 4 个可变电阻器串联而成。面板中标注×1000、×100、×10、×1 的 4 个转盘就是调节 R_3 的"转盘电阻器"。

（3）R_2/R_1 比率盘：它的指示值表示比率 R_2/R_1 的值，R_2 和 R_1 称为比率臂。为了读数方便，在制作时将比率转盘做成 10^{-3}、10^{-2}、10^{-1}、1、10、10^2、10^3 等 7 档。

（4）检流计调零旋钮：面板中有一个机械调零机构，可通过左右旋转，调节指针的"零点"；

（5）面板中的 B 按钮为电源控制开关，G 按钮为检流计接通开关，$G_{外接}$ 为检流计外接电源接线柱，$G_{内接}/G_{外接}$ 换向开关与之配合。

（6）测量时，为了保护检流计，开关使用的顺序为先合 B，后合 G；先松 G，后松 B。按钮开关不要一直按下，应断续使用。

【实验内容与步骤】

1. 电桥测电阻

QJ23a 型直流单臂电桥的面板结构如图 2.7.8（a）所示。

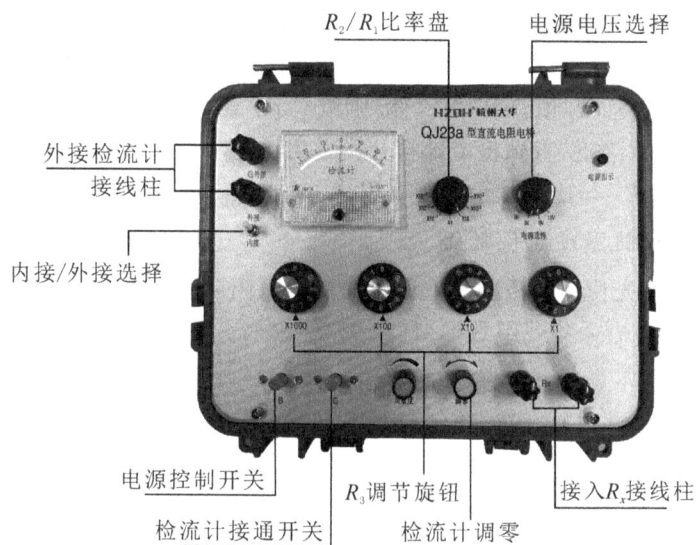

（a）面板结构

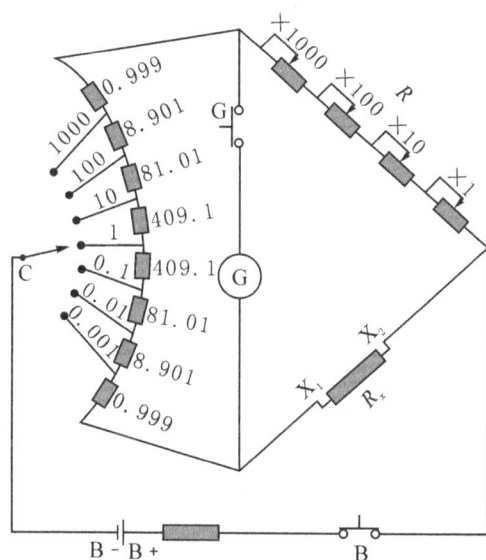

（b）电桥线路示意图

图 2.7.8 QJ23a 型直流单臂电桥

（1）将电桥左上角的检流计"内接／外接"选择开关扳向"内接"，右上角"电源选择"调为 3 V。将下方"灵敏度"调节旋钮调到中等位置。

（2）按下"G"（检流计按钮开关），观察检流计指针是否指零，如果不指零，调节电桥下方的检流计"调零"旋钮，使检流计指零。

（3）用数字万用表（参考本实验扩展）的欧姆档粗测电阻 R_x 的数值。将待测电阻接入电桥右下角"R_x"两个接线柱之间。

（4）根据 R_x 的阻值，调节比率盘以选择合适的比率。注意，为了保证测量结果有 4 位有效数字，R_3 的 4 个转盘必须全部使用，因此千欧级的待测电阻，比率选"1"；百欧级的待测电阻,比率选"10^{-1}";以此类推。

（5）接通"B"（电源控制按钮开关）、"G"（检流计按钮开关）,观察检流计指针偏转情况,偏向"＋"侧,需增加 R_3 值,偏向"－"侧,则减小 R_3 值。从千位数开始,逐步缩小 R 取值区间,逐档调节,逐次逼近,直到检流计指针指零为止。

（6）R_x 阻值为 R_3 与比率盘示值的乘积。

2. 采集铜电阻随温度变化数据

从室温开始,首先使用电桥测量室温下的待测电阻阻值,然后控制加热器开始升温,温度每变化 10 ℃ 左右采集一组数据,直到 90 ℃ 左右。

3. 注意事项

（1）每次调节电阻盘 R_3 值后接通电路时,如遇检流计指针偏转到满刻度,应立即松开按钮开关 G 和 B。

（2）为保护检流计,在使用按钮开关时,应该用手指压紧开关而不要"旋死"。按下开关 B、G 的时间不要太长。

（3）测 α 时,温控器可将温度控制在设定的温度值附近,电桥平衡时,应先读取实际的温度值,再记录电阻值。

（4）实验完毕,应检查各按钮开关是否均已松开,否则,将会损坏电源。切记!

【数据记录及处理】

（1）记录金属电阻随温度变化数据,填入表 2.7.1。

表 2.7.1　　金属电阻随温度变化数据

$t/℃$								
R/Ω								

（2）用作图法作出金属材料的 $R = f(t)$ 曲线（直线）,注意曲线大小和比例。

（3）在曲线上读取合适的数据点,也可借助数据处理软件用线性拟合法,得到 R_0 和 α。

【实验拓展】

1. 数字万用表

1）概述

数字万用表是采用集成电路、模数转换器和液晶显示器,将被测量的数值直接以数字形式显示出来的电子测量仪器。数字万用表可以测量直流电流、直流电压、交流电压、电阻等量。

2）电阻的测量

可用图 2.7.9 所示数字万用表,按下列步骤进行电阻的测量:

（1）关掉电路电源;

图 2.7.9　用数字万用表测电阻

（2）将黑表笔插入"COM"孔，红表笔插入"VΩ Hz"孔；

（3）旋转功能开关至 Ω 档；

（4）将两表笔跨接在被测电阻两端，并选择合适量程；

（5）读出 LCD 显示屏上的电阻值。

2. 金属电阻温度计

金属电阻温度计是利用金属阻值随温度的变化规律来测量温度。

大多数纯金属，当温度升高 1 ℃ 时，电阻值要增加 0.4% ～ 0.6%。作为测温元件的金属材料应满足如下条件：

（1）物理性质和化学性质要稳定，不易氧化；

（2）电阻温度系数要尽可能大；

（3）电阻与温度关系的线性要尽可能好（在一定温度范围内满足 $R_t = R_0(1 + at)$）；

（4）易于机械加工，可以拉成丝并绕成所需形状。

铂、铜、钨和铁等材料都能较好地满足这些要求，其中以铂为最好。所以常用一根很细的铂丝（尽可能是纯铂）在特制的绝缘架上绕制成线圈，封在保护套管中构成电阻温度计的测温元件。测量时将其放入待测介质中，并用导线连接到测量电阻的仪器上，如直流单臂电桥。根据已知的电阻与温度的关系，由测得的电阻值便可得到待测介质的温度（或者将电桥刻度直接刻成温度）。

因为电阻测量可以达到很高的精确度，所以金属电阻温度计是很精密的测温仪器。

半导体材料、金属氧化物、酸、碱、盐类的水溶液，在温度升高时，电阻值反而减小（即电阻温度系数为负值），但其变化率要比纯金属电阻大 4 ～ 9 倍，利用这些材料做测温元件，也可制成各种电阻温度计，但稳定性不如金属的好。

3. 交流电桥的原理

交流电桥是一种比较式仪器，在电测技术中占有重要地位。它主要用于交流等效电阻及时间常数、电容及介质损耗、自感及其线圈品质因数和互感等电参数的精密测量，也可用于非电量变换为相应电量参数的精密测量。

常用的交流电桥分为阻抗比电桥和变压器电桥两大类，一般称阻抗比电桥为交流电桥，本部分内容介绍阻抗比交流电桥。交流电桥的线路虽然和直流单臂电桥线路具有相同的结构形式，但因为它的 4 个臂是阻抗，所以它的平衡条件、线路组成以及实现平衡的调整过程都比直流电桥复杂。

1）交流电桥结构组成

交流电桥如图 2.7.10 所示，与直流单臂电桥电路相似。4 个边由阻抗元件 Z_1、Z_2、Z_3、Z_x 组成，形成电桥的 4 个臂；电桥的一条对角线 BD 接入交流指零仪，称为电桥的桥；另一条对角线 AC 接入正弦交流电源。

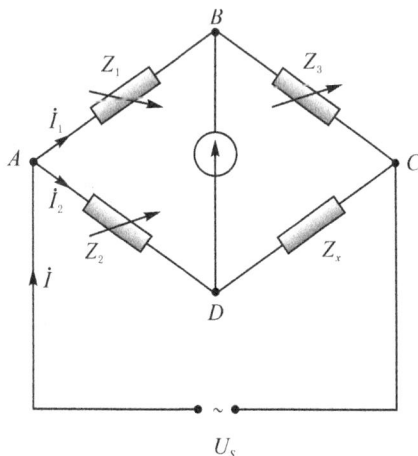

图 2.7.10　交流电桥测阻抗的原理图

2）交流电桥测阻抗的原理

调节 Z_1、Z_2 和 Z_3，使交流指零仪中无电流通过，则 B、D 两点电势相等，电桥达到平衡，此时有

$$\left.\begin{array}{c} \dot{I}_1 Z_1 = \dot{I}_2 Z_2 \\ \dot{I}_1 Z_3 = \dot{I}_2 Z_x \end{array}\right\}$$

显然，有下式成立，即

$$\frac{Z_1}{Z_3} = \frac{Z_2}{Z_x}$$

待测阻抗 Z_x 的表达式为

$$Z_x = \frac{Z_2}{Z_1} Z_3$$

利用上式，就可以求得 Z_x。

4. 平衡法（指零法）

本实验所用的直流单臂电桥体现了"平衡法"这一实验方法。平衡状态是物理学中的一个重要概念，在这种状态下，许多非常复杂的物理问题可以用比较简单的概念来描述，一些复杂的函数关系也变得非常简明，因而比较容易进行定性和定量研究。例如，用天平秤物体的质量，如果天平没有平衡，只要横梁能相对静止，还是可以通过一系列的计算，求出待测物体的质量，但显然问题就比较复杂。若指针处于"0"位置，那就变成了简单的"两盘质量相等"的结论。

又如直流单臂桥的电路是一个复杂的电路，不能用简单的串并联方法处理，但是电桥如果平衡，那么电路就变得非常简单。平衡这一概念和状态，在实验方法和测量技术中，有着极其重要的位置。

从测量角度来看，平衡测量比偏转测量灵敏度高。在测量过程中如果电源电压发生变化，若用电压表测量，电源电压的变化将直接影响测量值，后果严重。但是平衡测量，电源电压变化将均衡地反映在整个电路上，只影响平衡指示的灵敏度而不会影响示值状态。所以平衡测量具有较高的稳定性和可靠性。

综上所述，在测量中，不去研究某个被测量本身，而是让它和另一个已知量或相对参考量进行比较，通过检测其差值并使其差值为"0"，再用已知量或相对参考量描述被测量的测量方法，叫作平衡法（也称指零法）。它有以下几个共同点：

（1）有一个指"0"装置，用以判别待测系统是否达到一种特殊状态 —— 平衡。该指"0"装置本身可以不表征任何测量结果。真正的被测值，都要通过一定的函数关系求出。

（2）指"0"装置所指示的量值和被测量可以有完全不同的量纲，它只承担状态指示任务。

（3）指"0"装置不改变系统状态，从理论上讲它可以不产生误差，达到高准确度的测量。

（4）对指"0"仪器和装置本身要求并不很高，一般仪表都比较容易达到较高的准确度（对测量结果而言）。

由于上述特点，平衡法测量在精密测量或微变量测量中，具有重要的意义，它常常是提高测量准确度的关键所在。

5. 比较法

比较测量法也是物理实验中最常用的基本方法,它是将待测量与标准量进行比较来确定待测值的一种实验方法,本实验中就是将待测电阻与标准电阻进行比较来进行测量的,因比较方式的不同可分为"直接比较法"和"间接比较法"两种。

1) 直接比较法

直接比较法是将待测量与同类物理量的标准量进行直接比较的测量方法,如用米尺测长度、用天平测量质量等。同样的被测量,要求测量的精度不同,所选用的标准量也会出现差别。因直接比较法要求标准量必须与测量量有相同的量纲、且大小可比,因此有一定的局限性,因而还有间接比较法。

2) 间接比较法

对于无法直接比较的物理量,人们常常设法利用函数关系式,将它们转换为能够直接比较的物理量,然后再直接比较,这种转换比较方法就叫间接比较法,它是直接比较法的补充和延续。

与直接比较法相比,间接比较法的应用范围更广,它不仅可以对同量纲物理量间接比较,还可将不能直接比较的物理量转化成不同量纲的量进行比较,例如可以将面积转化为长和宽比较。间接比较测量仍属于直接测量。

6. 金属和合金的电阻率及其电阻温度系数

电阻率:根据欧姆定律,导体的电阻 R 与长度 L 成正比,与截面积 S 成反比,即

$$R = \rho \frac{L}{S}, \quad \rho = R \frac{S}{L}$$

式中,ρ 为电阻率。电阻率与金属和含金中的杂质有关。

金属电阻率与温度的关系:$\rho_{t_2} = \rho_{t_1}(1 + \alpha(t_2 - t_1))$,式中 α 为金属电阻温度系数。α 指的是金属的温度升高 1 ℃,其阻值对于 R_0 的相对变化量。

表 2.7.2 列出了部分金属和合金的电阻率及其电阻温度系数,以供查阅。

表 2.7.2 金属和合金的电阻率及其电阻温度系数

金属或合金	电阻率 $\rho/(\times 10^{-6}\ \Omega \cdot cm)$	电阻温度系数 $\alpha/(\times 10^{-5} \cdot ℃^{-1})$
银	1.47(0 ℃)	430
铜	1.55(0 ℃)	433
金	2.01(0 ℃)	402
铝	2.50(0 ℃)	460
钨	4.89(0 ℃)	510
锌	5.65(0 ℃)	417
铁	8.70(0 ℃)	651
铂	10.5(20 ℃)	390
锡	12.0(20 ℃)	440

金属或合金	电阻率 ρ /($\times 10^{-6}$ Ω·cm)	电阻温度系数 α /($\times 10^{-5}$·℃$^{-1}$)
铅	19.2(0 ℃)	428
水银	95.8(20 ℃)	100
黄铜	8.00(18～20 ℃)	100
钢(0.10%～0.15% 碳)	10～14(20 ℃)	600
康铜	47～51(18～20 ℃)	－4.0～1.0
武德合金	52(20 ℃)	370
铜锰镍合金	34～100(20 ℃)	－3.0～2.0
镍铬合金	98～110(20 ℃)	3～40

实验 8　金属材料弹性模量的测定

【实验预习题】

（1）什么是金属材料的弹性模量?两根材料相同但粗细不同的金属丝,它们的弹性模量值相同吗,为什么?

（2）请画出光杠杆放大原理图。请回答利用光杠杆测量长度微小变化量有何优点,如何提高它的灵敏度。

（3）请写出静态拉伸法测量弹性模量的公式。

（4）若以应力为纵轴、应变为横轴作图是否能求出弹性模量?这个图线是什么形状?

（5）实验时如果发现加砝码或减砝码时,望远镜中标尺读数相差较大;或砝码按比例改变时,标尺读数的改变量不成比例。试分析出现这种情况可能的原因有哪些?哪个是主要的?

（6）本实验使用了哪些测量长度的量具?选择它们的依据是什么?它们的仪器误差各是多少?

（7）望远镜和显微镜有哪些不同?用它们观测时应如何使用?

（8）当被测的金属丝很细(比如其直径 $d < 0.1$ mm),能否用螺旋测微器或测量显微镜测量直径,为什么?

（9）请思考:如何用光杠杆法测量纸张厚度?

（10）请思考:如何用光杠杆法如何测量固体线膨胀系数?

实际固体并不完全符合刚体的概念,它们具有某种弹性,也就是说外力可以改变它们的体积和形状。固体在外力作用下要或多或少地发生形变,如图 2.8.1 所示射箭时弓箭的变形。当形变不超过某一限度时,撤销外力之后,形变能随之消失,这种形变称为弹性形变,即物体可以恢复其原来的形状和体积。这就是固体的弹性形变阶段,弹性形变是最简单的一种情形。如果只从上述弹性形变的定义来看,则弹性形变可以看作是可逆过程,它服从胡克定律(由胡克所确定的弹性形变定律是整个弹性理论的基础),弹簧秤就是利用胡克定律制成的,如图 2.8.2 所示。当形变超过某一限度时,产生的形变在外力消失后不再恢复原状,即产生永久形变,这种形变叫塑性形变。发生弹性形变时,物体内部产生的企图恢复原状的力叫内应力,也称内力。

图 2.8.1　弓的形变　　　　　图 2.8.2　弹簧秤

胡克定律的一种表述为:在弹性限度内物体所受的应力σ(单位面积上的力)和由此而产生的应变ε(单位长度上的变形量)成正比,即 $\sigma = E\varepsilon$,式中 E 为比例常数,称为弹性模量。单位是 N/m^2,与应力σ的单位相同。弹性模量是反映材料形变与内应力关系的物理量,是表征固体抵抗弹性形变能力大小的参数,是弹性变形难易程度的指标,是工程技术中构件选材时的重要依据。

对固体来讲,弹性形变可分为四种基本形式:① 拉伸和压缩形变;② 剪切形变;③ 扭转形变;④ 弯曲形变。实际上许多复杂的形变都可以化为上述基本形式。这四种基本形变也不是完全没有联系。例如,在弯曲形变时物体中同时发生拉伸和压缩形变,在扭转时发生切变等等。

固体沿轴向拉伸和压缩形变在生产实际中经常遇到。条形物体(如钢丝)沿轴向形变的弹性模量也叫杨氏模量。本实验只对这种形变进行研究,即金属丝沿轴线方向受外力作用后的伸长形变。

测量固体弹性模量的典型方法有静态拉伸法和动力学法。静态拉伸法测量弹性模量的特点是从本身的定义出发,实验原理简单、直观、易于理解,但测量精度较低。"动力学法测杨氏模量"是用国家标准(GB/T 2105—91)推荐的测量杨氏模量的方法,即将棒状样品用细线(或刀口)悬挂(或支撑)起来,用声学的方法测出其振动时的共振频率,从而得到其弹性模量。

本实验采用静态拉伸法测量金属丝的弹性模量(杨氏模量),其中,在测量金属丝的微小变化量时应用了光杠杆放大原理。

【实验目的】

(1)掌握静态拉伸法测量钢丝弹性模量的原理和方法。

(2)掌握用光杠杆测量长度微小变化量的原理和方法。

(3)学习光杠杆和标尺望远镜的调节和使用。

(4)测定金属丝的弹性模量。

(5)学习用逐差法处理数据。

【实验仪器】

YMC－1型弹性模量测量仪(见图 2.8.3)、标尺望远镜(见图 2.8.4)、光杠杆(见图

2.8.5)、螺旋测微器(见图2.8.6)、钢卷尺(见图2.8.7)、钢直尺(见图2.8.8)、砝码等。

图2.8.3　YMC-1型弹性模量测量仪

图2.8.4　标尺望远镜

图2.8.5　光杠杆

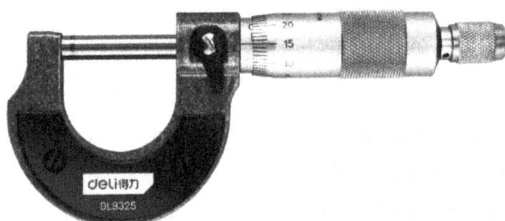

图2.8.6　螺旋测微器

图2.8.7　钢卷尺

图2.8.8　钢直尺

【实验原理】

取一长度为 l、横截面积为 S 的均匀金属丝，沿长度方向对它施以拉力 F，这时，金属丝将伸长 Δl，如图2.8.9所示。由于材料内各点轴向应力 σ 与轴向应变 ε 为均匀分布，所以轴向应力为 F/S、轴向应变为 $\Delta l/l$。根据胡克定律，物体在弹性限度内，应力与应变成正比，其数学表达式为

$$\frac{F}{S} = E \frac{\Delta l}{l} \qquad (2-8-1)$$

式中的比例系数 E 为弹性模量(杨氏模量)。它与固体材料的几何尺寸无关，与外力的大小无关，它只取决于固体材料本身的性质，是表征固体材料力学性质的重要物理量。

由式(2-8-1)可知，只要测出外力 F、金属丝原长 l 和截面

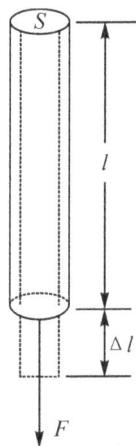

图2.8.9　轴向形变

积 S 以及在外力 F 作用下金属丝的伸长量 Δl,就可以测得金属材料的弹性模量 E。关键是如何测量微小的长度变化量 Δl?由于此变化量非常小,难于直接测量,所以本实验采用光杠杆和望远镜进行参数变换放大测量。

光杠杆是用来测量长度微小变化量或角度微小偏转的光学仪器,如图 2.8.10(a) 所示。它由固定在三足架上的可绕轴转动的平面镜 M 构成。三足尖 a、b、c 可连成一等腰三角形(有的光杠杆 ab 为一刀片),c 到前两足的连线 ab 的垂直距离为 k(即 cd),如图 2.8.10(b) 所示,其长短可以调节,ab 和镜面 M 的转轴平行,且都在垂直于 cd 的同一平面内。图 2.8.11 为光杠杆放大原理图。标尺望远镜由一个竖直的标尺 L 和望远镜 T 组成。望远镜水平地对准平面镜 M,标尺到平面镜的距离为 D。如果平面镜的镜面铅直且与望远镜光轴正交,在望远镜中可看到标尺 n_1 标度的像与目镜的叉丝水平线重合。那么在钢丝长度变化 Δl 后,c 足将随被测长度变化而升降,平面镜则对应转过一角度 θ,这时镜面法线也转过 θ 角变到 N' 处,在望远镜中则看到 n_2 标度的像与叉丝水平线重合。令标尺的读数差 $\Delta n = |n_2 - n_1|$,根据光的反射定律,可知

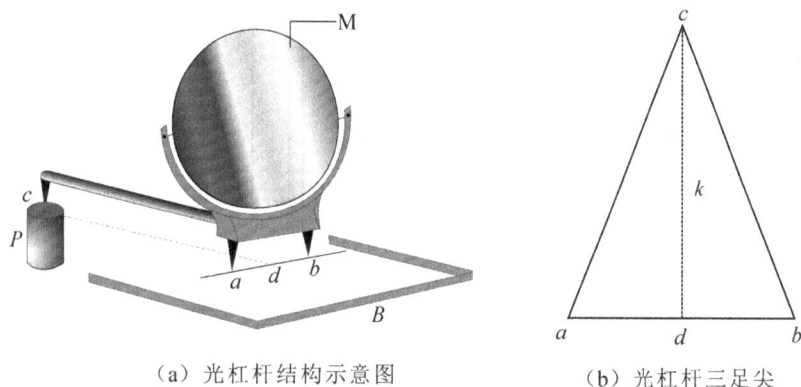

(a) 光杠杆结构示意图   (b) 光杠杆三足尖

图 2.8.10　光杠杆

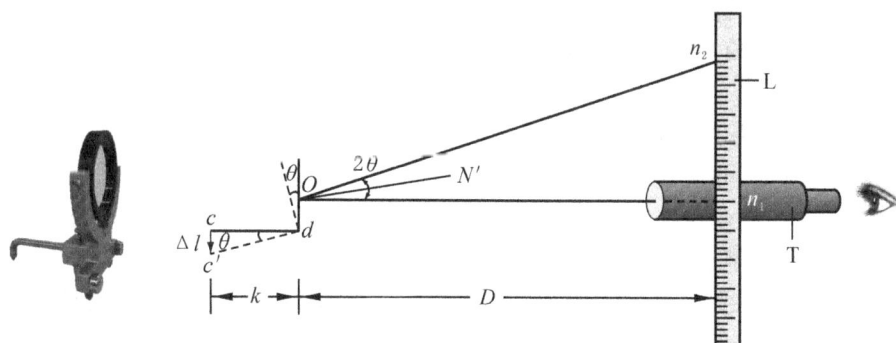

图 2.8.11　光杠杆及其放大原理图

$$\tan\theta = \frac{\Delta l}{k}, \quad \tan 2\theta = \frac{\Delta n}{D}$$

当 θ 角很小时(由于 Δl 很小),$\tan\theta \approx \theta$、$\tan 2\theta \approx 2\theta$,于是可得

$$\Delta l = \frac{k}{2D}\Delta n \tag{2-8-2}$$

由式(2-8-2)可知,长度微小变化量 Δl 可以通过测量 k、D 和 Δn 这些易测的量间接地测量出来。光杠杆的作用是将 Δl 放大为标尺上相应的读数差 Δn,Δl 被放大了 $2D/k$ 倍,$2D/k$ 为光杠杆的放大倍数,增加 D 值或减小 k 值在一定范围内可提高光杠杆的灵敏度。过分地增大 D 值会受到望远镜放大倍率和场地的限制,减小 k 值就要求对 k 的测量精确度相应地提高,还要保证 θ 角很小,满足 $k \gg \Delta l$ 的条件,所以放大倍数的提高是有限度的。

把式(2-8-2)代入式(2-8-1)中,可得弹性模量的测量公式为

$$E = \frac{l}{S} \cdot \frac{2D}{k} \cdot \frac{F}{\Delta n} \qquad (2-8-3)$$

式中,$S = \frac{1}{4}\pi d^2$;d 为金属丝的直径。

【实验装置】

图 2.8.12 所示为弹性模量仪、光杠杆及标尺望远镜所组合的弹性模量实验装置。弹性模量仪的底座有调节螺钉,用来调节立柱铅直。两立柱上端有横梁 A,A 的中间装有夹头 P′,用以固定钢丝的上端。平台 B 上有沟槽,用来承托光杠杆的两前足尖。平台上的圆孔中有滑动夹头 P,用以夹紧钢丝的下端,滑动夹头可以在圆孔中自由地上下。光杠杆的后足尖 c 支在滑动夹头 P 上,随着滑动夹头的移动 c 也跟着上下移动。滑动夹头的下方装有砝码钩,用来加挂砝码。标尺望远镜的使用参考本实验拓展。

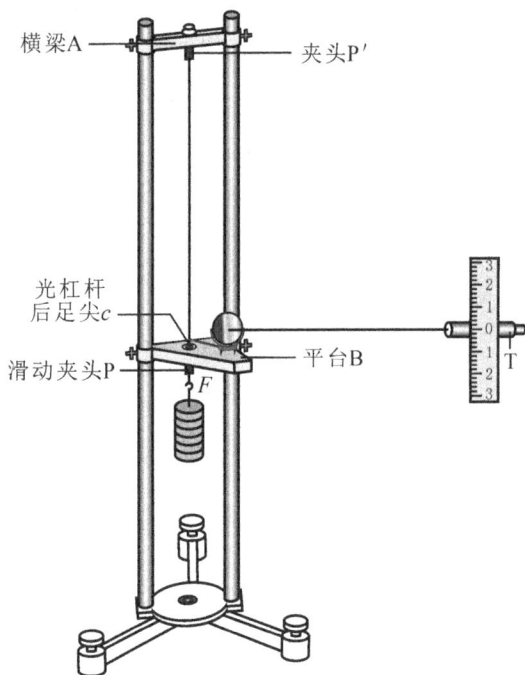

图 2.8.12　弹性模量实验装置图

【实验内容与步骤】

(1)调节弹性模量仪的底座螺钉,使立柱铅直。

(2)在滑动夹头 P 的下端挂上 1 kg 的砝码使钢丝伸直,并使其稳定。将光杠杆置于平台 B 上,将它的后足尖放在滑动夹头 P 上,且后足尖应与钢丝几乎接触,它的两前足尖(或前刀口)置于平台上的沟槽中,并粗调光杠杆镜面的法线呈水平状态。

(3)在距离光杠杆镜面前方约 2 m 处放置标尺望远镜,粗调望远镜镜筒呈水平状态,检查或调整标尺"0"刻线的高度,保证标尺"0"刻线与望远镜主光轴在同一高度。

(4)粗调望远镜镜筒与平面镜等高,望远镜主光轴垂直于镜面。

① 目测调节望远镜镜筒高低或左右移动望远镜,使得视线沿着镜筒外 V 字形缺口与准星的连线看去,位于镜面中央。

② 调节镜面的俯仰,使得视线沿着镜筒外 V 字形缺口与准星的连线看去,可以在光杠杆平面镜中看到标尺的像(具体调节方法参考本实验拓展)。

（5）精细调节望远镜镜筒与平面镜等高,望远镜主光轴严格垂直于镜面。

① 调节标尺望远镜的目镜,使分划板上的十字叉丝清晰。

② 然后缓慢旋转调焦手轮使物镜在镜筒内伸缩,直到在望远镜中看到光杠杆镜面清晰的像;调节望远镜高低或左右移动望远镜,使镜面的像位于望远镜视野的中央。

③ 再反方向旋转调焦手轮,直到清楚地看到标尺刻度像,左右微微转动望远镜,使标尺像位于望远镜视野的中央。

若标尺像上下有一部分不清晰,则微调仰角螺钉;若左右有一部分不清晰,则左右微微转动望远镜。

注意消视差调节,即反复调节目镜和调焦手轮,使标尺成像在分划板上。这样眼睛上下移动时,标尺刻线和与分划板水平线之间才没有相对移动,即视差消除。

④ 调节光杠杆镜面的俯仰及望远镜镜筒的俯仰,使标尺"0"刻线与分划板水平叉丝重合。

（6）逐个增加砝码,每加一个砝码就记录一个标尺读数 $n_i'(i = 1,2,3,\cdots,6)$。直到记录到 n_6',再记录一次 n_6' 值作为 n_6'' 的值,然后逐次减去一个砝码,记录相应的标尺读数 n_i''。

（7）选择合适的量具,测量以下各物理量,注意各量的测量测序。选择量具的依据是使各被测量的有效数字的位数或相对误差基本接近。

① 在保持各仪器位置不动的条件下,用钢卷尺测量光杠杆镜面到望远镜标尺间的垂直距离 D;

② 用螺旋测微器测量钢丝的直径:在挂上 1 kg 和 6 kg 砝码时,分别测出钢丝上、中、下 3 个部位的直径,并取其平均值作为钢丝的直径;

③ 测量钢丝的原长 l（为使钢丝伸直,可在挂一个砝码时测量）;

④ 将光杠杆放在平放的记录纸上,压出三个足痕后,用直尺测量后足尖到两前足尖连线的垂直距离 k。

【实验记录及处理】

（1）增、减砝码时的标尺读数记入表 2.8.1 中。

表 2.8.1　标尺读数

砝码数 /个	F/N	标尺读数 n/mm				
		$F_{增}$		$F_{减}$		平均值
1	1×9.80	n_1'		n_1''		n_1
2	2×9.80	n_2'		n_2''		n_2
3	3×9.80	n_3'		n_3''		n_3
4	4×9.80	n_4'		n_4''		n_4
5	5×9.80	n_5'		n_5''		n_5
6	6×9.80	n_6'		n_6''		n_6

（2）用逐差法求标尺读数差,将结果记入表 2.8.2 中。

表 2.8.2 用逐差法处理数据

$\Delta n_1 = \mid n_4 - n_1 \mid /\text{mm}$	$\Delta n_2 = \mid n_5 - n_2 \mid /\text{mm}$	$\Delta n_3 = \mid n_6 - n_3 \mid /\text{mm}$	平均值 $\overline{\Delta n}/\text{mm}$

$$u(\Delta n) = \sqrt{\frac{\sum \left(\Delta n_i - \overline{\Delta n}\right)^2}{3 \times 2}} = \underline{\hspace{3cm}}(\text{mm})$$

（3）钢丝直径的测量数据记入表 2.8.3 中。

表 2.8.3 钢丝直径的测量数据

砝码 /kg	钢丝直径 /mm						钢丝的截面积 $S = \frac{1}{4}\pi d^2/\text{mm}^2$
	$d_上$	$d_中$	$d_下$	平均值	$\overline{d}$	$u(d)$	
1							
6							

螺旋测微器零点读数 $\underline{\hspace{5cm}}$ mm。

钢丝直径 d 的标准不确定度 $u(d)$：

① d 的 A 类标准不确定度计算公式为

$$u_A(d) = \sqrt{\frac{\sum \left(d_i - \overline{d}\right)^2}{n(n-1)}}$$

式中，n 为测量次数；$\overline{d}$ 为直径的平均值。

② d 的 B 类标准不确定度计算公式为

$$u_B(d) = \frac{\Delta_仪}{\sqrt{3}} = \frac{0.004}{\sqrt{3}} \text{ mm}$$

③ d 的合成标准不确定度计算公式为

$$u(d) = \sqrt{u_A^2(d) + u_B^2(d)}$$

④ 测量结果表示成完整表达式的形式为

$$d = \overline{d} \pm u(d)$$

$u(l) = \underline{\hspace{2cm}}$ mm，$u(D) = \underline{\hspace{2cm}}$ mm，$u(k) = \underline{\hspace{2cm}}$ mm。

（4）计算金属材料的弹性模量。弹性模量计算公式：$E = \frac{l}{S} \cdot \frac{2D}{k} \cdot \frac{F}{\Delta n}$，将 $S = \frac{1}{4}\pi d^2$、

$F = 3mg$ 代入，得 $E = \frac{24mglD}{\pi d^2 k \Delta n}$。

（5）计算弹性模量的相对合成标准不确定度及合成标准不确定度，将结果表示成完整表达式。

① 弹性模量的相对合成标准不确定度为

$$u_{cr}(E) = \left[\left(\frac{u(l)}{l}\right)^2 + \left(\frac{u(D)}{D}\right)^2 + \left(2\frac{u(d)}{d}\right)^2 + \left(\frac{u(k)}{k}\right)^2 + \left(\frac{u(\Delta n)}{\Delta n}\right)^2\right]^{1/2}$$

② 弹性模量的合成标准不确定度为

$$u_c(E) = u_{cr} \cdot E$$

③ 结果完整表达式书写形式为

$$E = \bar{E} \pm u_c(E)$$

【实验拓展】

1. 本实验中测量仪器及测量方法的选择依据

1) 测量仪器的选择

分析各个直接测量量,除 F 外,其余量都是长度量,根据 E 的测量公式,其相对误差可按下式进行粗略的分析

$$E_E = E_l + 2E_d + E_D + E_k + E_F + E_{\Delta n}$$

如果要求 $E_E < 5\%$,据误差均分原则,每一项的误差应不大于 0.8%,按相对误差与有效数字的关系,可知所有直接测量值不得少于 3 位有效数字。由于它们都是常规量,因此首先考虑使用钢卷尺、钢直尺、钢直尺(小量程)和千分尺等常规量具。钢丝初选尺寸 l 为 1 m,d 为 0.5 mm,标尺望远镜要求 $D \approx 2$ m,若 $k \approx 75$ mm,施力单位 F 为 9.8 N,望远镜标尺为 300 mm 的钢直尺。根据上述已知或设定数据,初选量具参数如表 2.8.4 所示。

表 2.8.4 初选量具参数

物理量	大约量值 /mm	量具	分度值 /mm	示值误差 /mm	其它误差 /mm	相对误差 /(%)
钢丝长度 l	1000	钢卷尺 (钢直尺)	1	0.8	端点难辨认 1.2	0.2
钢丝直径 d	0.5	千分尺	0.01	0.004		0.8
镜尺距 D	2000	钢卷尺	1	1.2	0.8	0.1
光杠杆长 k	75	钢直尺	1	0.1	0.4	0.6
标尺读数差 Δn	150	钢直尺	1	0.1	0.4	0.3
拉力 F	6000 g	砝码		1.5 g		0.03

则弹性模量相对误差估算为

$$E_E = E_l + 2E_d + E_D + E_k + E_F + E_{\Delta n} =$$
$$(0.2 + 2 \times 0.8 + 0.1 + 0.6 + 0.3 + 0.03)\% = 2.8\%$$

上述粗略的估算说明,初选量具是合理的。相对误差虽小于要求的,但实际操作时,会存在一些系统误差,有时会较大。分析可知,影响弹性模量误差的主要因素是 d 和 Δn 的测量,应留出余量。另外在测量方法和数据处理上也需要考虑,进一步采取措施限制和减小误差估算时未考虑到的误差。

2) 测量方法的选择

D、l、k 的相对误差较小,可只测一次,要注意的是端点难辨认,要尽量对准,卷尺不能弯曲。为使钢丝伸直,可在下挂 1 kg 砝码时测 l,由于上、下夹头的存在,使得夹持点不易确定,直尺也不能靠拢钢丝,测量时要设法对准。

d 应该进行多次测量。金属丝的直径不可能处处均匀,在受力作用的情况下直径会有

变化,所以可在最小载荷(下挂1 kg砝码)和最大载荷(下挂6 kg砝码)作用时,在上、中、下不同部位、不同取向进行测量。

Δn 的测量。为减小系统误差,可增加1 kg砝码读一个读数,逐次增大至最大载荷;然后再每次减去1 kg砝码读一个读数。让钢丝逐步伸长和逐步收缩,因为 $\Delta n \sim \Delta F$ 是线性关系,可用逐差法或作图法处理数据,求出 Δn 或 $\Delta F / \Delta n$。

逐差法:当自变量等间距变化时,可以将测量数据分成两组,以相同的间隔逐项相减求其平均值的方法,叫做逐差法,也叫差值平均法。

这种数据处理方法可以充分的利用测量数据,还有对数据取平均和减小相对误差的效果,可以最大限度的保证不损失有效数字。

2. 标尺(尺读)望远镜(JCW-1型)

1)用途

JCW-1型标尺望远镜是观测远处标尺读数的一种光学仪器,它常与光杠杆配套使用。

2)结构

仪器外形如图2.8.13所示。仪器由底座9、内调焦望远镜5、可调毫米尺7等部分组成。内调焦望远镜结构如图2.8.14所示。望远镜由物镜和目镜组成,为便于调节和测量,在物镜和目镜之间有准线分划板和内调焦透镜。分划板固定在B筒上,内调焦透镜由微调手轮带动齿条,使其在镜筒A中沿轴线前后移动。目镜则装在B筒内,可沿筒前后移动以改变目镜与分划板间的距离。

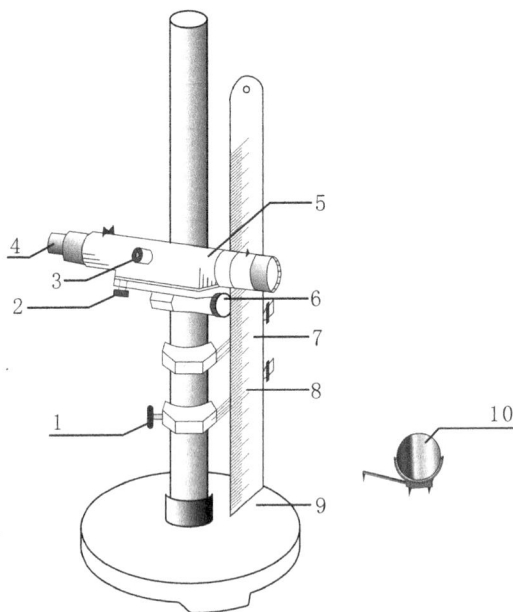

1—标尺支架锁紧旋钮；2—仰角微调螺钉；3—内调焦手轮；4—目镜旋钮；5—望远镜；
6—望远镜锁紧螺钉；7—毫米钢直尺（标尺）；8—标尺支架；9—底座；10—光杠杆反射镜。

图2.8.13　JCW-1型标尺望远镜结构图

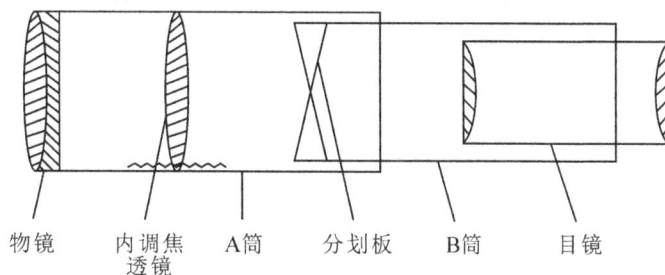

物镜　内调焦　A筒　　分划板　　B筒　　目镜
　　　　透镜

图 2.8.14　内调焦望远镜结构图

3）主要参数

放大倍数　　　　　　　　30 倍

物镜有效孔径　　　　　　42 mm

视场角　　　　　　　　　1°26′

最短视距　　　　　　　　2 m

视距常数　　　　　　　　100

4）使用方法

（1）将光杠杆反射镜的法线调到大致水平，用白炽灯照亮标尺7，在望远镜旁观察，寻找反射镜中标尺的像。由于人眼对目标捕获能力强，所以可用手在标尺前上下移动，观察手及标尺在镜中的像。若寻找不到或手的位置偏高或偏低，则调节反射镜面的方位，左右移动望远镜底座，使观察到的手的位置处于标尺中部，刻度约 0 mm 处（本实验中所用标尺的 0 mm 刻线位于标尺的中部）。松开锁紧螺钉6，上下移动望远镜使望远镜筒与光杠杆镜面的中心部位等高，左右转动望远镜和调节仰角微调螺钉2，使沿镜筒外的 V 形缺口和准星的视线在反射镜中能看到标尺的像，固定锁紧螺钉。

（2）调节目镜旋钮 4 使分划板准线清晰，且处于水平垂直状态，转动调焦手轮 3 进行调焦。若从望远镜中只看到弹性模量仪的平台、或立柱、或钢丝等部分，则要细调望远镜的上下、左右位置，使望远镜筒轴线对准反射镜。若调焦时能看到反射镜的玻璃面，继续旋转内调焦手轮却找不到标尺的像，则要细心微调反射镜法线的方位，直到从望远镜中观察，可从反射镜中清晰看到标尺上 0 mm 刻线的像与水平准线重合为止。在调节过程中，若标尺像上下有一部分不清晰，则微调仰角螺钉；若左右有一部分不清晰，则微微左右转动望远镜。

5）注意事项

（1）注意保护物镜和目镜，与测量显微镜的要求相同；

（2）上下移动望远镜时，切记要用手托住望远镜，然后再旋松锁紧螺钉，以免望远镜沿立柱下滑与底座相撞；

（3）各手轮及旋钮和可动部件如发生阻滞现象，应查明原因。在原因未查清前，切勿过分钮扳，以防损坏仪器。

3. 米尺

长度测量是物理实验最基本的测量，它的操作虽然比较简单，但如何正确使用基本量具和仪器、读取测量数据等都是重要的训练。且由于许多其他物理量的测量常可以转化为对长度量的测量,而不少测量仪器如显微镜、分光计等的读数系统都装有游标或螺旋测微装置,因此,熟练掌握游标卡尺和螺旋测微器的基本原理和使用方法,具有重要意义。

常用测量长度的量具和仪器有米尺、游标卡尺、螺旋测微器和测量显微镜等。表征这些仪器规格的主要指标是量程和分度值。一般来说,分度值越小,仪器的准确度越高。

米尺的分值一般为 1 mm,测量时,可准确读到毫米位,毫米以下的十分位靠视力估计,估读到分度值的 1/10,即 0.1 mm。

通常不用米尺端头作为测量起点,如图 2.8.15(a) 所示,这是因为米尺的端头可能有磨损。如果要考虑米尺刻度的不均匀,那么,可以由不同起点进行多次测量。

由于米尺具有一定厚度,测量时必须使米尺刻度线靠紧被测物体,以避免测量者视线方向的不同而导致读数的不同,出现视差,测量时视线一定要垂直被测物体,如图 2.8.15(b) 所示。

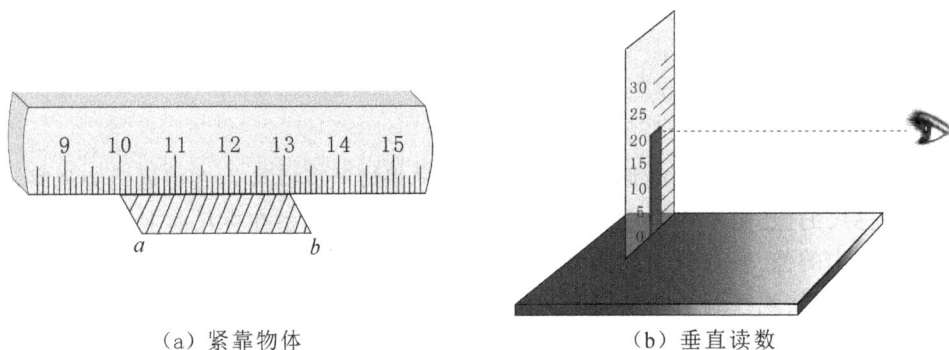

（a）紧靠物体   （b）垂直读数

图 2.8.15   米尺的使用

常用的米尺有钢直尺和钢卷尺,钢直尺有 1 个工作端面和 2 个工作端面两种,如图 2.8.16 所示,一般都具有一定的弹性,常用的钢直尺分度值为 1 mm,有的在起始部分或末端 50 mm 内加刻 0.5 mm 的刻线。

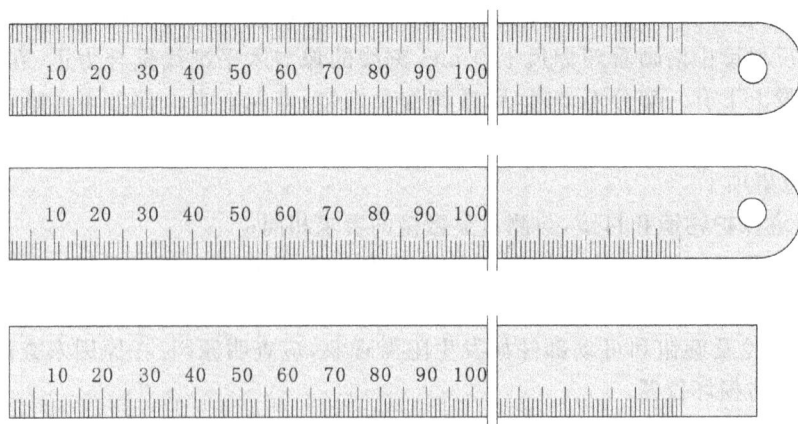

图 2.8.16   钢直尺

钢卷尺如图 2.8.17 所示。小钢卷尺的长度有 1 m 和 2 m 两种。大钢卷尺长度有 3 m、5 m、10 m、20 m、30 m、50 m 六种。钢卷尺的分度值是 1 mm。

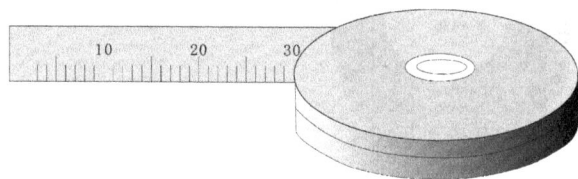

图 2.8.17　钢卷尺

按国家标准,钢直尺和钢卷尺的允许误差如表 2.8.5 所示。

表 2.8.5　钢直尺和钢卷尺的允许误差

规格 /mm		在每毫米分度上	在每厘米分度上	在每米分度上	全长
钢直尺	>1~300	±0.05	±0.1		±0.1
	>300~500				±0.15
	>500~1000				±0.2
钢卷尺	1000	±0.2	±0.3	±0.8	±0.8
	2000			±0.6	±1.2

4. 螺旋测微器

1) 用途

螺旋测微器又名千分尺,是比游标卡尺更为精密的长度测量仪器。常见的螺旋测微器量程为 0～25 mm,最小分度值为 0.01 mm,常用来测量数值不大、精度要求较高的物体。螺旋测微器是根据螺旋测微原理制成的。

2) 结构及螺旋测微原理

螺旋测微器实物如图 2.8.6 所示,结构如图 2.8.18 所示。有一根装在固定套管螺母内的螺距为 0.5 mm 的测微螺杆与微分套管固定连接。固定套管与尺架固接。当微分套管旋转(测微螺杆也随之旋转)一周,测微螺杆沿轴线方向运动一个螺距(0.5 mm)。微分套管周边上一周刻着 50 个等分格线,所以微分套管转过 1 分格,螺杆在轴线方向运动 0.01 mm。还有一种螺旋测微结构,螺杆的螺距为 1 mm,套管圆周上刻着 100 个等分格线,套管转过 1 分格,螺杆在轴线方向也是运动 0.01 mm。

图 2.8.18 中各部分结构介绍如下:

尺架:用以支撑测砧和其他部件;

测砧:用以确定零位;

测微螺杆:微分套管转一圈,测微螺杆前进或后退一个螺距;

锁紧装置:在测量过程中,当尺寸已经确定时,可以锁住它,此时,微分套管被固定,不能转动;

螺母套管:其上的主尺有两排刻线,毫米刻线和半毫米刻线;

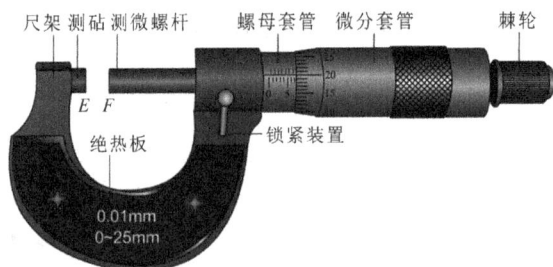

（a）整体图

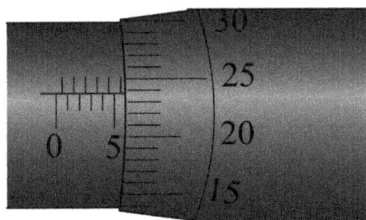

（b）读数装置放大图

图 2.8.18　螺旋测微器结构图

微分套管：圆周上刻有 50 个分格，当它转动一周，测微螺杆前进或后退一个螺距（0.5 mm），所以测微器的分度值为 0.5 mm/50 = 0.01 mm；

棘轮：保护装置，测量时应使用棘轮，当精密测微螺杆前端与测砧或被测物相接触时，棘轮自动打滑，发出"嗒嗒"声，此时停止旋转棘轮，不致用力过大使螺杆变形损坏或因为接触压力影响测量精度。

3）使用方法

螺旋测微器的使用及读数方法：螺旋测微器固定套管上沿轴向刻一条细线，在其上方刻成 25 分格，每分格为 1 mm，在其下方，从与上方"0"线错开 0.5 mm 开始，每隔 1 mm 刻一条线，这就使得主尺的分度值为 0.5 mm。在测量时把物体放进两测量面 E 和 F 之间。在未放进待测物之前要校对零点，即旋进微分套管，使 E、F 轻轻吻合，此时读数应为"0"。这时微分套管的前沿（见图 2.8.19（a）中的 H）应与主尺"0"线重合，而微分套管上的"0"线应与主尺上的轴向细线（图 2.8.19（a）中的 S）对齐。然后旋退螺杆，放进待测物，

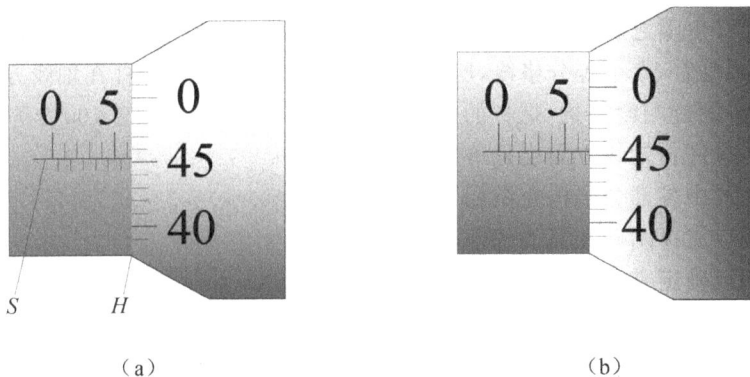

（a）

（b）

图 2.8.19　螺旋测微器的刻度

使 E、F 与待测物轻轻吻合。读数时,找出从微分套管露出来的主尺上 0.5 mm 的整格数,小于 0.5 mm 的读数则以主尺上的轴向细线作为微分套管圆周分度读数的准线从微分套管上读出,还要估计一位,即读到 0.001 mm。如图 2.8.19(a) 的读数为 6.453 mm,图 2.8.19(b) 的读数为 6.953 mm。

读数时要注意两点:

(1) 校对零点时,若读数不为"0",应记下零点读数,如图 2.8.20(a) 所示的零点读数为 +0.004 mm,图 2.8.20(b) 所示的零点读数为 −0.013 mm。所以,物体实际长度应为测量时的读数值减去这个零点读数。一般实验室已把螺旋测微器的零点校准好,但如遇到零点不对,要按上述方法修正测量结果。

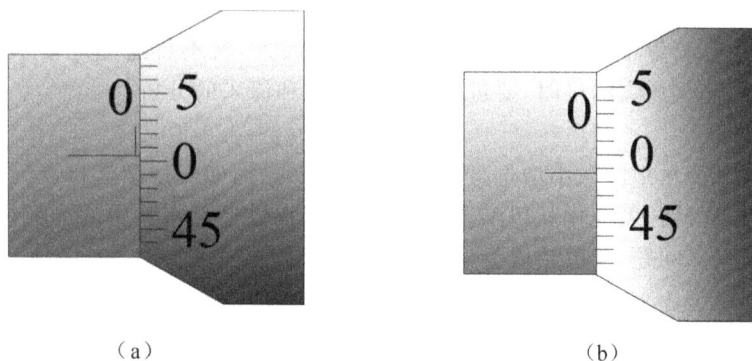

（a）	（b）

图 2.8.20 螺旋测微器的零点读数

(2) 因为螺旋测微器主尺分度值为 0.5 mm,所以,特别要留心微分套管前沿是否过了半毫米线,如图 2.8.19(b) 的读数是 6.953 mm 而不是 6.453 mm。但有时出现似过非过的情况,那就要旋到零点看看校对零点时,微分套管与主尺的重合情况。

4) 注意事项

螺旋测微器有两点使用规则,在开始使用螺旋测微器时就要特别注意:

(1) 在校对零点,E、F 将接触时,或在测量中 E、F 与待测物将接触时,不要再直接旋转微分套管,而应旋转尾部的棘轮装置(也称摩擦帽),直至听到 3 ~ 5 个"嗒""嗒"声为止。这表示棘轮打滑,无法带动测微螺杆前进,防止了测量压力过大,以致损坏螺旋测微器内部精密螺纹或待测物体,也可避免附加的测量误差。

(2) 测量完毕应将两测量面之间留出空隙,以免热膨胀时螺旋测微器内部精密螺纹受损。螺旋测微的原理,在一些精密的测长仪器内得到广泛应用,如测量显微镜、一些光学干涉仪(如迈克尔逊干涉仪)中都有螺旋测微装置。

螺旋测微器的精度分为零级和一级两类,物理实验通常使用的是一级,其示值误差与量程有关,如表 2.8.6 所示。

表 2.8.6 一级螺旋测微器的示值误差

测量范围 /mm	~ 100	100 ~ 150	150 ~ 200	200 ~ 300	300 ~ 400	400 ~ 500
示值误差 /mm	± 0.004	± 0.005	± 0.006	± 0.007	± 0.008	± 0.010

零级螺旋测微器的示值误差为上表所列的一半。

4. 放大测量法

1）直接放大

放大测量是一种常用的和重要的测量方法。利用各种放大手段可以巧妙地得到测量结果。例如，被测狭缝、小孔本身很小，可借助放大镜或显微镜将被测物和标准量同时放大进行测量。测很细金属丝的直径，可将它密绕在一个光滑的圆柱体上，比如密绕 100 匝，然后对这 100 匝的宽度进行测量，就可得到直径。测量单摆、三线摆的周期，是用停表测量累计 50 个或者 60 个周期的总时间。用天平称衡物体的质量，不是直视天平横梁是否水平，而是观察固定在横梁上很长的指针是否偏转。上述种种，都是把被测量本身，通过机械、光学或其他方法直接放大而完成测量的。这种方法简单易行直观，有的测量值还具有平均作用，因此在测量中得到普遍采用。但是，由于放大，就不可避免地带来新的误差因素，所以在采用直接放大测量时，要进行周密的考虑和深入的分析。

2）间接放大

对于隐含于变量中的微小增量直接放大是困难的，例如一根金属棒在受外力作用或温度变化时，引起的长度变化就很难直接放大。测定弹性模量实验中的光杠杆放大装置，巧妙地解决了这一问题，其关系式为

$$\Delta l = \frac{k}{2D}\Delta n$$

测量装置将 Δl 放大了 $2D/k$ 倍，并以 Δn 示值显示出来。只要满足公式推导过程中对角度值的限定就能满足测量准确度的要求。显然，光杠杆镜面到直尺的距离 D 越大，不仅放大倍数增大，同时还可减小 θ 角，但是对望远镜的要求提高了。这种不是把被测量直接放大，而是通过一定的函数变换进行放大测量的方法，叫作间接放大。

水银温度计、酒精温度计等的工质为液体，其体积一定且置于一个封闭空间之内。一定的温度变化 Δt，会引起相应的体积变化 ΔV，尽管变化关系敏感，但 ΔV 的量值仍然有限，直接读取 ΔV 仍然是困难的。如果把这一 ΔV，限定在一个均匀的很细的而且面积 S 不变的直管之内，则 ΔV 的变化成为 Δl（$\Delta V = S\Delta l$）的变化，只要 S 很小且一定，则将很小的 ΔV 变成了一个足够大的长度增量 Δl 显示出来，这又是一个放大过程，是测温过程中一个间接放大的实例。显然 Δl 与 ΔV 的线性是建立在 S 不变的条件下，S 越小，放大倍数越大；S 越均匀，带来的误差就越小。

类似的还有机械放大方法，在螺旋测微器中也得到了应用，它是将螺距（螺旋旋转一圈的推进距离）通过螺母上的圆周予以放大，放大率是 $\pi D/d$，其中 d 是螺距，D 是与螺母连在一起的分度套管的直径，这套装置提高了测量的精度。严格地说，上述放大测量只是测量过程的一个手段，尚不能独立地构成一种测量方法。它适用于那些被测量值本身很小，使得测量难于进行的情况。

因测量技术和实验方法可以解决一个个的具体问题，所以，必须重视测量技术和实验方法的学习，更要重视其在实际中的具体应用。

6. 弹性模量概念扩充

（1）形变：物体在外力作用下所发生的形状和体积的变化称为形变。形变可分为弹性形变和塑性形变两类。

（2）弹性形变：当物体形变不超过某一限度时，撤走外力之后，形变能随之消失，这种形变称为弹性形变。对固体来说，弹性形变可分为 4 种：① 伸长或压缩的形变（应变）；② 切向形变（切变）；③ 扭转形变（扭变）；④ 弯曲形变。最常见的形变是金属丝或棒受到沿纵向外力作用后所引起的长度的伸长或缩短。

（3）塑性形变：当物体形变超过某一限度时，产生的形变在外力消失后不再恢复原状，即产生永久形变，这种形变称为塑性形变。

（4）杨氏模量：1807 年托马斯·杨提出了条状物体（如钢丝）沿轴向弹性形变的弹性模量，也叫杨氏模量（Young's Modulus），杨氏模量只是弹性模量中最常见的一种，本实验研究的就是弹性模量中的杨氏模量。

7. 高弹性模量的新材料

2017 年 3 月 14 日，陕西卫视报道了一种新型镁锂合金材料，弹性模量为 50 ～ 70 GN/m^2，具有高比刚度、高弹性模量的力学性能及其他优异性能，是世界上最轻的金属结构材料。与同样大小的铝合金相比，其重量仅是铝合金的一半，但弹性模量高于铝合金。据了解，该材料已应用于我国成功发射的首颗全球二氧化碳监测科学实验卫星中的高分辨率微纳卫星上，在提高性能的同时也有效减轻了卫星质量。

另外，石墨烯（graphene）是一种由碳原子组成的六角型、呈蜂巢晶格的二维碳纳米材料，弹性模量值约为 1.0×10^{12} N/m^2，具有优异的光学、电学、力学特性，在材料学、微纳加工、能源、生物医学和药物传递等方面具有重要的应用前景。比如，石墨烯是已知强度最高的材料之一，同时还具有很好的韧性，且可以弯曲，石墨烯可以制造出性能优良的羽毛球拍、更轻薄的防弹衣、曲面手机、可穿戴电子设备等，被认为是一种革命性的材料。

8. 20 ℃ 时常用金属的弹性模量*

20 ℃ 时常用金属的弹性模量如表 2.8.7 所示，请同学们自己查阅 20 ℃ 时钢丝的弹性模量。

表 2.8.7　20 ℃ 时常用金属的弹性模量

金　属	$Y/(\times 10^4 N \cdot mm^{-2})$	金　属	$Y/(\times 10^4 N \cdot mm^{-2})$
铝	7.0 ～ 7.1	灰铸铁	6 ～ 17
银	6.9 ～ 8.2	硬铝合金	7.1
金	7.7 ～ 8.1	可锻铸铁	15 ～ 18
锌	7.8 ～ 8.0	球墨铸铁	15 ～ 18
铜	10.3 ～ 12.7	康铜	16.0 ～ 16.6
铁	18.6 ～ 20.6	铸钢	17.2
镍	20.3 ～ 21.4	碳钢	19.6 ～ 20.6
铬	23.5 ～ 24.5	合金钢	20.6 ～ 22.0
钨	40.7 ～ 41.5		

注：Y 的值与材料的结构、化学成分及加工制造方法有关，因此在某些情况下，Y 的值可能与表中所列的平均值不同。

实验 9　三线摆研究物体的转动惯量

【实验预习题】

（1）什么是转动惯量?生活中有哪些实际例子与转动惯量有关?

（2）均匀圆环的转动惯量如何计算?在转动惯量的测量公式中,被测量 M、D、d、T,哪一个量的测量对结果的精度影响大?

（3）三线摆的扭角为什么要小?最大允许值为多少?该条件在实验中如何实现?

（4）为什么各样品的质量应该相等?

（5）实验操作时,样品应如何放置在摆盘上?

（6）在测定摆动周期时,计时起点应选在最大位移处还是平衡位置处?为什么?

（7）对摆动周期进行累计测量可以提高精度吗?

（8）参考本实验拓展,请简述 50 分度游标卡尺读数规则。

（9）参考本实验拓展,请回答物理天平的测量原理和构造分别是什么?请简述物理天平操作规则。

（10）"20 分度游标卡尺"和"50 分度游标卡尺"的读数都记录到毫米的百分位。对于同一物体,测得的有效数字位数相同,是否表示这两种游标卡尺测量的误差也相同?为什么?

我们先从一种现象开始了解这个实验,如果一个人坐在可绕竖直轴自由旋转的椅子上,手握哑铃,两臂平伸,然后使转椅转动起来,再收缩双臂,可看到人和椅子的转速显著加大;两臂再度平伸,转速复又减慢,如图 2.9.1 所示。生活中的很多现象与这个例子有关,例如运动员在冰上运动,如果收缩双手,会转得更快;跳水运动员在起跳后的前半程,会将身体蜷缩成球形,目的也是为了加快转动速度以更好地完成动作;同样的道理,体操运动员在完成空翻动作时,也是尽量蜷缩身体以加快转速。

图 2.9.1　转动惯量演示仪器（茹科夫斯基转椅）

为什么会发生转速快慢的变化呢?这是因为系统的转动惯量发生了变化（为什么?）。根据角动量守恒定律:绕固定轴转动的物体的角动量等于其转动惯量与角速度的乘积,当外力矩为零时,系统的角动量守恒。上面的现象中,人和椅子这个系统的角动量守恒,当人收缩双臂时,系统的转动惯量减小（为什么?）,因此角速度增大,就会看到系统转速变快。

在工业生产中,常在机器转轮的外部加一个质量较大的转轮,以使机器的转动惯量变大,这样外力矩很难使机器产生角加速度,从而使转速更稳定。在国防工业中,转动惯量也普遍存在,如反坦克导弹、火箭弹、鱼雷等武器都应用了转动惯量,所以转动惯量的应用非常广泛。那么什么是转动惯量呢?接下来在实验原理中对其进行详细的介绍。

【实验目的】

(1)了解三线摆装置的结构和特征。

(2)学习用实验的方法研究刚体的运动规律,并建立转动惯量和周期之间的函数关系。

(3)了解曲线改直线的数据处理方法。

(4)熟练掌握物理天平、游标卡尺、秒表的使用方法。

(5)学习仪器装置的水平及竖直调节。

【实验仪器】

三线摆装置(见图 2.9.2)、气泡水平仪、样品六块、秒表(见图 2.9.3)、50 分度游标卡尺(见图 2.9.4)、TW−05B 型物理天平(见图 2.9.5)。

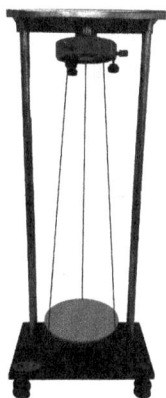 

图 2.9.2　三线摆装置　　　　　图 2.9.3　秒表

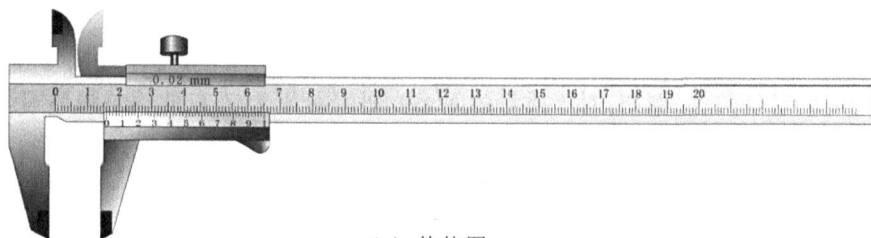

(a) 整体图

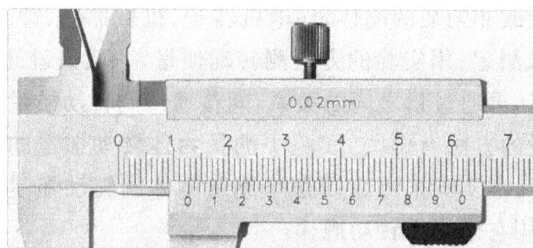

(b) 读数装置

图 2.9.4　50 分度游标卡尺

图 2.9.5　TW-05B 型物理天平

【实验原理】

1. 转动惯量

转动惯量是针对刚体来说的,那么什么是刚体?什么是刚体的转动惯量?刚体转动惯量的物理意义是什么?影响转动惯量的因素有哪些?刚体是指形状和大小在外力作用下不发生改变的物体;刚体的转动惯量是刚体转动惯性大小的度量,其大小反映改变刚体转动状态的难易程度,是表征刚体特性的一个物理量,一般用 J 表示。它与刚体的形状、总质量、质量分布以及转轴的位置有关。如果刚体是由几部分组成的,那么刚体总的转动惯量 J 就等于各个部分对同一转轴的转动惯量之和,即 $J = J_1 + J_2 + \cdots$。

那么如何得到刚体的转动惯量呢?对于形状简单的匀质刚体,可以直接计算出它绕定轴转动时的转动惯量。例如,对于质量为 M,内、外径分别为 d、D 的均匀圆环,其相对于中心垂直轴线的转动惯量为

$$J = \frac{1}{8}M(D^2 + d^2) \tag{2-9-1}$$

如果匀质刚体是圆盘,可令上式中的内径 $d = 0$ 即得圆盘的转动惯量。

对于形状比较复杂或非匀质的刚体,如电机转子、机械部件、钟表齿轮、枪炮弹丸等。则多采用实验的方法来测定。用实验的方法测转动惯量,一般是避开不易测量的量,而去测其相对容易测量的量,再通过量之间的关系,间接地得到转动惯量。

测量刚体转动惯量的方法有哪些?实验中测量物体转动惯量的方法有动力法、三线摆法、复摆法、扭摆法等。本实验采用三线摆来测量刚体的转动惯量。它不仅可以测定刚体的转动惯量,而且可用它来研究转动规律。

三线摆是研究刚体转动的常用装置。其结构示意如图 2.9.6 所示,三线摆是由上、下两个匀质圆盘用三条等长的摆线(摆线为不易拉伸的细线)连接而成,上下圆盘的线系点

构成等边三角形,下盘处于悬挂状态,并可绕垂
直于盘面而又通过上、下盘中心的轴线 OO' 做扭
转摆动,故下盘也称为摆盘。

2. 用三线摆测量刚体的转动惯量

当摆盘的扭角很小($< 5°$)的情况下(为什么
$< 5°$?)并且忽略空气摩擦阻力和摆线扭力的影
响,根据机械能守恒定律和刚体转动定律可以推
导出摆盘绕中心轴 OO' 的转动惯量 J_0 为

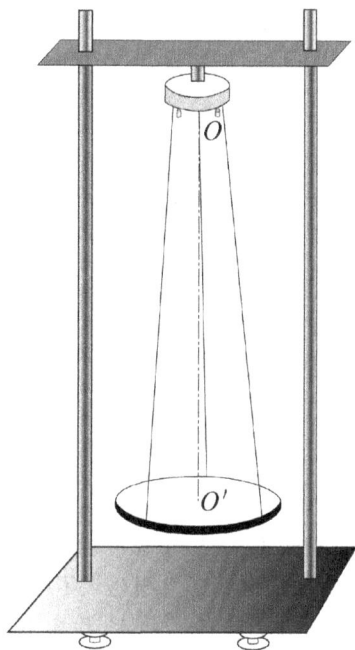

图 2.9.6 三线摆装置

$$J_0 = \frac{M_0 g R r}{4\pi^2 H_0} T_0^2 \qquad (2-9-2)$$

式($2-9-2$)中,M_0 为摆盘的质量;r 和 R 分别为
上、下圆盘悬点离各自中心的距离;H_0 为静止时
上、下圆盘间的垂直距离;g 为重力加速度;T_0 为
摆盘的摆动周期。将质量为 M 的样品(待测刚体)
放在摆盘上,并使它的质心位于中心轴 OO' 上,
测出系统的摆动周期 T 和上、下圆盘间的垂直距
离 H,则样品和摆盘绕中心轴 OO' 的总转动惯量
J' 为

$$J' = \frac{(M_0 + M) g R r}{4\pi^2 H} T^2 \qquad (2-9-3)$$

则样品对中心轴 OO' 的转动惯量 J 为

$$J = J' - J_0 \qquad (2-9-4)$$

3. 用三线摆研究刚体的转动规律

一般来说,根据物理概念,选定一个典型的实验装置,进行大量的数据测试,并对数
据进行处理从而得到相应的物理量之间的数学关系式,是建立物理规律的常用方法。本
实验中,三线摆不仅可以测量刚体的转动惯量,而且可以用来研究刚体的转动规律。由于
三线摆系统摆盘的转动惯量与摆动周期有关,所以把待测样品放在摆盘上后,三线摆的
摆动周期就要相应地随之改变。这样,根据摆动周期、摆盘质量以及有关参量,就能得出
三线摆系统摆盘的转动惯量与摆动周期之间的关系。本实验就是用实验的方法建立三线
摆摆盘系统的转动惯量与摆动周期之间的函数关系,即由实验数据求出经验公式。

(1)研究思路

当摆盘的扭角很小($< 5°$),并且忽略空气摩擦阻力和摆线扭力的影响时,可以把摆
盘的运动看作简谐振动,则可假定三线摆系统摆盘的转动惯量 J' 与摆动周期 T 及摆长 l
之间存在如下关系

$$J' = k l^\alpha T^\beta \qquad (2-9-5)$$

式($2-9-5$)中,当摆盘系统的质量不变时,k 为常量。式($2-9-5$)说明三线摆系统摆盘的
转动惯量 J' 与摆动周期 T 及摆长 l 之间是非线性函数关系。在 l 保持不变的情况下,则可
另 $k l^\alpha = A$,式($2-9-5$)可写成

$$J' = A T^\beta \qquad (2-9-6)$$

式(2-9-6)表明在摆长不变时,摆盘转动惯量与摆动周期的幂函数成正比,其中 $A = kl^{\alpha}$ 是比例系数。如果能求出 A 和 β,则 J' 和 T 的具体函数关系便可求得。

将式(2-9-6)两边取对数后得

$$\lg J' = \lg A + \beta \lg T \qquad\qquad (2-9-7)$$

即 $\lg J'$ 与 $\lg T$ 为线性关系,如果作出 $\lg J' \sim \lg T$ 图线,那么该直线得截距为 $\lg A$,斜率为β,若再用反对数求出 A,即可得到三线摆转动惯量 J' 与周期 T 之间的关系式。

（2）实验思路

根据式(2-9-3)从理论上分析:β为2,A 是由摆盘系统的质量、摆长等参量决定的常数。实际实验时,如何满足式(2-9-6)中的条件?

实验中,选择6个质量相等而内、外径不同的匀质圆环作为样品,分别放在摆盘上,用秒表或其他计时仪器,测出其摆动周期 T,该摆动周期 T 与样品和摆盘绕中心轴 O_1O_2 的总转动惯量 J' 相对应。由于三线摆摆盘、样品(匀质圆环)为规则形状,其绕中心轴 O_1O_2 的转动惯量 J_0、J 可根据式(2-9-1)求得,而 $J' = J + J_0$。

这样,就得到了 6 组(J'、T)数据,然后分别对其取对数得到 6 组($\lg J'$、$\lg T$)数据,根据 $\lg J'$ 与 $\lg T$ 为线性关系,作出 $\lg J' \sim \lg T$ 图线(应为直线),该直线的截距为 $\lg A$,斜率为β,用反对数求出 A,便得到了三线摆转动惯量 J' 与周期 T 之间的关系式。也可以这么认为,如果β非常接近2,则式(2-9-5)便得到了验证。

【实验内容与步骤】

（1）三线摆装置的调节

① 调节底座水平(上盘水平):将气泡水准仪放在底座上,旋转底脚两螺钉,使底座水平,可认为上盘水平。

② 调节摆盘水平。先粗调上盘的绕轴线,使三条摆线基本等长,这时摆盘大致平行于上盘。然后细调,将气泡水准仪放在摆盘中央,微微调节上盘的绕轴线,使气泡处于中央。

（2）保持摆线长度不变,测量三线摆系统的周期 T。

① 在摆盘上对称平稳放置待测样品,每次放一块。测量前,摆盘系统应静止不动。

② 轻轻扭动上盘,使其转过一个小角度($<5°$),由于摆线的张力作用,就牵动摆盘在一确定的平衡位置附近作往复扭动。

③ 为减小误差,提高测量的精度,采用累计放大法测周期。用秒表或其他计时仪器测出系统摆动 50 个周期的时间 t_{50}。注意计时起点的选择。(请思考:累计放大法为什么可以提高精度?计时起点应选在最大位移处还是平衡位置?为什么?)

（3）用游标卡尺测量每个样品的内径 d、外径 D。

（4）用物理天平测量任一个样品的质量,天平的调整和使用,参考本实验的实验拓展。主要步骤如下:

① 底座水平调节。

② 零点调节。

③ 称衡样品质量。

（5）选作。在摆盘系统转动惯量 J' 不变的情况下,改变摆线长度 l,分别测量周期 T,从而得到三线摆周期 T 与摆线 l 之间的经验关系式。

【数据记录与处理】

（1）计算 6 个样品转动惯量的理论值 J、得到系统的转动惯量 $J' = J + J_0$，由 t_{50} 求出对应的样品在摆盘上扭摆周期 T（应有 4 位有效数字），填表 2.9.1。

表 2.9.1　T、J' 数据表

样品	$t(50)$ /s	D/mm	d/mm	M/g	T/s	J/kg·m²	J'/kg·m²
M_1							
M_2							
M_3							
M_4							
M_5							
M_6							

样品圆环、圆盘转动惯量的理论值由公式 $\frac{1}{8}M(D^2 + d^2)$、$\frac{1}{8}MD^2$ 计算得到。

灰底座摆盘的转动惯量 $J_0 = 5.176 \times 10^{-4}$/kg·m²，黑底座摆盘的转动惯量 $J_0 = 2.683 \times 10^{-4}$/kg·m²。

（2）将上述 6 组样品的 $(T、J')$ 数据进行对数处理得到 $(\lg T，\lg J')$ 数据，填表 2.9.2。

表 2.9.2　$\lg T$、$\lg J'$ 数据表

	1	2	3	4	5	6
$\lg T$						
$\lg J'$						

（3）以 $\lg T$ 为横轴，以 $\lg J'$ 为纵轴，做 $\lg J' \sim \lg T$ 图线（应为直线）。

（4）在图线上读取合适的数据点（注意尽量不损失有效数字），求斜率和截距，再经过反对数运算求出 β 和 A，并建立 $J' = AT^\beta$ 的经验方程。

（5）将第 6 组样品的周期 T 代入经验方程，得到其转动惯量 J' 的实验值（或由图线得出），与 J' 的理论值计算结果进行比较，计算相对误差并分析经验方程的优劣，填表 2.9.3。

表 2.9.3　理论值与实验值比较

T/s	J' 实验值 /$(kg·m^2)$	J' 理论值 /$(kg·m^2)$	$\Delta J'$	$E_{J'}$

【实验拓展】

1.50 分度游标卡尺

1）用途和结构

由于米尺的分度值（1 mm）不够小，常不能满足测量需要。为提高测量精度，在主尺（即米尺）旁加一把可以在主尺上滑动的副尺（也叫游标尺）构成游标卡尺。游标卡尺还有一对外量爪、一对内量爪和深度尺。一对外量爪和一对内量爪中的一只与主尺为一体，另

一只与游标尺为一体,深度尺也与游标为一体。当一对量爪合拢时,游标的"0"线刚好与主尺的"0"线对齐,这时读数为0。50分度游标卡尺实物如图2.9.4所示,结构如图2.9.7所示。

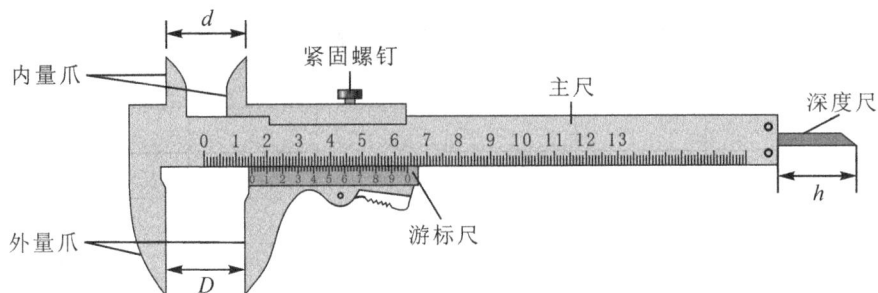

图 2.9.7　50 分度游标卡尺

2）测量

游标卡尺可以测量物体的长度、厚度、外径、内径和深度等尺寸。

用游标卡尺测尺寸时,应用刀口卡住物体的表面,如图2.9.8所示。

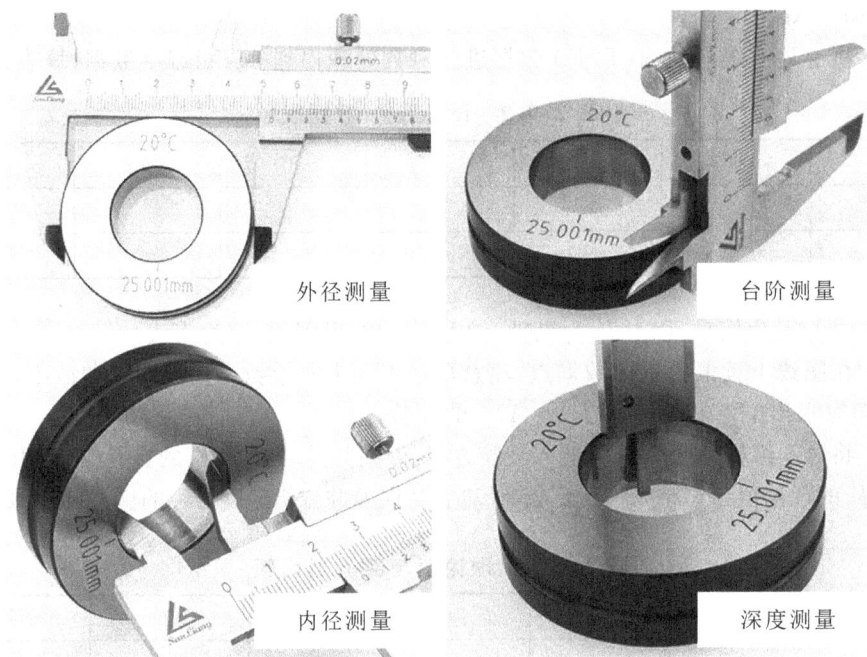

外径测量

台阶测量

内径测量

深度测量

图 2.9.8　游标卡尺测量尺寸的方法

3）游标卡尺读数规则

在测量中,被测物体的长度等于游标卡尺主尺"0"刻线与游标尺"0"刻线之间的距离。也就是读取游标"0"线处主尺的数值即为物体的长度。先从游标"0"刻线位置读出主尺上的整毫米数,不足1毫米的部分找游标尺与主尺对齐的刻线,游标尺该刻线处的值就是剩余长度。

在测量时,应该直接读出物体的长度。一般情况下,游标卡尺不再估读,所以如果遇到相邻两条游标刻线与主尺两条相邻刻线都很接近对齐时,也须确定一条为准。

例如用50分度游标卡尺测量物体的长度,局部放大如图2.9.9所示,游标"0"刻线处主尺的整毫米数为 25 mm,游标尺标度"2"位置之后第1条刻线与主尺刻线最对齐,游标读尺数为 0.22 mm,得到物体的长度为:$l = 25.22$ mm。

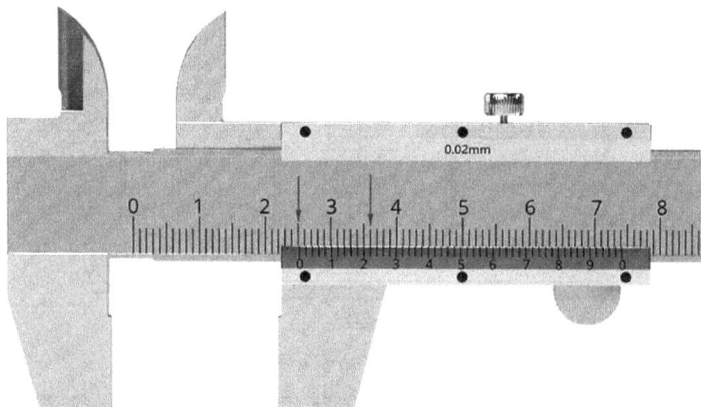

图 2.9.9　50分度游标卡尺读数示意图

2. 质量的测量

质量是物质的基本属性,测量宏观物体的质量,测的是引力质量,测量仪器大多数是以杠杆定律为基础而设计的杠杆天平,其示值与观测地点无关。物理实验中常用物理天平和电子天平称衡质量。

1)物理天平

(1)用途。

天平是利用等臂杠杆力矩平衡原理制成,能够精确地进行质量比较而称得质量。

(2)物理天平的构造。

物理天平的实物如图 2.9.5 所示,结构如图 2.9.10 所示,主要部分是横梁 4,在横梁中央垂直于它的平面固定一个三角钢质棱柱 3(也叫主刀口),棱柱 3 的刀口置于由坚硬材料如玛瑙制成并研磨抛光的小平板(也叫刀承)上,小平板水平地固定在天平立柱 10 中央可上下调节的连杆顶端。

另外横梁两端的两个刀口(也叫副刀口)5 和 5′是朝上的三角钢质棱柱,与中央三角钢质棱柱平行等距,用来悬挂天平的载物盘 7 和 7′。在两秤盘的弓形挂钩架上装有坚硬材料如玛瑙制成并研磨抛光的小平板(也叫副刀承),整个横梁与秤盘的重心低于主刀口 3 所在的水平面,也就是说横梁始终处于稳定平稳状态。垂直固定在横梁上的一根轻而细长的指针 12 和指针下端立柱上的标度尺 13,用来观察和确定横梁的水平位置。当横梁水平时,天平的指针应指在标度尺的中央刻度线处。

横梁两边还有两个平衡调节螺母 1 和 1′。立柱横架两端有两个横梁支撑螺钉 6 和 6′可以托住横梁,立柱下端的掣动旋钮(也叫举盘旋钮)14 可调节连杆上下升降,升起时可使横梁自由摆动,降下时由支撑螺钉托住。

底盘上有两个螺钉 15 和 15′调节天平水平,可由气泡水平仪 9(或重锤线)检验。8 是

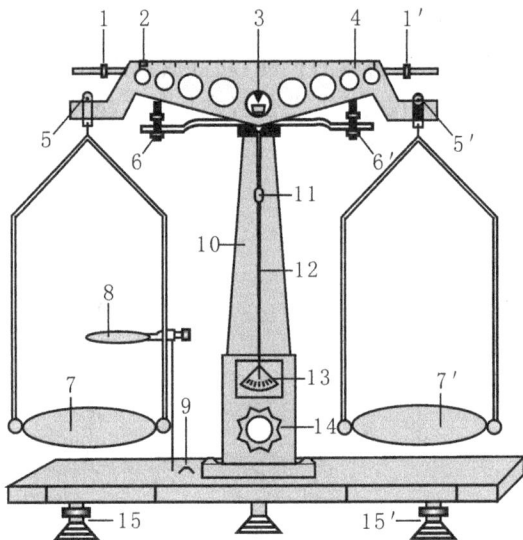

1,1′—平衡调节螺母；2—游码；3—三角钢质棱柱；4—横梁；5,5′—副刀口；

6,6′—横梁支撑螺钉；7,7′—载物盘；8—托架；9—气泡水平仪或重锤线；

10—立柱；11—重心铊；12—指针；13—标度尺；14—举盘旋钮；15,15′—底盘螺钉。

图 2.9.10　物理天平

托架,2 是游码,11 为重心铊,11 上移,灵敏度增加。

（3）主要参数。

灵敏度：天平灵敏度 C 定义为在砝码盘中增加一个单位质量的负载时,天平指针所偏转的格数,即

$$C = \frac{n}{\delta m}$$

感量：天平的感量就是天平空载时指针在标度尺上偏转一个最小分格,天平两秤盘上的质量差。天平感量是其灵敏度的倒数。一般天平感量的大小与天平砝码（游码）读数的最小分度值相等。

最大称量：天平的最大称量是天平允许称量的最大值。天平一般都附有专用砝码,质量按 5、2、2、1 比例组成,砝码的总质量等于或略大于天平的最大称量。天平超过最大称量时使用,性能急剧变坏,甚至会被损伤。

（4）使用规则。

① 底座水平调节：旋动底座下的底盘螺钉 15、15′,使底座上的气泡水准仪的气泡移至中央。此时,立柱上部的刀承平面便处于水平面。

② 零点调整：天平空载,将载物盘弓型挂篮上的吊耳挂在两个副刀口 5、5′上,且将横梁上的游码 2 移至左边零刻线处,缓慢旋转举盘旋钮 14,将横梁升起,使其自由摆动。当指针指在标度尺中线,或摆动相对标尺中线幅度相等时,天平平衡。若不平衡,则应先制动横梁,即反向旋转举盘旋钮 14 使横梁降下,由横梁支撑螺钉拖住,然后调节天平平衡螺母 1、1′,再升起横梁观察,如此反复调节,直至天平平衡。

③ 天平的称衡：用天平称衡物体的质量时,一般左盘放置被测物,砝码置于右盘中,砝码的取用必须使用专用镊子,选用砝码应由大到小,逐个试用,逐次逼近,不足 1g 时调

节游码,直到天平平衡,这时被测物体的质量等于右盘中砝码质量的总和加游码在横梁上所处位置的刻度示数。为消除天平不等臂误差可使用复称法、定载法、配称法等特定的称衡方法。

④ 使用天平的注意事项

a. 在向载物盘中放入、取出砝码或物体,移动游码或调节平衡螺母时,都应该在降下横梁使其在横梁支撑螺钉托住的情况下进行,以免损伤刀口、刀承。旋转举盘旋钮使横梁升降或增减砝码时,动作要轻稳,尽量减少横梁摆动,避免因晃动使中央刀口移位。

b. 取用砝码要用镊子夹,而不要用手直接拿。称衡完毕,砝码要全部放入盒中对应位置。

c. 称衡完毕,降下横梁使其固定不动。为了保护横梁两端的棱柱刀口和弓型挂篮上吊耳内的刀承,用完天平后,应将吊耳移离刀口。使用时,首先要将吊耳挂在刀口上。

d. 空载调零时,不要调换左右载物盘、挂篮和吊耳,这些零部件出厂时是对号入座的,否则,无法调准零点。

双臂天平是根据等臂杠杆原理制成的,天平分度值与最大称量之比定义为天平的级别,共分 10 级。砝码与天平配套使用,一定精度级别的天平,要用等级相当的砝码与它配套来称衡质量。砝码精度分为 5 个等级。新天平的仪器误差一般取分度值或分度值的二分之一,旧天平要由年鉴证书确定。

2) 电子天平

电子天平是由数字电路和压力传感器组成的一种测量质量的仪器。在使用之前,必须由标准砝码进行校准,以使电子天平能够准确地测得待测物体的质量,而不是重量。

在使用电子天平之前,应调节水平,然后检查零点读数是否为"0",若不为"0",应校准为"0"。测量过程中,结果显示时若最后一位数字出现±1 跳动属于正常现象。详细内容参考仪器的"使用说明书"。

3. 秒表

秒表的使用参见本章实验 2 的拓展。

第3章 演示实验

开设演示实验的目的和意义

在学习过程中,通过观察现象以加深对知识的理解与获得是一条有效的学习途径。物理演示实验就是通过对具体物理现象的展示以及将抽象的理论形象化,达到学习物理理论和实验技能的新的教学手段之一,其具有趣味性、探索性和科学性。物理演示实验借助于各种演示仪器,将物理理论中抽象的难以理解的部分以某种现象展示出来;将习以为常而未引起注意的物理现象生动有趣地表示出来;将生产实际或科学研究中不易观察到的现象突出显示出来。因此,通过演示物理现象可增加学生对物理的感性认识,促进学生对物理学理论的理解;通过对丰富多彩的物理现象进行观察和探究,不仅可以帮助学生理解物理概念、提高学习兴趣,而且可以激发学生的探索热情、培养学生的创新意识和能力。

演示实验不同于传统的物理实验,它是以教师操作为主、学生动手为辅的示范性实验。

学习物理演示实验时,要求学生在熟悉基本原理的基础上,认真观察与分析物理现象,同时进一步了解其在工农业生产、科学研究以及日常生活中的应用。实验结束后要求实验者写出每个实验的基本原理、现象以及应用的实验小论文。

物理演示实验涵盖力学、热学、电磁学、振动与波、光学、近代物理学等六大部分。本校(西安交通大学城市学院)物理教学实验中心目前开设的演示实验约 100 多个,本书收录了其中的一部分。

实验 1　载摆小车

【实验目的】
演示物理摆和小车为系统(物理摆-小车系统)的一维(水平方向)的动量守恒。

【实验仪器】
载摆小车实验装置如图 3.1.1 所示。

【实验原理】
物体或物体系(质点系)在某一方向受到的合外力为零时,它在此方向上的动量保持不变。物理摆-小车系统在水平方向上的合力为零,满足水平方向的动量守恒定律,则有 $M_1 \vec{V}_1 + M_2 \vec{V}_2 = 0$,其中 M_1 和 $\vec{V}_1$ 为小车的质量和速度,M_2 和 $\vec{V}_2$ 为摆小球的质量和速度。

【实验操作与现象】
将物理摆-小车系统放置于较光滑的水平桌面上,左手扶小车,右手托起物理摆,使它与竖直方向有一定角度(比如 $90°$),两手同时放开,观察物理摆-小车系统的运动。

（a）实物图

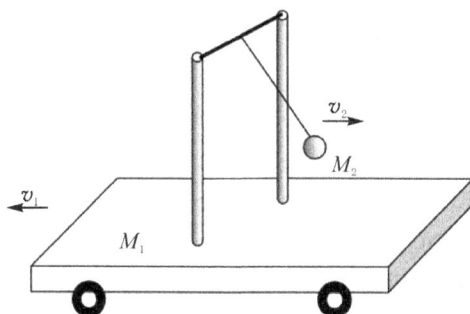
（b）结构图

图 3.1.1　载摆小车

【注意事项】

不要使物理摆-小车系统太靠近桌面边沿,以免仪器跌落损坏。

【讨论和思考】

(1) 当物理摆-小车系统初始时物理摆处在水平状态,从静止开始运动,注意观察小车质心(或车身)的位置变化。发现其运动方向与摆锤的运动在水平方向的分运动方向相反。请对此现象予以解释。

(2) 本演示实验可否以小船代替小车?为什么?

实验 2　等质量五联摆

【实验目的】

(1) 演示 5 个等质量球的弹性碰撞过程,加深对动量守恒定律和机械能守恒定律的理解。

(2) 可演示弹性碰撞时能量的最大传递。

(3) 了解弹性碰撞过程中,动量和能量的变化过程。

【实验仪器】

等质量五联摆实验装置如图 3.2.1 所示。

【实验原理】

由动量守恒定律和能量守恒定律可知:在理想情况下,完全弹性碰撞的物理过程满足动量和能量守恒。当两个等质量球弹性正碰时,它们将交换速度。多个小球碰撞时可以进行类似的分析。事实上,由于小球间的碰撞并非理想的弹性碰撞,还是有能量损失的,故最后小球还是会静止下来。

图 3.2.1　等质量五联摆小球实验装置图

【实验操作与现象】

将仪器放置在水平桌面上,拉动最右侧(或最左侧)一个球使其偏离竖直方向一定角度,松手令它与其余的球碰撞,观察碰撞过程.仿照上述过程,一次拉动 2 个球、3 个球、4 个球,令它们分别与其余的球碰撞,观察碰撞过程,并进行分析。

【注意事项】

(1) 不要用力拉球,以免悬线断开。

(2) 拉动小球使其偏离竖直方向的角度不要过大。

(3) 搬动仪器要轻拿轻放,以免悬线震断。

【讨论与思考】

(1) 假设其中有一颗小球高度略低于其他四颗,这样碰撞时动量和能量会守恒吗?为什么?

(2) 如果五颗小球都换成鼠标的滚珠,碰撞的情形是否一样?为什么?

实验 3　不等质量三联摆

【实验目的】

(1) 演示 3 个不等质量球的弹性碰撞过程,加深对动量原理的理解。

(2) 使学生加深对弹性碰撞过程中的动量能量变化的理解。

【实验仪器】

不等质量三联摆实验装置如图 3.3.1 所示。

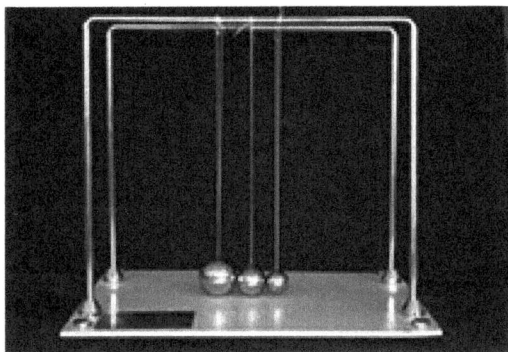

图 3.3.1　不等质量三联摆实验装置图

【实验原理】

系统内力只改变系统内各物体的运动状态,不能改变整个系统的运动状态,只有外力才能改变整个系统的运动状态,所以,系统不受或所受外力为零时,系统总动量保持不变.这就是动量原理。

设两弹性球质量分别为 m_1 和 m_2,碰撞前的速度分别为 $\vec{v}_{1_0}$ 和 $\vec{v}_{2_0}$,则

两个弹性球对心碰撞后的速度分别为

$$v_1 = \frac{(m_1 - m_2)\, v_{1_0} + 2\, m_2 v_{2_0}}{m_1 + m_2}$$

$$v_2 = \frac{(m_2 - m_1)\, v_{2_0} + 2\, m_1 v_{1_0}}{m_1 + m_2}$$

例如"弹弓效应"：空间探测器从大行星旁绕过时，由于行星的引力作用，可以使探测器的运动速度增大，这种现象称之为"弹弓效应"。在航天技术中，弹弓效应常常是用来增大人造小天体运动速率的一种有效方法。

【实验操作与现象】

将仪器放置在水平桌面上，拉动最左侧（或最右侧）一个球使其偏离竖直方向一定角度，松手令它与其余球碰撞，观察碰撞过程。

【注意事项】

（1）不要用力拉球，以免悬线断开。

（2）搬动仪器要轻拿轻放，以免悬线震断。

实验4　滚摆

【实验目的】

（1）通过滚摆的滚动演示机械能守恒定律。

（2）演示滚摆在滚动过程中它的平动动能、转动动能与重力势能之间的转换。

【实验仪器】

滚摆装置如图 3.4.1 所示。

【实验原理】

滚摆的运动是质心的平动与绕质心的转动的叠加。在滚摆上升、下降的过程中，只有重力做功，滚摆的总机械能守恒。滚摆的重力势能和滚摆的平动动能、转动动能相互转化。在滚摆下降过程中，滚摆的势能减少，平动动能、转动动能增大。在滚摆上升过程中，滚摆的势能增大，平动动能、转动动能减少。

重力作用下滚摆的运动是质心的平动与绕质心的转动的叠加，其动力学过程的计算可用质心运动定理和质心角动量定理。滚摆的受力如图 3.4.2 所示，其动力学方程组如下：

图 3.4.1　滚摆装置图

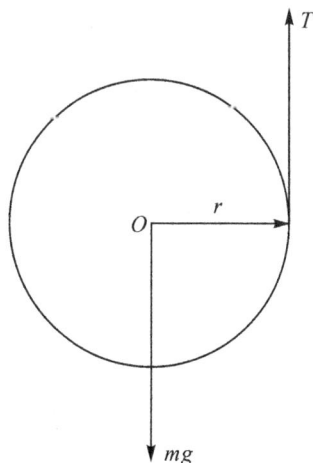

图 3.4.2　滚摆的受力示意图

$$\begin{cases} mg - T = ma \\ Tr = J\beta \\ r\beta = a_c \end{cases}$$

解得 $a_c = \dfrac{g}{1 + \dfrac{J}{mr^2}}$，$T = \dfrac{J}{J + mr^2}mg$，$\beta = \dfrac{\dfrac{g}{r}}{1 + \dfrac{J}{mr^2}}$。

滚摆从静止开始下落，下落高度为 h。

质心平动动能：

$$E_{kp} = \frac{1}{2}\frac{mg^2t^2}{\left(1 + \dfrac{J}{mr^2}\right)^2}$$

绕质心转动动能：

$$E_{ks} = \frac{\dfrac{g^2t^2J}{2r^2}}{\left(1 + \dfrac{J}{mr^2}\right)^2}$$

总动能：

$$E_{ks} + E_{kp} = \frac{\dfrac{g^2t^2J}{2r^2}}{\left(1 + \dfrac{J}{mr^2}\right)^2} + \frac{1}{2}\frac{mg^2t^2}{\left(1 + \dfrac{J}{mr^2}\right)^2} = mgh$$

由此可知，重力势能变成了质心的平动动能与绕质心的转动动能，总机械能守恒。

【实验操作与现象】

（1）调节悬线，使滚摆轴保持水平，然后转动滚摆的转轴，使悬线均匀绕在轴上（绕线不能重叠）。当滚摆轮到达一定高度，使滚摆轮在挂线悬点的正下方，放手使其平稳下落。

（2）在重力作用下，滚摆的重力势能转化为滚摆的平动动能和转动动能。滚摆轮下降到最低点时，滚摆轮的转速最大，转动动能最大；然后又反向卷绕悬线，滚摆轮的转速减小，位置升高，滚摆的平动动能和转动动能转化为重力势能，如此可多次重复直至停止。

【注意事项】

（1）转动滚摆的轴，使悬线绕在轴上时保证两边绕线对称。

（2）不要用力拉滚摆，以免悬线断开。

【讨论与思考】

（1）分析讨论滚摆下落速度（平动）与位置高度的关系。

（2）分析讨论滚摆上下平动的周期与轴径的关系。

（3）分析讨论滚摆上下平动的周期与滚摆质量的关系。

（4）分析滚摆上下平动的周期与滚摆转动惯量的关系。

实验 5　陀螺仪

【实验目的】

直观地演示旋转刚体（陀螺）在外力矩作用下的进动和不受外力矩时角动量方向保

持不变的特性。

【实验仪器】

陀螺仪装置如图 3.5.1 所示。

图 3.5.1　陀螺仪装置

【实验原理】

绕旋转对称轴以很大的角速度转动的刚体就是陀螺。如果没有外力矩的作用,由于惯性,陀螺转动轴的方向(角动量方向)将保持不变,称为定轴性。迅速转动的陀螺受到外力矩(如重力力矩)作用时,并不是立即倾倒,而是绕着某一固定轴缓缓转动,即角动量将在外力矩的作用下进动。

由于摩擦力、空气阻力等因素的存在,陀螺绕对称轴转动的角速度逐渐变小,最后将慢慢地倾倒下来。

【实验操作与现象】

(1)演示角动量守恒:将带框的三维陀螺仪放在加速器上,踩脚踏开关,启动陀螺。当陀螺仪高速旋转起来时,将陀螺仪拿起,观察陀螺转轴的变化,然后手拿陀螺仪外框,向各个方向转动,这时陀螺转轴的角度始终不变。

(2)演示刚体的进动:将无框的陀螺仪放在加速器上,踩脚踏开关,启动陀螺,当陀螺仪高速旋转起来时,将陀螺仪拿起,放置于底座上,此时,陀螺仪就会绕竖直轴进动。

(3)还有两个用陀螺仪演示的角动量守恒小实验,也非常有趣:

① 将旋转的陀螺仪放在斜坡上,它不会倒下,而会沿斜坡下滑。

② 将旋转的陀螺仪倒放在转盘上,放的位置不同,现象也不同。

实验 6　茹科夫斯基转椅

【实验目的】

定性观察合外力矩为零的条件下,物体系的转动惯量改变时的角动量守恒。

【实验仪器】

茹科夫斯基转椅如图 3.6.1 所示。

【实验原理】

绕定轴转动质点系的角动量等于其转动惯量 J 与角速度 ω 的乘积,当质点系所受合外力矩为零时，角动量 $L = J\omega$ 恒量守恒。因为内力矩不会影响质点系的角动量，若质点系在内力的作用下绕定轴转动的转动惯量改变，则它的角速度将发生相应的改变以保持质点系的总角动量守恒。

【实验操作与现象】

演示者坐在可绕竖直轴自由旋转的椅子上（不要用竖直轴上有螺纹的转椅，以免急速旋转后椅座脱落，发生危险），如图 3.6.2 所示，手握哑铃，两臂平伸，使转椅转动起来，然后收缩双臂，J 减小，可看到演示者和转椅的转速显著加大，ω 增大。两臂再度平伸，J 增大，转速又减慢，ω 减小。这是因为外力矩等于零时，角动量守恒，绕固定轴转动的物体的角动量等于其转动惯量与角速度的乘积，即 $J\omega =$ 恒量。当演示者收缩双臂时，转动惯量减小，因此角速度增加。

图 3.6.1　茹科夫斯基转椅　　　　图 3.6.2　茹科夫斯基转动示意图

【注意事项】

(1) 座椅的转轴处必须非常顺滑，摩擦力越小时的效果越佳。

(2) 操作时注意安全，转速不要过大，避免人脱离座椅发生危险。

(3) 椅子旋转起来后，若操作者感觉不适应，则应尽快停止实验。

【讨论与思考】

(1) 演示者在座椅上顺时针旋转和逆时针旋转时，转椅的转动方向有变化吗？

(2) 请解释花样滑冰、跳水运动员转体动作随肢体的伸缩而时快时慢的现象。

(3) 在本实验中，坐在转椅上的操作者、哑铃和转椅所构成系统的总动能是否发生变化？

实验 7　离心轨道（过山车模型）

【实验目的】

验证机械能守恒定律。

【实验仪器】

离心轨道实验装置如图 3.7.1 所示。

【实验原理】

根据机械能守恒定律,小钢球从导轨的高处滚下的过程中,小钢球的势能转化成动能。由于导轨中有一部分环形轨道,因此,只有当小钢球具有一定的速度,它才能克服受到的向心力,顺利沿环形轨道运动一周。

图 3.7.1 离心轨道

将钢球从斜轨道的不同高度自由滚下,可观察到只有当钢球的起始位置足够高时,才能使它到达环形轨道顶点而不跌落。这个高度可以计算出来。设环形轨道半径为 R、小球质量为 m、起始高度为 H、此球滚动前具有的势能为 mgH。小球滚至环形轨道顶点时具有的势能为 $mg \cdot 2R$,具有的动能为

$$\frac{1}{2}mv^2 = mgH - mg \cdot 2R$$

解得小球的线速度为

$$v = \sqrt{2g(H-2R)}$$

小球在环形轨道顶点沿轨道运动所需要的向心力为

$$F_{向} = \frac{mv^2}{R} = \frac{2mg(H-2R)}{R}$$

若小球在环形轨道顶点所受的重力 $mg \leqslant F_{向}$,那么球就不会跌落,可解得

$$mg \leqslant \frac{2mg(H-2R)}{R}, \quad H \geqslant 2.5R$$

即:要使球滚至环形轨道顶部而不跌落,球滚下时高度的最小值应为环形轨道半径的 2.5 倍。(因有能量损耗,实验的高度应大于 $2.5R$)

【实验操作与现象】

(1)把钢球放入轨道高端的圆圈中,让其滑下,观察钢球运动状态。

(2)把钢球放在轨道的任意处,让其滑下,观察钢球运动的状态。

【讨论和思考】

(1)为什么只有从最高处下滑,小钢球方可沿环形轨道运动到达另一端而不跌落?

(2)若两端一样高,则小钢球能从高的一端到达另一端吗?

实验 8　锥体上滚

【实验目的】

(1)通过观察与思考双锥体沿斜面轨道上滚的现象,使学生加深了解在重力场中,物体总是以降低重心、趋于稳定的运动规律运动。

(2)说明物体具有从重力势能高的位置向重力势能低的位置运动的趋势,同时说明物体重力势能和动能的相互转换。

【实验仪器】

锥体上滚实验装置如图 3.8.1 所示。

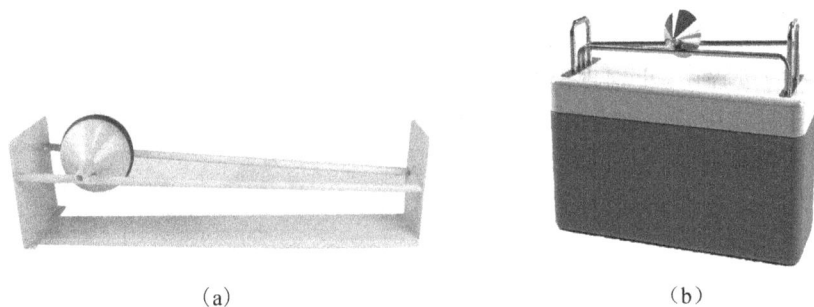

（a） （b）

图 3.8.1 锥体上滚实验装置

【实验原理】

能量最低原理指出:物体或系统的能量总是自然趋向最低状态。实验中的锥体怎么从低处向高处滚动呢?本实验中在低端的两根导轨的间距小,锥体停在此处重心被抬高了;相反,在高端两根导轨较为分开,锥体在此处下陷,重心实际上降低了。实验现象仍然符合能量最低原理。

本实验的核心是刚体在重力场中的平衡问题。自由运动的物体在重力的作用下总是平衡在重力势能极小的位置。如果物体不是处于重力场中势能极小值状态,重力的作用总是使它往势能减小的方向运动。本实验演示锥体在斜双杠上自由滚动的现象,巧妙地利用锥体的形状,将支撑点在锥体轴线方向上的移动(横向)对锥体质心的影响同斜双杠的倾斜(纵向)对锥体质心的影响结合起来,当横向作用占主导时,甚至表现为出人意料的纵向反常运动,即锥体会自动滚向斜双杠较高的一端。具体分析如下:

首先看随遇平衡(锥体质心保持水平)时锥体的位置,如图 3.8.2 所示。A、A_1 端较高,但 A、A_1 处两横杆向外侧倾斜,较高的支撑有使锥体质心向上移的趋势,而支撑点较宽又使锥体因其中间粗两端细而使质心有向下移动的趋势,两种趋势互相抵消,可使锥体在图 3.8.2 所示任何位置都处于平衡状态。如果此时使 A、A_1 稍变宽或使 B、B_1 稍变窄,会使锥体在 A、A_1 端比在 B、B_1 端时质心位置更低,它将总往 A、A_1 端(高端)滚动,图 3.8.2 中从 B 端向 A 端看,视图如图 3.8.3 所示。

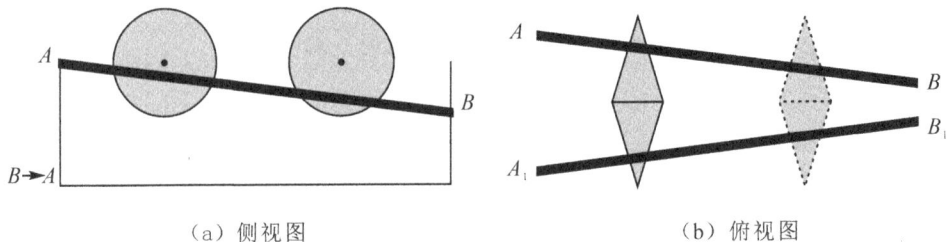

（a）侧视图 （b）俯视图

图 3.8.2 实验装置在随遇平衡时的结构简图

A、A_1 端处于高宽端,B、B_1 端处于低窄端,若支撑点与锥面相切位置如图 3.8.3 所示,则当锥体滚动时,质心在水平面内运动,锥体处于随遇平衡状态。设 B、B_1 端固定,A、

A_1 端宽度一定,只调节其高度,则 A、A_1 端下降,将会出现由随遇平衡状态向上滚的现象。A、A_1 端至多下降到 C、C_1 即 B、B_1 端所在水平面上,不过此时滚动虽明显,但"往上"却不明显了。故本实验装置高低宽窄布局要适度,使 A、A_1 端比随遇平衡位置略低,锥体能自动滚动即可。

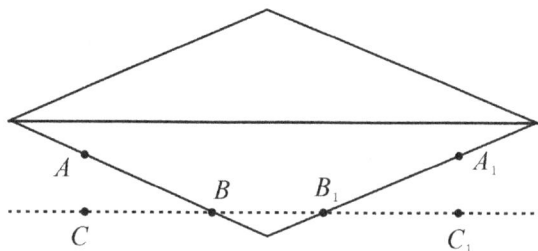

图 3.8.3　锥体上滚实验装置 $B \to A$ 向视图

本实验巧妙地利用了质心运动定理,将锥体与轨道的形状配合起来,而给人以锥体向上滚动的错觉。实际上锥体的质心由轨道的开口端向闭口端是逐渐升高的,大家实际测量一下就明白了。

【实验操作与现象】

(1) 取一圆柱形长杆,置于导轨的高端,放手后自动滚落。

(2) 将双圆锥体置于导轨的高端,锥体静止不动。

(3) 将双圆锥体置于导轨的低端,松手后锥体便会自动地滚上这个斜坡,到达高端(即开口端)后停止。

【讨论与思考】

(1) 试导出实现密度均匀的锥体上滚时,锥体顶角、导轨夹角、导轨宽窄端的高度差三者之间满足的关系。

(2) 将锥体正确放置于轨道上时(即锥体骑在轨道上且其轴线垂直于两轨道的角平分线的状态),求锥体质心受到的沿轨道平面斜向上的力的大小。

(3) 若将锥体放置于轨道上,略有倾斜(其轴线不垂直于两轨道角平分线)时,研究锥体的运动,并通过实验检验所得的结论。

实验 9　最速降线

【实验目的】

(1) 演示两个小钢球的直线和曲线运动。

(2) 验证重力下的最快下降曲线。

【实验仪器】

最速降线演示仪(带有直线钢轨和曲线钢轨的支座一个,大小、质量相等的小钢球两个),如图 3.9.1 所示。

【实验原理】

如图 3.9.1 所示,有两条轨道,一条是直线,一条是曲线,起点高度以及终点高度都相同。两个质量、大小一样的小球同时从起点向下滑落，曲线的小球反而先到终点。这是由于曲线轨道上的小球先达到最高速度，所以先到达。然而，两点之间的直线只有一条，曲线却有无数条，那么，哪一条才是最快的呢？伽利略于 1630 年提出了这个问题，当时他认为这条线应该是一条圆弧，可是后来人们发现这个答案是错误的。

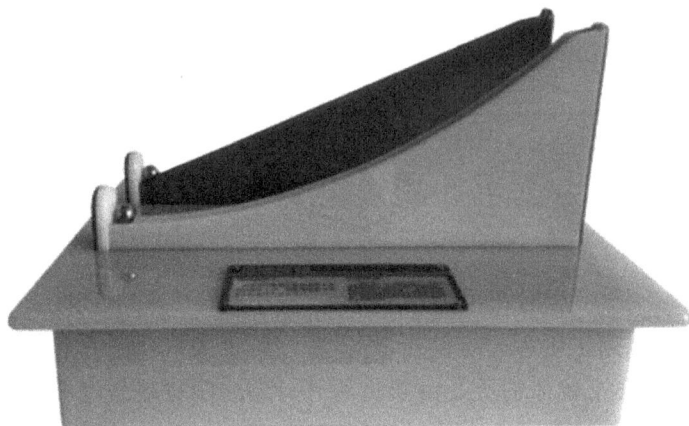

图 3.9.1　最速降线演示仪

在只考虑重力作用的情况下，一质点从点 A 沿某条曲线到点 B，问怎样的曲线能使所需时间最短？这一问题被称为最速降线问题（Brachistochrone Problem），所需时间最短的这条曲线就叫最速降线，由约翰·伯努利在 1696 年提出来挑战欧洲的数学家。最速降线或捷线问题是历史上第一个出现的变分法问题，也是变分法发展的一个标志。

图 3.9.2(a) 中有 a、b、c 三条曲线，c 曲线所需时间最短，曲线最长，就是最速降线。最速降线是一条摆线也叫旋轮线，如图 3.9.2(b) 所示。只不过这条摆线是上、下颠倒过来了。

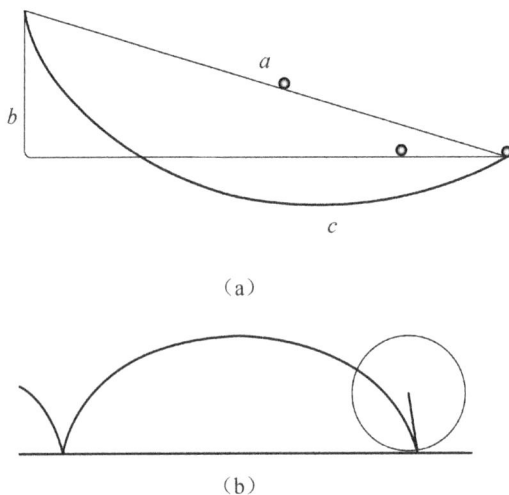

（a）

（b）

图 3.9.2　最速降线

根据自由落体公式 $v = \sqrt{2gh}$，小球的下降速度将随下落的高度 H 变化而变化。如图 3.9.3 所示，将 A 点和 B 点之间的高度差 H 分成 n 等份，记 $\Delta H = H/n$，通过等距且相互平行的平面把整个空间分成多个薄层，每一层的厚度为 ΔH ，由于 n 的取值很大，因此 ΔH 很小，在每一层中将小球的运动近似看作等速运动，并以质点在重力作用下到达该层下边界时的速度作为质点在该薄层内的速度。于是从上往下进行计算：

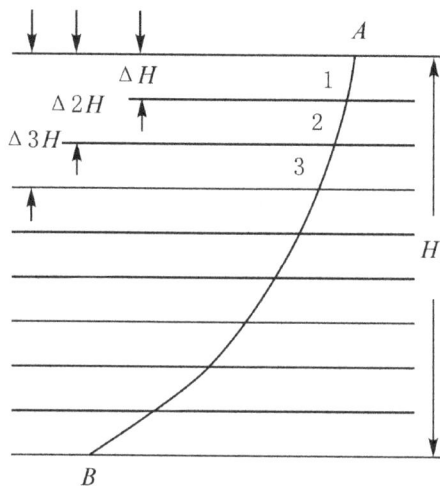

图 3.9.3　切割原理示意

在第 1 薄层小球的速度为 $v_1 = \sqrt{2g \cdot \Delta H}$ ；

在第 2 薄层小球的速度为 $v_2 = \sqrt{2g \cdot 2\Delta H}$ ；

在第 3 薄层小球的速度为 $v_3 = \sqrt{2g \cdot 3\Delta H}$ ；

……

在第 n 薄层小球的速度为 $v_n = \sqrt{2g \cdot n\Delta H} = \sqrt{2gH}$ 。

于是，小球在一条以 A、B 为端点的折线上运动。设每段折线与竖直方向所成夹角依次为 $a_1, a_2, a_3, \cdots, a_n$。根据费马定理（光在任意介质中从一点传播到另一点时，沿所需时间最短的路径传播），小球通过第 1 层和第 2 层的时间最少时，应满足 $\dfrac{\sin a_1}{v_1} = \dfrac{\sin a_2}{v_2}$，即

$\dfrac{\sin a_1}{\sqrt{2g \cdot \Delta H}} = \dfrac{\sin a_2}{\sqrt{2g2 \cdot \Delta H}}$，则 $\dfrac{\sin a_1}{\sqrt{\Delta H}} = \dfrac{\sin a_2}{\sqrt{2\Delta H}}$。

同理，通过第 2 层和第 3 层的时间最少时，应满足 $\dfrac{\sin a_2}{\sqrt{2\Delta H}} = \dfrac{\sin a_3}{\sqrt{3\Delta H}}$；

通过第 $n-1$ 层和第 n 层的时间最少时，应满足 $\dfrac{\sin a_{n-1}}{\sqrt{(n-1)\Delta H}} = \dfrac{\sin a_n}{\sqrt{n\Delta H}}$；

进而可得到一系列等式：$\dfrac{\sin a_1}{\sqrt{\Delta H}} = \dfrac{\sin a_2}{\sqrt{2\Delta H}} = \dfrac{\sin a_3}{\sqrt{3\Delta H}} = \cdots = \dfrac{\sin a_n}{\sqrt{n\Delta H}}$。

也就是说，最节省时间的折线中的任一段与竖直线交角的正弦值，与该层离点 A 的竖直距离平方根的比为常数。当用同样方法来分割直轨道时，由于直轨道与竖直线交角的正弦为一定值，不满足上述等式，所以走直轨道的小球要后到达终点 B。

【实验操作与现象】

（1）将支座放在水平面桌面上，把两个小球放在支座右侧顶端。

（2）同时释放放在直线钢轨和曲线钢轨（始末位置相同）的两个小球（两小球的始末位置相同），观察两个小球的运动情况。

（3）比较两个小球到达另外一端的时间，结果发现曲线轨道上的小球最先到达另一端。

【注意事项】

（1）两小球应保证同时释放。

（2）桌面要保证水平。

【讨论与思考】

（1）实验中球的滚动、滑动、摩擦力对实验结果有何影响？

（2）假设通过摆线上的一点的垂直线与摆线的夹角为 a，试计算 $\sin a$ 与通过该点切线速度 v 的比值。此关系与光在介质中折射角与速度的关系有何关联？为什么？

（3）我国古建筑中的"大屋顶"（见图 3.9.4），从侧面看上去，"等腰三角形"的两腰不是线段，而是两段最速降线。按照这样的原理设计，在夏日暴雨时，可以使落在屋顶上的雨水，以最快的速度流走，从而对房屋起到保护的作用。

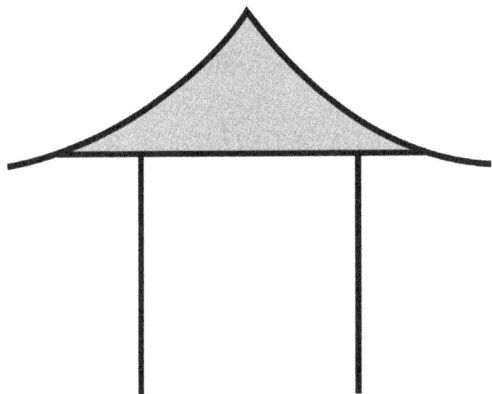

图 3.9.4 大屋顶

实验 10 维氏感应起电机

【实验目的】

（1）了解维氏感应起电机的构造，观察感应起电的现象。

（2）了解电荷产生的原理及其应用，观察电容器（莱顿瓶）的电容量的变化情况。

【实验仪器】

维氏感应起电机外观如图 3.10.1（a）所示，其结构如图 3.10.1（b）所示。

起电机的旋转盘由两块有机玻璃圆盘叠在一起组成，中间有空隙，每块圆盘向外的表面上都贴有铝片，铝片以圆心为中心对称分布。

两个圆盘分别与两个受动轮固定，并依靠皮带与驱动轮相连，且两根皮带中有一根

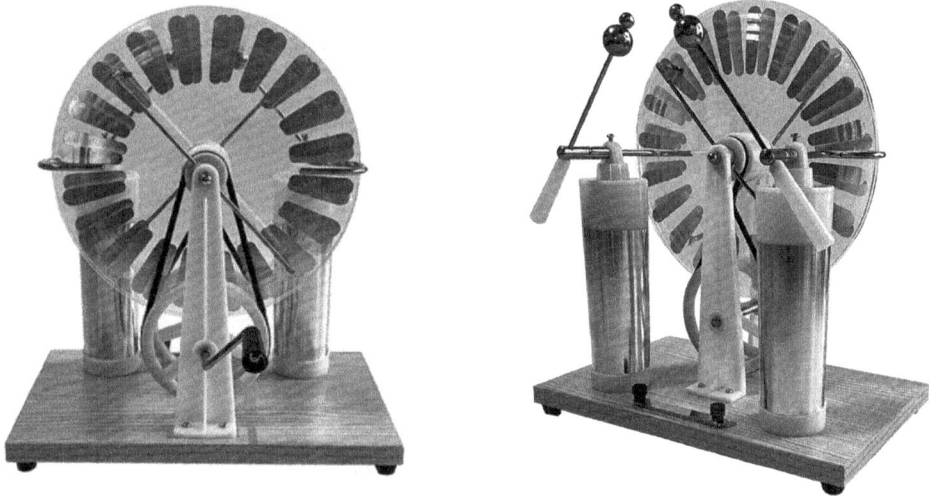

（a）感应起电机外观图

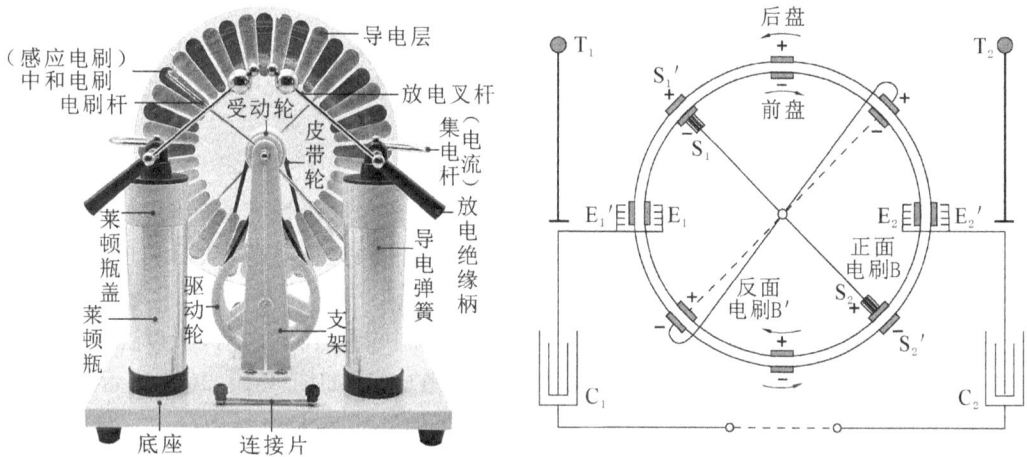

（b）感应起电机结构示意图

图 3.10.1 感应起电机

中间有交叉，因此转动驱动轮时两圆盘转向相反，正面顺时针转动，反面逆时针转动，如图 3.10.2 所示。

两个圆盘向外的表面上各有一个过圆心的固定电刷，两电刷呈 90° 夹角，电刷两端的铜丝与铝片密切接触，这样在圆盘旋转时铜丝铝片可以摩擦起电。悬空电刷与电刷成 45° 夹角，每个悬空电刷的两脚跨过两盘，但并不与两盘接触，脚上装有许多尖细铜丝，铜丝尖端指向圆盘上的铝片，悬空电刷由金属杆与莱顿瓶相连。

莱顿瓶实际上是一个电容器，用来储电。在莱顿瓶中，放电小球也通过一金属杆与莱顿瓶盖相接，此杆插入瓶盖一半且不与集电叉相触，也不与莱顿瓶中锡箔筒相连，但这样可使其受莱顿瓶内筒电荷感应而带电。可推导出放电小球会被感应出和与其相连的莱顿

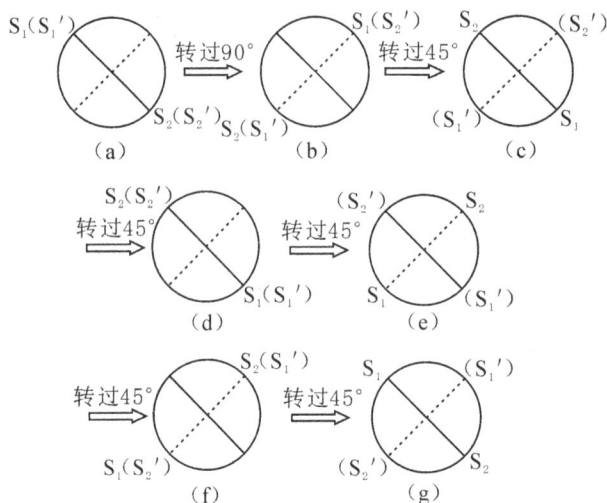

图 3.10.2

瓶内筒同电性的电荷。

由于左右各有一莱顿瓶，若两莱顿瓶集聚不同种电荷，则两放电小球上就会被感应出不同种电荷，当两小球靠近时就会因放电而产生电火花。需要说明的是，此莱顿瓶仅是储电设备，与小球是否放电无关。

【实验原理】

起电机是利用感应作用来起电的一种仪器，当两个起电盘快速旋转时，带电系统特别是装有绝缘手柄的放电叉球部，会分别积聚不同电性的大量电荷，从而实现电流的放电过程和变化，具体过程如下：

当顺时针摇动转轮上的摇柄时，由于在静电序列中铝排在铜之前，所以在圆盘转动时铝片与电刷上的铜丝摩擦而带上正电荷，铜丝带负电荷。如图 3.10.2(a) 所示：假设刚摩擦时金属铝片 S_1 带电量为 Q_1，与其在同一直径上的铝片 S_2 带电量为 Q_2，Q_1 与 Q_2 有大小之分。

当圆盘转过 $90°$ 时，S_1 与反面电刷 B' 相对，此时 S_2'、S_1' 分别与 S_1、S_2 相对。假设 $Q_1 > Q_2$，由于 S_1' 与 S_2' 之间有电刷连接，会引起自由电子移动，使得 S_1' 带正电荷，S_2' 带负电荷，如图 3.10.2(b) 所示。

当圆盘再转过 $45°$ 时，S_1、S_2 分别顺时针转至与电极相接的悬空电刷 E_2、E_1 处，并在该处放电使 E_1、E_2 带正电荷，这些正电荷又被积聚在莱顿瓶 C_1、C_2 中，如图 3.10.2(c) 所示。

当圆盘再转过 $45°$ 即 S_1 转到与正面电刷 B 相对应时，S_1 与 S_1' 相对，S_2 与 S_2' 相对，刚经过放电的 S_1 与 S_2 恰好不再带有电荷。S_2' 带负电使得 S_2 感应带正电，又由于与金属刷上铜丝摩擦也使它带正电，在二者共同作用下 S_2 带上了正电荷；对于 S_1 来说，S_1' 上的正电荷使其感应带负电荷，由于金属刷的连接作用，S_2 所带的正电荷会导致电子移动（如图 3.10.3）使 S_1 带负电，这样，虽然有摩擦产生的正电荷也会被以上两种作用所产生的负电荷抵消，因此 S_1 还是带负电荷，如图 3.10.2(d) 所示。

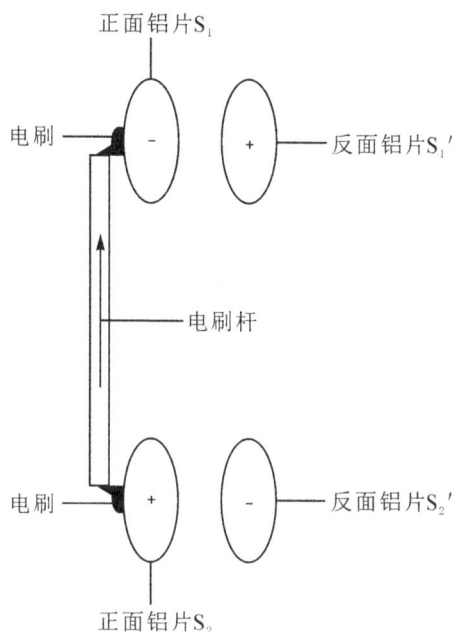

图 3.10.3

　　圆盘再转过 $45°$ 时,S_1' 与 S_2' 恰好分别转到悬空电刷 E_2' 与 E_1' 处。带正电的 S_1' 在 E_2' 处放电后不再带电,E_2' 上的负电荷被中和使 E_2' 带正电,这些正电荷被莱顿瓶 C_2 积聚到放电叉 T_2 的放电小球上;带负电的 S_2' 在 E_1' 处放电后也不再带电,且 E_1' 上的正电荷被中和使 E_1' 带负电,这些负电荷被莱顿瓶 C_1 积聚到放电叉 T_1 的放电小球上,如图 3.10.2(e) 所示。

　　如果圆盘又转过 $45°$,S_1 又与 S_2' 相遇,S_2 与 S_1' 相遇,且此时 S_1、S_2 与反面电刷 B' 相对,S_1'、S_2' 分别在 E_2、E_1 处放电后不再带电。此时的电荷变化与过程(d)相似,因此与 S_1 相对的 S_2' 带正电荷,与 S_2 相对的 S_1' 带负电荷,如图 3.10.2(f) 所示。

　　当圆盘再转过 $45°$,此时 S_1、S_2 恰好分别转到悬空电刷 E_1、E_2 处。S_1 在 E_1 处放电使得负电荷被积聚到放电叉 T_1 的放电小球上,S_2 在 E_2 处放电使得正电荷被积聚到放电叉 T_2 的放电小球上,如图 3.10.2(g) 所示。之后转动摇柄,电荷的变化情况将重复过程(c)~(g),由于两盘的逆向旋转,转至与电极相接的悬空电刷 E_2、E_2' 处的金属片将全部带正电,转至与电极相接的悬空电刷 E_1、E_1' 处的金属片将全部带负电。莱顿瓶 C_2 感应到放电小球 T_2 上的正电荷会越来越多,而莱顿瓶 C_1 感应到放电小球 T_1 上的负电荷也会越来越多,当小球聚集一定电荷时,就会产生放电现象。在莱顿瓶盖内放电叉与悬空电刷之间的空气也会被电离,使放电叉与悬空电刷在短时间内相当于一个导体,将事先聚集在莱顿瓶中的电荷大部分中和之后,再一次重复上述过程。

　　但是,起电机并不是从一开始就可以放电的,因为空气被击穿需要一定的电压,这就需要积聚一定的电荷,而放电叉 T_1、T_2 上电荷的积累需要一定时间,所以当起电机长时间不用后要摇动摇柄一定时间后 T_1、T_2 间的电压才能达到空气的击穿电压而产生放电现象。

那么,反向转动摇杆时是否也会达到相同的效果呢?回答是否定的。因为反转时虽然起电机原理和正转一样,但由于正反两面的铝片在摩擦起电后都没有再经过另一侧电刷,而是直接在悬空电刷处放电,使两个莱顿瓶带有同种电荷,因此不会放电。

【实验操作与现象】

(1)将起电机的两个金属球分开约 10 mm。顺时针摇动起电机,当两个起电盘快速旋转时,可以看到金属球分别聚集起不同电性的大量电荷,而形成火花放电,同时发出轻微的"滴滴"声。继续摇动起电机,同时逐渐拉大两个金属球之间的距离至 20 ～ 30 mm 左右。可以看到两个金属球之间出现明亮的电闪光,同时可听到清脆的"噼噼"声。这种现象叫作放电现象。

(2)将两个莱顿瓶外面导电层用连接片相连,注意观察放电火花明亮程度,同时发现两次放电间隔的时间加长,这是因为莱顿瓶总电容量增加所致。若把连接片断开,莱顿瓶总电容量减少了,此时得到的放电火花较小,明亮程度与连接时相比也弱一些,两次放电间隔的时间也缩短了,这就看清楚了电容量的变化情况。

(3)把放电球分开,将连接线与静电实验装置相连,观察实验现象。

【注意事项】

(1)起电盘应放在干燥及清洁的地方。

(2)摇动的方向必须是顺时针转动,不能逆时针转动。

(3)两电刷应互成90°夹角,各与横梁成45°夹角。集电杆的电梳针尖不能触及起电圆盘。

(4)电刷与金属铂片的接触要可靠。

(5)两个传动皮带的其中一根在传动间交叉安装,以使两起电圆盘工作时反向旋转。

(6)操作起电机时,动作要缓和,由慢到快,但速度不能太快,过快了会影响中和电刷与导电层接触,反而不能起电,也容易损坏起电盘。摇转停止时亦需慢慢进行,可松开手柄靠摩擦作用使其自然减慢,以防起电盘由于惯性从转动轴上松脱。

(7)起电机带电后和停止摇动时,由于集电杆等处带有电荷,操作者不要触摸实验设备,应将两个放电球接触,进行正负电荷中和。

(8)两放电球接触后不能再转动摇把手,避免两个起电盘上所有导电层正负电荷完全中和,不能再起电。

(9)起电盘和莱顿瓶中的导电层切不可碰伤、刻划、沾水受潮。转动轴要常加润滑油。

【讨论与思考】

请思考以下说法是否正确?"雷电即是自然界中发生的大规模放电现象。本实验中的闪光就好比闪电,噼噼声就好比雷声"。

实验 11 范德格拉夫起电机

【实验目的】

演示起电现象,了解电荷产生的原理及其应用。

【实验原理】

范德格拉夫起电机实物及结构如图 3.11.1 所示。

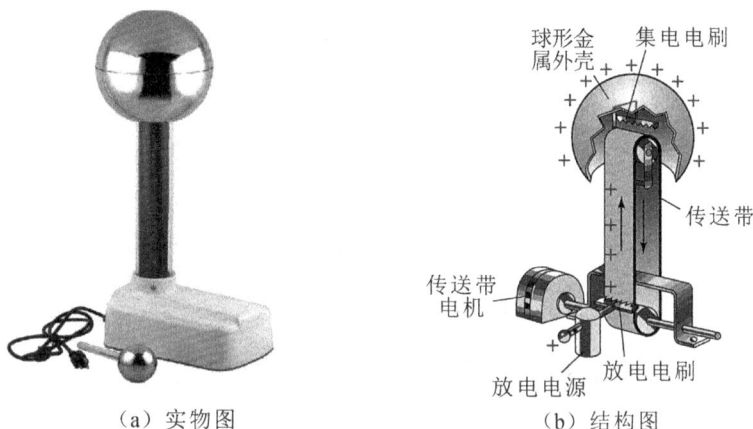

（a）实物图　　　　　　（b）结构图

图 3.11.1　范德格拉夫起电机

范德格拉夫起电机利用导体的静电特性和尖端现象，尤其是导体内部没有净电荷，电荷只能分布在导体的表面上的现象。范德格拉夫静电起电机由 5～10 万 V 的高压直流电源通过放电针尖端放电把电荷转移给传送带（由橡胶或丝织物制成），由电动机拖动传送带，传送带把电荷传送到金属球内部后，由金属球内部的集电针收集电荷输送到金属球的外表面上。

【实验操作与现象】

（1）起电机上端安装了一个导体球，直径为 220 mm，球体的电容大约是 15 μF，导体球安装在两个绝缘的有机玻璃柱上。静电是由橡胶皮带和两个滚轮产生的，它们分别是由聚乙烯（PE）和有机玻璃（PMMA）制造的。

（2）使用范德格拉夫起电机的时候会产生电磁干扰信号。工作状态时，不要随意触摸金属球，以免因自身与地没有绝缘，造成对身体的损害。

【讨论与思考】

范德格拉夫起电机的起电原理就是利用尖端放电使起电机起电，场离子显微镜（FIM）、场致发射显微镜（FEM）乃至扫描隧道显微镜（STM）等可以观察个别原子的显微设备的原理都与尖端放电效应有关，静电复印机也是利用加高电压的针尖产生电晕使硒鼓和复印纸产生静电感应，从而使复印纸获得与原稿一样的图像。

实验 12　静电高压电源

【实验目的】

了解静电发生器的原理和结构，理解同种电荷带电的性质和等电势的概念。

【实验仪器】

静电高压电源实验装置如图 3.12.1 所示。

图 3.12.1　静电高压电源实验装置图

【实验原理】

根据导体的静电特性，导体内部没有净电荷，电荷只能分布在导体的外表面上。大型静电高压演示装置由高压电源通过高压导线把电荷转移到金属球的外表面上，从而使得球体外表面带上高压静电。实验中按照严格的操作步骤使静电高压演示装置正常工作后，当实验者与球体外壳接触后，人体与球体构成等势体，同时人体上带有大量的静电电荷，较柔软的头发丝由于带有同种电荷相互排斥而分开，从而形成"怒发冲冠"的效果。

【实验操作与现象】

(1)实验前先用带接地的"放电杆"对金属球放电。

(2)请一位学生站在绝缘台上，用一只手接触金属球。

(3)按下"高压电源开关"按钮，指示灯点亮，缓慢调整高压电源旋钮，观察演示效果。

(4)关掉"高压电源开关"按钮，指示灯熄灭，缓慢调整高压电源旋钮回零位。

(5)用"放电杆"对金属球放电。

(6)演示结束，请绝缘台上学生走下绝缘台，下绝缘台时双脚要同时落地。

【注意事项】

(1)实验开始前，先不要开启"高压电源开关"；用带接地线的"放电杆"对金属球放电后，再启动电源。

(2)实验过程中，表演者的手切记不要离开金属球；如果离开，则切记不要再重新接触金属球。

(3)旁观学生不要离仪器过近(应保持 2 m 以上距离)，不得用手指或金属物体指点金属球。

(4)实验结束后，关闭控制台"总电源开关"后，务必用"放电杆"对金属球进行放电。

(5)用放电杆对金属球放电时放电杆应缓慢地靠近金属球。

(6)如果在实验过程中出现意外，操作人员应立刻切断实验室总电源。

实验 13　静电屏蔽

【实验目的】

观察金属笼(鸟笼)的静电屏蔽现象。了解静电屏蔽的结构和原理。

【实验仪器】

高压电源、鸟笼、导线、接地线。实验装置如图 3.13.1 所示。

图 3.13.1　静电屏蔽实验装置图

【实验原理】

根据静电平衡理论，空腔导体本身带静电，与其处于腔外电场作用下，发生静电感应并达到静电平衡一样，空腔导体的内部空间不受导体外电场的影响，整个空腔导体是等势体，表面是等势面，且空腔导体的内部空间无所带净电荷，所带净电荷只能分布在导体表面。若导体空腔内原本无电荷，则导体内部空间的电场始终为零，净电荷也只能分布在导体外表面，而静电平衡时导体内部空间的场强为零这一规律在技术上应用的效果就是静电屏蔽。本实验以鸟笼为空腔导体，用高压电源使鸟笼带电，因此净电荷仅存在于笼体外表面，笼内无电场，由此可直观演示静电屏幕现象。

【实验操作与现象】

(1)把高压电源的输出线连接到实验用的金属鸟笼的导体座上，并让电源的接地线接触地面。

(2)开启高压电源开关，使鸟笼带电，调节电压输出到 5 kV 左右，随即可以看到鸟笼外表面的纸条张开，而其内部的纸条不张开。说明鸟笼上所带的静电分布在鸟笼的外表面，鸟笼的内表面不带电，并且金属鸟笼的屏蔽作用，使外电场对笼内不产生影响，因为鸟笼内电场强度为 0。

(3)演示完毕后，先关掉电源开关，再用导线放电。

【注意事项】

（1）注意高压电源的安全使用，不要用潮湿的手触及电源。

（2）必须保证高压电源的接地线在实验过程中总是接触地面。

（3）实验操作步骤（3）必须严格按说明进行，千万不可未关闭静电高压电源就对带电体进行放电。

【讨论和思考】

请举例说明静电屏蔽在日常生活及工程实际的应用。

实验 14　电风吹焰

【实验目的】

通过电风吹焰实验演示尖端放电现象。

【实验仪器】

高压电源、蜡烛、电风吹焰仪，实验装置如图 3.14.1 所示。

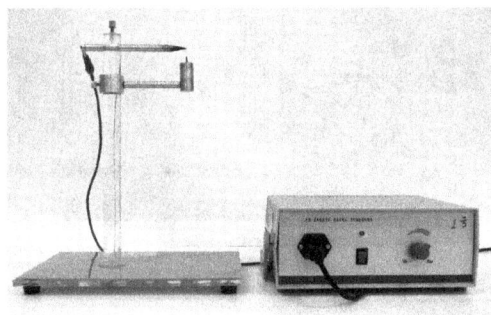

（a）实物图

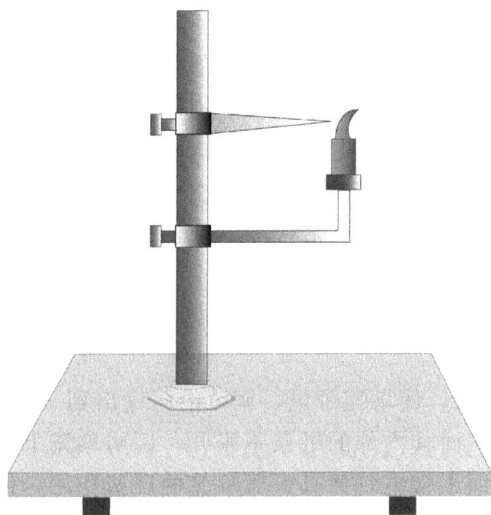

（b）电风吹焰仪结构图

图 3.14.1　电风吹焰实验装置图

【实验原理】

电风吹焰实验的基本原理是尖端放电。

本实验的主要部件为一个针形导体,首先把它与高压电源的输出端(正极)相连,然后开启高压电源,因针形导体的尖端曲率半径很小,电荷密度很大,所以其附近的电场将很强。电场使空气击穿,空气中带负电的粒子飞向尖端,尖端带正电的粒子向空气中寻找带负电的粒子进行中和,放电过程中由于带正电的粒子从尖端附近向外发射,从而形成一股宏观气流,称为电风。若尖端靠近蜡烛火焰,它将把蜡烛火焰吹向一边甚至吹灭。

【实验操作与现象】

(1)将高压电源的输出端(正极)连接到实验用的针形导体上,并让电源的接地线接触地面。

(2)将针形导体尖端靠近点燃的火焰底部。

(3)开启高压电源,同时观察蜡烛火焰的运动情况。仪器工作正常时,尖端放电形成气流,把蜡烛火焰吹向一边甚至吹灭。

(4)演示完毕后,先关掉电源开关,再用导线放电。

【注意事项】

(1)注意高压电源的安全使用,不要用潮湿的手触及高压电源。

(2)必须保证高压电源的接地线在实验过程中总是接触地面。

(3)实验操作步骤(4)必须严格按说明去做,千万不可未关闭高压电源就对带电体进行放电。

实验 15　避雷针

【实验目的】

(1)气体放电存在多种形式,如电晕放电、电弧放电和火花放电等,通过此演示实验观察火花放电的发生过程及条件。

(2)演示避雷针放电原理。

【实验仪器】

避雷针实验装置如图 3.15.1 所示。

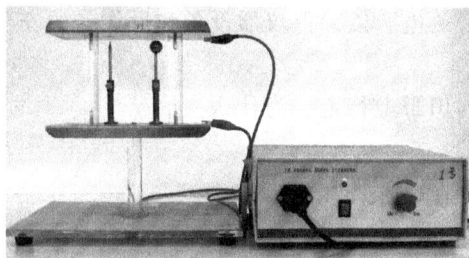 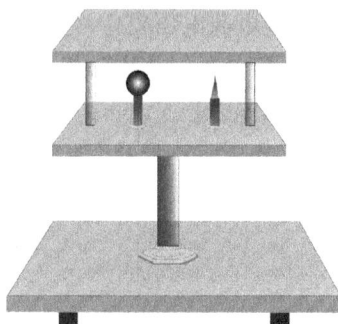

(a) 实物图　　　　　　　　　　　　(b) 结构图

图 3.15.1　避雷针实验装置图

【实验原理】

带电导体的外表面是等势面，曲率半径小的地方电荷密度大。由于导体尖端的曲率半径极小，因而电荷密度极大，而导体表面外侧邻域内的电场与导体的电荷密度成正比，所以尖端邻域有极强的电场。当电场强到使空气击穿时，就产生了尖端放电，导体上的电荷就不再更多地积累，而是会不断流失。

若在建筑物上安装这种尖端导体，则在雷雨季节可使建筑物不致因积累过多的电荷而遭雷击，装在建筑物顶上防止雷击的尖端导体就是避雷针。

当避雷针演示仪接通静电高压电源后，绝缘支架上的两个金属板带电。在极板间电压超过1万V时，由于导体尖端处电荷密度大于金属球处，所以金属尖端附近形成了强电场，在强电场的作用下，空气分子被电离，极板和金属尖端之间处于连续的电晕放电状态，即尖端放电现象。而金属球与极板间的电场不能达到火花放电的条件，故金属球不放电。在实际应用中，尖端导体与大地相连接，云层中的电荷通过导体与大地中和，因而避免了人身和物体遭到雷电等静电的伤害。如高层建筑物顶端都安有高于屋顶物体的金属避雷针。

实验时，首先让尖端电极和球型电极与平板电极的距离相等。尖端电极放电，而球型电极未放电。这是由于电荷在导体上的分布与导体的曲率半径有关。导体上曲率半径越小的地方电荷积聚越多（尖端电极处），两极之间的电场越强，空气层被击穿。反之电荷积聚越少（球型电极处），两极之间的电场越弱，空气层未被击穿。当尖端电极与平板电极之间的距离大于球型电极与平板电极之间的距离时，其间的电场较弱，不能击穿空气层。而此时球型电极与平板电极之间的距离最近，放电只能在此处发生。

【实验操作与现象】

(1)将静电高压电源正、负极分别接在避雷针演示仪的上下金属板上，把带支架的金属球放在金属板两极之间。接通电压，金属球与上极板间形成火花放电，可听到"劈啪"的声音，并看到火花。若看不到火花，可将电源电压逐渐加大。演示完毕后，关闭电源。

(2)用带绝缘柄的电工钳将带支架的顶端呈圆锥状（尖端）的金属物体也放在金属板两极之间，此时金属球和尖端的高度一致。接通静电高压电源，金属球火花放电现象停止了，但可听到"嘶嘶"的电晕放电声，并看到尖端与上极板之间形成连续的一条放电火花细线。若看不到放电火花细线，可将电源电压提高。演示完毕后关闭电源。

(3)由于电源电压较高，关闭电源后，不能完全充分放电，故每一步演示后都应取下电源任一极与另一极接头相碰触人工进行放电，以确保仪器设备和操作者的安全。

【讨论与思考】

雷电暴风雨时，最好不要在空旷平坦的田野上行走。为什么？

实验 16　静电跳球

【实验目的】

演示同号电荷相斥，异号电荷相吸的现象。

【实验仪器】

静电跳球实验装置如图3.16.1所示。

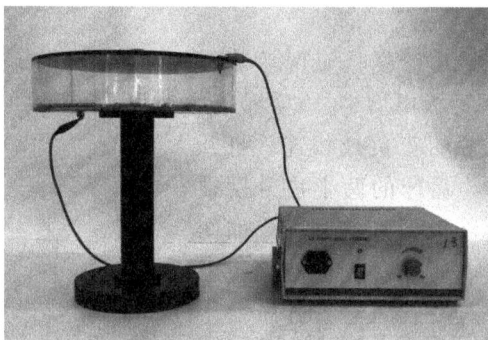

图 3.16.1　静电跳球实验装置图

【实验原理】

将两极板分别带正、负电荷，这时与下极板接触的小金属球也带有与下极板同号的电荷。同号电荷相斥、异号电荷相吸，小球受下极板的排斥和上极板的吸引，跃向上极板，与之接触后，小球所带的电荷被中和反而带上与上极板同号的电荷，于是又被排斥跳向下极板。如此周而复始，可观察到小金属球在容器内上下跳动。

【实验操作与现象】

(1)将静电高压电源输出端分别接到上、下两极板上，将静电高压电源的接地线接触地面。

(2)开启高压电源，调节输出电压(15～20 kV)，两极板分别带上正、负电荷后，小金属球开始在容器内上下跳动。

(3)演示完毕后，先关闭静电高压电源，再用接地线触及上板(或下板)，令它完全放电，最后断开高压输出端与极板的连接。

实验 17　静电球摆

【实验目的】

通过这个有趣的演示实验，进一步理解静电感应及带电体之间的相互作用。

【实验仪器】

静电球摆实验装置图如图 3.17.1 所示。

图 3.17.1　静电球摆实验装置图

【实验原理】

一个涂有金属层的乒乓球悬挂在两块竖直放置的平行极板之间（平行板电容器）。实验时，把两极板与高压静电电源的正负极相连。打开电源时，涂有金属层的乒乓球的两半边分别被感应出等量的且与邻近极板异号的电荷，如图3.17.2所示。球上感应电荷又反过来使极板上电荷分布改变，从而使两极板间电场分布发生变化。

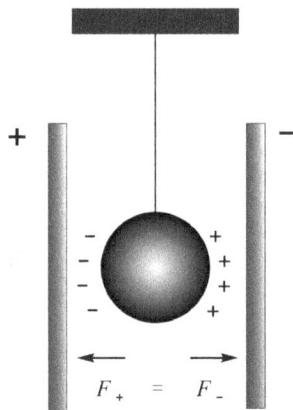

图3.17.2　乒乓球感应出等量的异号电荷

当球处于极板中间位置时，由于球面上正负电荷分布的相似性，乒乓球受正极板的吸引力 F_+ 和受负极板的吸引力 F_- 相等，乒乓球仍处在中央位置。

当球偏向一侧极板放置时，球与极板相距较近的这一侧空间场强较强，因而球受电场力较大，而另一侧与极板距离较远，空间场强较弱，受电场力较小，这样球就摆向距小球近的一侧极板。

当球接触正极板时（或用绝缘棒迫使小球接触极板），其上的负电荷被中和掉，留下正电荷，并有更多正电荷从正极板移到乒乓球上。由于同种电荷相斥，乒乓球被推向负极板。乒乓球接触到负极板时，其上的正电荷被中和掉，负电荷又从负极板移到乒乓球上，它又被推向正极板。这样乒乓球循环往复摆动，并发出乒乓声。关闭电源并放电后，则乒乓球会因惯性在一段时间内做微小摆动，最后停止在平衡位置。

【实验操作与现象】

(1)将两极板分别与静电起电机正、负两极相接。

(2)调节有机玻璃支架，使球略偏向一侧极板，此时小球便会在两极板之间来回摆动。

(3)调节小球到两极板间的距离相等，小球受电场力几乎相等，故球不动。

(4)关闭电源，振荡逐渐减缓，最终停止。

【注意事项】

起电机每次用完后或要调整带电系统时，都要将放电球做多次短路，使其充分放电，以防发生触电。

【讨论与思考】

若乒乓球的表面未涂金属层，仍能观察到此现象吗？

实验 18　静电滚筒

【实验目的】

演示由于尖端放电而产生的力学效应。

【实验仪器】

静电滚筒实验装置如图3.18.1所示。

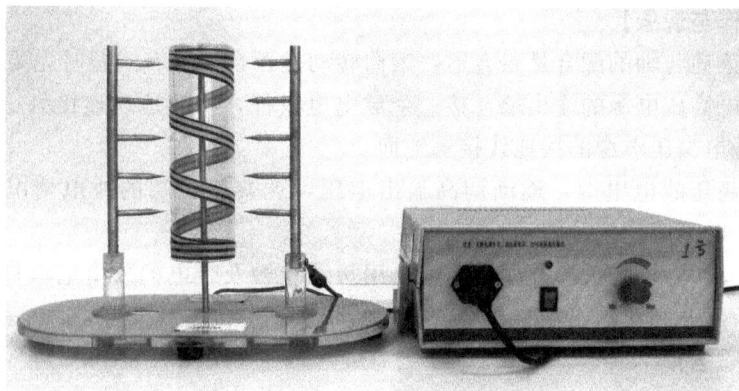

（a）实物图

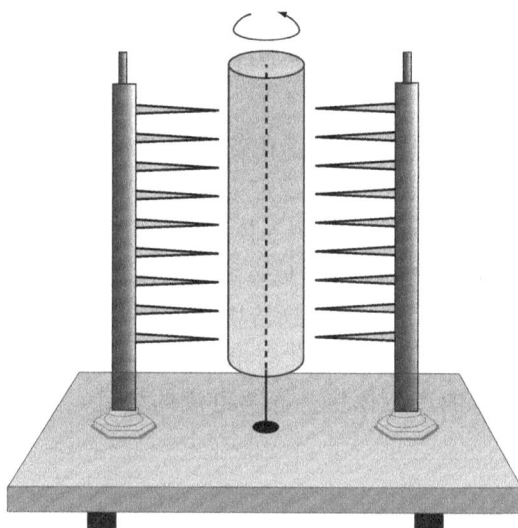

（b）结构图

图 3.18.1　静电滚筒实验装置图

【实验原理】

静电滚筒实验的基本原理，在电学方面是尖端放电，在力学方面是转动定律。

本实验装置的主要部件是一个绝缘塑料筒和两个电极杆，塑料筒可绕中轴自由转动，两个电极杆安置在滚筒两边，且与滚筒中轴平行，每个电极杆上平行排列着一排垂直于电极杆但指向滚筒切线方向的金属尖端。

当两个针形电极杆间加上高压后，尖端处的电荷面密度最大，尖端附近的电场最强，强电场使尖端附近空气中残存的离子发生加速运动，被加速的离子与空气分子相碰撞，使空气分子电离，产生大量新的离子。与尖端电荷异号的离子受吸引而趋向尖端，最后与尖端上电荷中和；与尖端电荷同号的离子受排斥而飞向远方形成"电风"，即电离的气体流，因此尖端放电所产生的带电粒子流推动滚筒而产生的力矩使滚筒转动。

【实验操作与现象】

（1）检查滚筒与轴的配合是否合适，滚筒转动是否自如。有问题时先要调整好。

（2）将静电高压电源的输出端连接一个放电电极杆，将接地线连接另一个放电电极杆，同时使静电高压电源的接地线接触地面。

（3）开启高压静电电源，逐渐调高输出电压，观察各尖端的放电情况和滚筒的运动。仪器正常时滚筒应绕轴转动。

（4）演示完毕后，先关掉高压电源，再用接地线触及带电的放电电极杆，令它完全放电后，最后断开高压输出端与放电电极杆的联系。

【讨论与思考】

（1）滚筒表面粘有一些横条形导体箔对本实验有何作用？没有行吗？

（2）试分析调换放电电极杆的极性会对本实验的结果产生怎样的影响？

实验 19　手触蓄电

对于多种金属（含两种）连成的回路，在各接触点温度相同的条件下，闭合回路的总电动势为零，因而不能在回路中建立稳定电流。意大利物理学家伏打（1745—1827）对电流的早期研究作出了重要贡献，他将导体分为第一类导体（金属）和第二类导体（潮湿导体），并发现产生电循环的本质条件是必须由两种不同的第一类导体和第二类导体组成回路。1799 年，伏打发明了一种直接倍增两类导体的组合接触法，即一片片潮湿的纸板隔开的一对对锌板和银板组成的伏打电堆，进一步发展成为了第一个伏打电池组。伏打电池组是第一个能产生稳定、持续电流的装置，为电学的研究打开了新的局面。

【实验目的】

（1）演示触摸两种不同材质金属产生电位差的现象。

（2）了解手触式蓄电池产生电流的原理。

【实验仪器】

手触蓄电池演示仪（包括电流计、铜板一块、铝板一块），如图 3.19.1 所示。

图 3.19.1　手触蓄电池演示仪

【实验原理】

按经典电子理论，使金属内电子脱离金属表面的束缚所需的功，称为该金属的逸出功。不同的金属有不同的逸出功，逸出功越小表明该金属越容易失去电子。两种不同的金属相互接触时，由于两者的自由电子体密度存在差异，就会在接触处产生自由电子扩散运动，形成扩散电子流；设金属 A 自由电子体密度 n_A 大于金属 B 的电子体密度 n_B，扩散运动的结果是，接触处逸出功小的金属将失去电子而电位升高，逸出功大的金属将获得电子而电位降低，如图 3.19.2(a) 所示，则在两金属接触处形成一电场，在此电场作用下存在漂移运动，形成与扩散运动方向相反的漂移电子流，当二者达到动态平衡时形成稳定的电场，产生接触电动势（也称珀尔贴电势）。设 W_A、W_B 为金属 A 与 B 的逸出功（且 $W_A > W_B$），则它们的接触电势差为

$$V_A - V_B = \frac{W_A - W_B}{e}$$

因此，相互接触的两块金属就相当于一个电池，如果在它们之间接一个电流计，当回路闭合，电流计就发生偏转，表明回路中有电流。

现将双手分别按住铜板和铝板时，由于人手上带有汗液，而汗液中有盐分，所以汗液是一种电介质，里面含有一定量的正负离子，同时铝板比铜板活泼，铝板上汗液中的负离子发生化学反应，而把外层电子留在铝板上，使铝板集聚大量负电荷，铜板上集聚大量正电荷，当用导线把铜板和铝板连接起来，铝板上的电子通过电流计将向铜板移动，导线中有电流通过，故电流计指针偏转。此时两块金属板通过人体连接构成了一个等效电池，因此，铜板相当于电源的正极，铝板相当于电源的负极，人体相当于电源内部，如图 3.19.2(b) 所示，即手触蓄电池。一般接触电动势不大，其数量级在 $10^{-2} \sim 10^{-3}$ V 范围内。当我们把铜片和铝片分别插入一个柠檬（水果电池）的两侧时，或者把铝片和锌片插入硫酸溶液中，也会看到类似的现象。所以手触蓄电池从本质上来说属于化学电池。由于接触电动势的大小由导体的自由电子体密度差异所决定，因此接触电动势只与导体的材料、接触点的温度有关，与导体的直径、长度及几何形状无关。

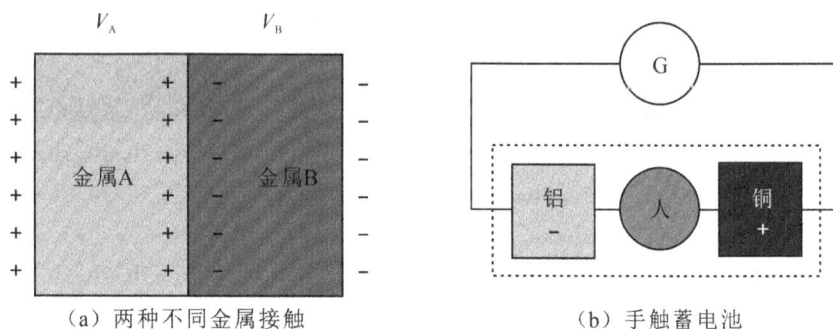

（a）两种不同金属接触　　　　　（b）手触蓄电池

图 3.19.2　手触蓄电池原理图

【实验操作与现象】

(1)闭合双向开关，将双手按在两块金属板上。

（2）观察电流计指针的偏转现象。

（3）改变两手湿润程度、按压力度，重复以上步骤观察指针偏转的格数有何不同。

（4）开关换向，重复操作步骤（1），观察指针偏转方向。

（5）不同的实验者操作时，观察电流计指针的偏转幅度。

【注意事项】

尽量让手全部放在触面上，手潮湿效果更好。

【讨论与思考】

（1）干燥的手掌触摸金属板时，是否存在电流？

（2）双手放在同一块金属板上，电流计是否发生偏转？

（3）如果两个极板的材质相同（如都是铝板或都是铜板），还会有电流吗？为什么？

（4）手触蓄电池产生电流的现象在医学上有何应用？

实验 20　立体磁感线演示

【实验目的】

形象地显现磁场周围空间各个点的磁场方向及磁感线方向和磁感线的形状。

【实验原理】

当在仪器中心位置放入条形磁铁或蹄形磁铁后，小铁片指针在磁铁磁场的作用下被磁化，指针的两端分别形成 N 极和 S 极，它们受磁场力的作用，就会排列出磁感线的立体形状。如图 3.20.1 所示。

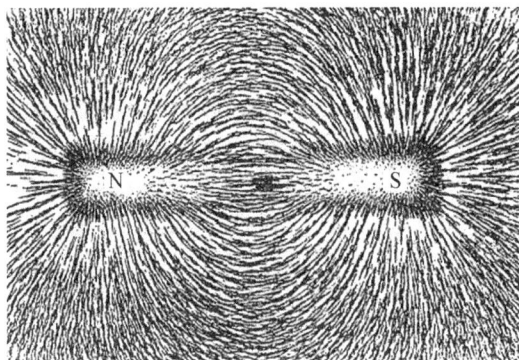
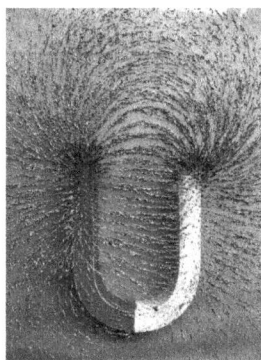

（a）条形磁铁　　　　　　　　　　　　（b）马蹄形磁铁

图 3.20.1　磁铁磁感线模拟

【实验仪器】

实验仪器由条形磁铁、蹄形磁铁、六片矩形透明磁感应板、月牙形透明磁感应板和固定支架组成。仪器装置如图 3.20.2 所示。

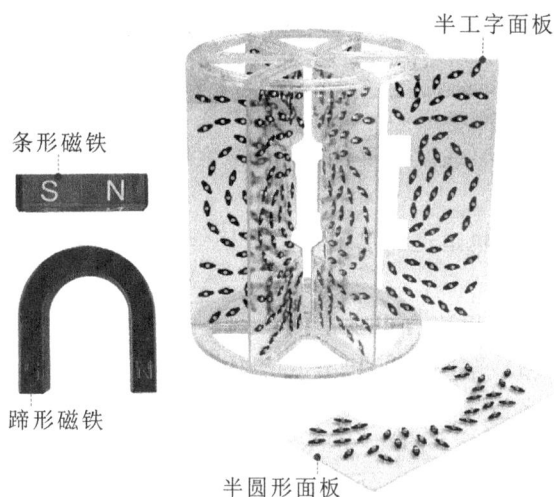

图 3.20.2 立体磁感线演示仪

【实验操作与现象】

(1)演示时，首先将演示器摇动几次，使小铁片呈现不规则排列，拉出带有半圆形的活动板，嵌入蹄形磁铁，再装上并轻轻敲击板面，小铁片就可在磁场内显现出磁感线。

(2)使用条形磁铁实验时，将半圆形板调为工字形板就行了，如图 3.20.3 所示。

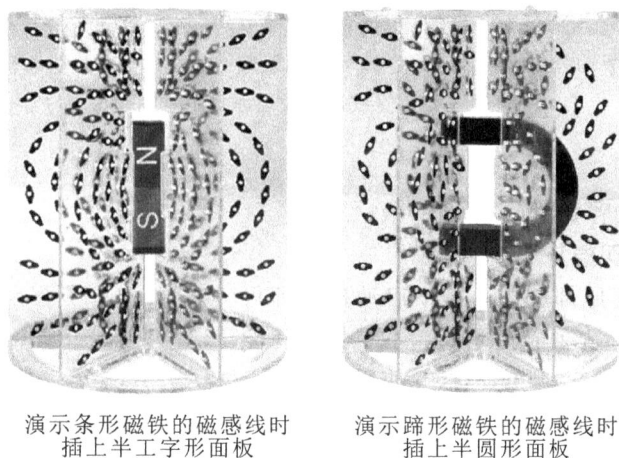

演示条形磁铁的磁感线时   演示蹄形磁铁的磁感线时
插上半工字形面板   插上半圆形面板

图 3.20.3 立体磁感线

【注意事项】

(1)使用时避开磁场，以免影响效果。

(2)仪器应避免与硬物碰撞或与有机溶液接触，以免损坏。

实验 21　线圈炮演示

【实验目的】

本装置是根据线圈炮原理设计而成的，让学生形象地了解电磁力的作用。

【实验原理】

电磁炮分为线圈炮、轨道炮、电热炮、重接炮。线圈炮又称交流同轴线圈炮，它是电磁炮的最早形式。

线圈炮与传统的火炮相比有根本性的区别，火炮是利用火炮燃烧产生的燃气压力，作用于弹丸发射的。线圈炮是利用电磁力代替火药爆炸力来加速弹丸的电磁发射系统，可以大大提高弹丸的速度和射程。电磁炮又称电炮，是一种先进的动能杀伤武器。

线圈炮主要由固定线圈（加速线圈）和弹丸线圈构成。加速线圈固定在炮管中，当通入交变电流时将会产生一个交变磁场，同时在弹丸线圈中产生感应电流，这样炮弹被磁场和感应电流间产生的电磁力以超高的速度发射出去。其基本原理概括起来就是带电导体或磁性物体在磁场中受到电磁力的作用而被推动前进，如图 3.21.1 所示。

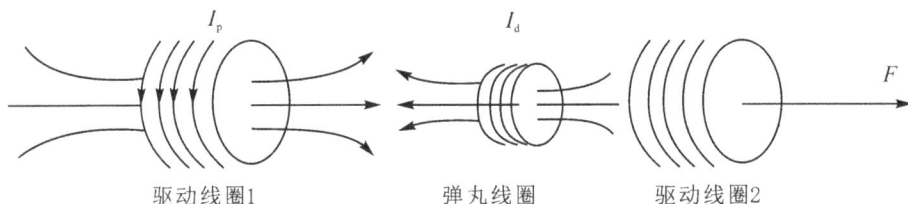

图 3.21.1　线圈炮发射原理示意图

【实验仪器】

电磁炮实验装置如图 3.21.2 所示。

【实验操作与现象】

将炮弹从炮管尾部放入，按下启动按钮即可发射。发射时请勿站在炮管尾部。不要长时间频繁通电，防止线圈发热过度，影响使用寿命。不用时请将总电源插头拔掉，切断电源！

【注意事项】

由于三相交流电有相序之分，若所接相序与本仪器所要求相序不同，则炮弹会向相反的方向运动，发射时请勿站在炮管尾部。仪器应可靠接地！

图 3.21.2　电磁炮演示装置图

实验 22　电磁驱动

【实验目的】

(1)利用电磁驱动演示仪演示涡流的机械效应，即电磁驱动。

(2)观察导体圆板在旋转磁场中的运动特性。

【实验仪器】

电磁驱动演示仪实验装置如图 3.22.1 所示。

图 3.22.1　电磁驱动演示仪实物图

电磁驱动演示仪的结构如图 3.22.2 所示，其中①是由钕铁硼材料制成的两块永磁体，它固定在长方形铁板上；②是固定在 L 形铁架板上的电动机；③是可绕水平轴在竖直平面上转动的铝圆盘；④是固定①②③的托板。

【实验原理】

磁场运动时带动导体一起运动，这种作用称为"电磁驱动"作用。磁场相对于导体运动时，导体中会产生感生电流，感生电流使导体受到安培力的作用，安培力使导体运动起来，这种现象即电磁驱动。

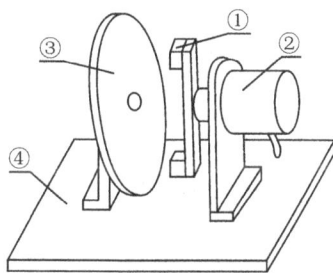

图 3.22.2　电磁驱动演示仪结构图

【实验操作与现象】

(1)接通电源，电动机通电开始旋转，电动机②带动永磁体①使之绕水平轴旋转，继之在竖直平面内产生旋转磁场，由于涡流的机械效应驱动圆盘也跟着旋转起来。两者转动的方向相同，但铝盘旋转的速度始终小于永磁体(亦即磁场)的转速。这种现象称为电磁驱动。

(2)让同学手持转盘亲身体验旋转磁场存在的力。

【注意事项】

(1)仪器水平放置。

(2)待电机旋转起来后，再将手持转盘靠近从而带动旋转。

（3）不要将手持转盘与保护罩碰触，不要让二者靠得太近。

（4）实验后关闭电源。

实验 23　手摇发电机演示

【实验目的】

演示发电机的基本工作原理。

【实验仪器】

手摇发电机实验装置如图 3.23.1 所示。

图 3.23.1　手摇发电机

【实验原理】

手摇发电机主要由作为转子的线圈和作为定子的磁铁构成。磁铁产生磁场，线圈处在磁场中。手摇大圆轮摇把使线圈在磁场中连续转动切割磁力线，发生电磁感应现象，线圈中产生感应电动势。线圈切割线的方向是周期性变化的，其感生电动势的方向、大小也是跟着周期性变化，即产生交流电。电枢线圈发出的交流电，经过换向器的集流环和电刷向外供交流电。从发电机的接线盒出线端接出来，就是手摇发电机产生的电压。若在回路里接上负载，如小灯泡，会有电流通过而点亮灯泡。

因为是交流电，刚开始转速慢，电流由小变大周而复始，所以灯泡时亮时暗。但当转速很快时，交流电频率很大，灯泡时暗时亮很快以致肉眼看起来就是一直亮着，实际上灯泡明暗快速交替。

【实验操作与现象】

将手摇发电机放置在水平桌面上，一只手按住发电机底座，另一只手开始缓慢摇动大圆轮摇把带动线圈缓慢转动，逐渐加速转动，观察小灯泡的发光强度，并进行分析。

【注意事项】

（1）必须固定好发电机，再摇动大圆轮摇把带动线圈转动。

（2）摇动大圆轮的摇把一定要均匀加速，转速不要过大。

【讨论与思考】

（1）分析讨论小灯泡的发光强度和线圈转速的关系。

（2）讨论日常生活中发电机的种类和用途。

实验 24　通电断电自感现象

【实验目的】

演示通电、断电自感现象，了解产生自感的原因。

【实验仪器】

自感现象演示仪实验装置如图 3.24.1 所示。

（a）实物图

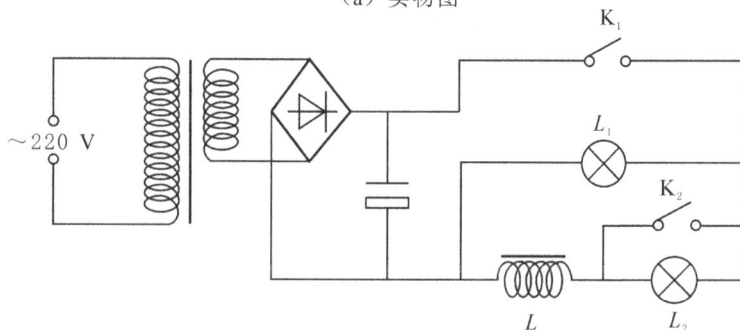

（b）原理图

图 3.24.1　自感现象演示仪

【实验原理】

自感现象是一种特殊的电磁感应现象，它是由于线圈本身电流变化而引起的。其实质是流过线圈的电流发生变化，导致穿过线圈的磁通量发生变化而产生的自感电动势。

线圈中电流 i 发生改变时，通过自身回路的磁通量 Ψ_n 发生变化，从而产生自感电动势。理论计算表明

$$\varepsilon_i = -L\frac{\mathrm{d}i}{\mathrm{d}t} \tag{3-24-1}$$

式中，L 称为自感系数（电感）；ε_i 为自感电动势。由式（3-24-1）可知，在通电时，因为自感作用使得电流缓慢增加。当在断电瞬间，因为 $\frac{\mathrm{d}i}{\mathrm{d}t}$ 相当大，从而产生一个相当高的自感电动势。

实验原理图如图 3.24.1(b) 所示，220 V 交流电压经变压器降压、桥式全波整流和电容滤波之后输出直流电源 E。由于通电的一瞬间，电感 L 会产生一个自感电动势。同样，断电的瞬间，电感 L 也会产生一个自感电动势。

【实验操作与现象】

1. 通电自感现象

首先将 K_1、K_2 断开，再接通交流电源，按下 K_1 开关，同时观察灯泡 L_1 和 L_2 亮的顺序。可看到当 K_1 接通的瞬间，灯泡 L_1 先亮，灯泡 L_2 滞后 L_1 才亮。这是由于 K_1 接通瞬间，L_1 直接并接在电源 E 上，所以接通后，它马上就亮；而 L_2 是与电感 L 串联之后才并接在电源上的，电感 L 会产生一个自感电动势，使得 L_2 滞后于 L_1。这就充分说明了通电时的自感现象。为了看清楚可以反复将 K_1 接通和断开。

2. 断电自感现象

将 K_1、K_2 断开，接通交流电源，按下 K_1 开关，此时灯泡 L_1 和 L_2 亮着，可顺便观察通电自感现象。将 K_2 合上，即将 L_2 短路，再把 K_1 断开，即断开直流电源 E，同时注意观察。可以发现在断电的瞬间，L_1 突然亮了一下，比正常通电时还亮，这就是断电自感现象。由于断电的瞬间，电感 L 也会产生一个自感电动势，并通过 L_1 放电，使得 L_1 发光。为了观察清楚，可以反复将 K_1 通、断。

【注意事项】

(1)演示板背后电源变压器的初级电压为 220 V 交流电，切勿触摸，防止触电。

(2)演示仪不能承受剧烈震动，防止将灯泡震坏。

实验 25　磁悬浮陀螺

【实验目的】

观察磁悬浮现象、理解磁悬浮的原理。

【实验仪器】

塑料挡板、平稳底座(内含磁铁)、金属触点(支撑陀螺悬浮旋转)、塑料陀螺(内含磁铁)。实验装置如图 3.25.1 所示。

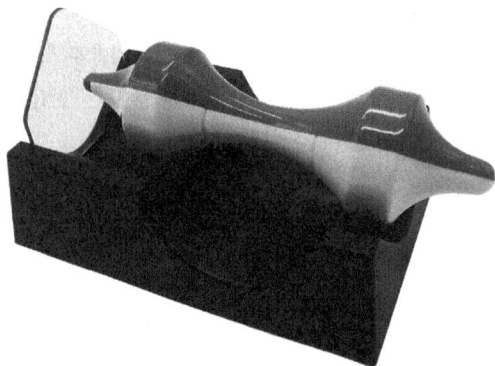

图 3.25.1　磁悬浮陀螺实验装置图

【实验原理】

磁悬浮看起来简单，但是具体磁悬浮悬浮特性的实现却经历了一个漫长的岁月。由于磁悬浮技术原理是集电磁学、电子技术、控制工程、信号处理、机械学、动力学为一体的典型的机电一体化高新技术，伴随着电子技术、控制工程、信号处理元器件、电磁理论及新型电磁材料的发展和转子动力学的进一步研究，磁悬浮才逐渐进入大众的视野。

磁悬浮技术（Magnetic Suspension Technique）是指利用磁力克服重力使物体悬浮的一种技术。

目前的悬浮技术主要包括磁悬浮、光悬浮、声悬浮、气流悬浮、电悬浮、粒子束悬浮等，其中磁悬浮技术比较成熟。

磁悬浮陀螺与陀螺下方的磁铁可视为两个磁偶极，磁矩方向相反。磁悬浮陀螺就是利用相同磁极的相互排斥作用，用磁力克服重力，从而使陀螺悬浮在空中的。在1842 年，英国科学家 Samuel Earnshaw 就证明了，磁偶极不能在静磁场中保持稳定平衡的状态。所以，在一定支撑点处磁性物体（陀螺、铅笔等）可以悬浮在空中，如图3.25.2 所示；旋转的磁铁陀螺可以漂浮在永久磁铁上，如图 3.25.3 所示。

图 3.25.2　自制磁悬浮铅笔

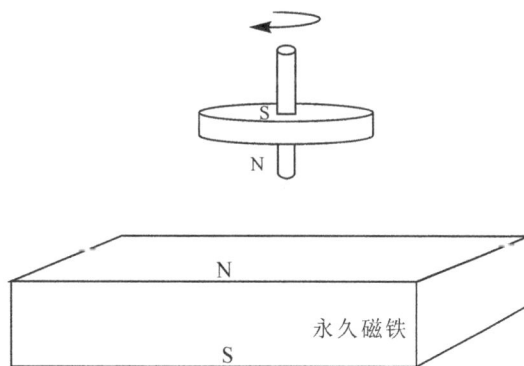

图 3.25.3　旋转的磁铁陀螺可以漂浮在永久磁铁上

【实验操作与现象】

（1）用陀螺的金属触点端接触到塑料挡板上，然后松手，在合适位置处，陀螺就以接触点为支撑点而悬浮在空中了。

（2）轻轻转动一下陀螺，陀螺便开始悬浮在空中不停旋转。

【讨论与思考】

轻轻转动一下陀螺，陀螺悬浮在空中不停旋转，所以陀螺是永动机吗？

实验 26　地球仪常温磁悬浮

【实验目的】

演示常温磁悬浮现象，培养学生的学习兴趣。

【实验原理】

磁悬浮地球仪利用电流磁效应使地球仪漂浮在半空中。地球仪顶端有一个磁铁，圆环形塑胶框内有一个金属线圈，金属线圈通过电流就会成为电磁铁。电磁铁与地球仪顶端磁铁间的吸引力可抵消地球仪所受重力，因此地球仪可漂浮在半空中。

由于静磁场对磁体的作用而形成的磁悬浮通常是不稳定的。安装的电磁线圈具有负反馈功能，使得一定高度处有一个势能最低点，地球仪的常温磁悬浮就是使地球仪处于此点。用手轻轻触碰地球仪使其偏离平衡位置，手移开后地球仪仍可回到平衡位置不至掉落，这就是利用了负反馈机制。轻轻转动地球仪其便可持续不停转动，这是因为地球仪所受到的外力总和为零，则会以固定速率沿固定方向转动。磁悬浮由于其悬浮的特殊物理特性，使得磁悬浮地球仪很好地模拟了地球悬浮于宇宙真空之中。

磁悬浮地球仪分为上悬浮地球仪和下悬浮地球仪，上悬浮主要是靠磁性的拉力让悬浮体悬浮，相对技术难度较低；下悬浮主要靠同性相斥的原理让悬浮体悬浮在空中，视觉效果更好。

【实验仪器】

地球仪常温磁悬浮演示仪实验装置如图 3.26.1 所示。

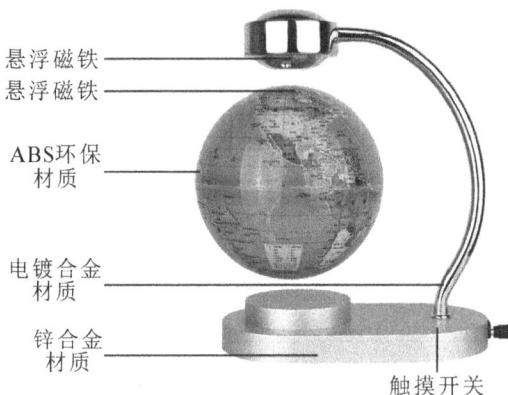

图 3.26.1　地球仪常温磁悬浮演示仪

【实验操作与现象】

（1）接通电源。

（2）双手持地球仪，使北极点自下而上慢慢接近上磁极，在一定高度可以感到磁极对地球仪产生的拉力，这时慢慢松开双手，即可将地球仪悬浮在空中。

（3）缓慢转动悬浮的地球仪，可观察到地球仪持续不停地转动。

【注意事项】

(1)演示完毕，先将地球仪取下，再关电源。

(2)演示时地球仪要平稳，不能有较大的摆动。

【讨论与思考】

(1)用交流涡流能否实现物体的常温磁悬浮？

(2)讨论和思考磁悬浮列车的磁悬浮原理和技术。

实验 27　磁悬浮实验

【实验目的】

利用通电线圈及线圈内的铁芯所产生的变化磁场与铝环的相互作用，演示法拉第电磁感应定律和楞次定律。

【实验仪器】

磁悬浮实验装置如图 3.27.1 所示。

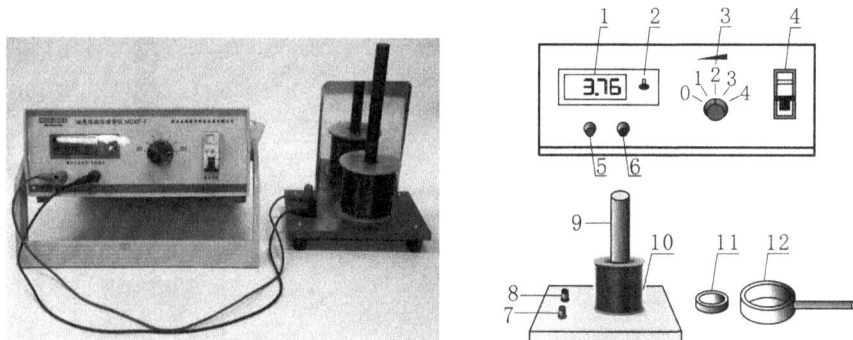

1—交流电流/电压指示窗；2—电流/电压指示换挡开关；3—输出电压调节换挡开关；

4—输出开关（短路保护）；5,6—输出接线柱；7—线圈输入接线柱；

8—线圈接线柱；9—线圈铁芯棒；10—线圈（约550圈）；

11—磁悬浮圆环（铝、铁、紫铜、黄铜、塑料）；12—共振用大铝环。

图 3.27.1　磁悬浮实验装置图

【实验原理】

磁悬浮在科学技术上具有巨大的意义，吸引了大量爱好者研究和探索。MSU - 1磁悬浮实验仪是应用电磁感应原理和楞次定律，由交流电通过线圈产生交变磁场，交变磁场使闭合的导体产生感生电流，感生电流的方向，总是使自己的磁场阻碍原来磁场的变化，因此线圈产生的磁场和感生电流的磁场是相斥的，若相斥力超过重力，可观察到磁悬浮现象。

【实验操作与现象】

(1)跳环实验：一只紫铜环或小铝环套在铁芯线图的软铁棒上，如图 3.27.2 所示。接通线圈接线柱，合上输出开关，打开电源后盖板上电源开关，显示窗显示电源电压或输出电流，调输出电压调节换挡开关由断开(水平)转向最高输出电压(约 24 V)，可看到小铝环突然脱离软铁棒，飞出一定高度。

（2）浮环实验：调输出电压调节换档开关使电压在 16～24 V，放铝等材料的环于线圈铁芯上，观察环的悬浮现象。可记录相同电压下的悬浮高度，以及相同材料在不同电压/电流时的高度，称量环的质量。

（3）双铝环实验：将小铝环套在线圈铁芯棒上，逐渐增加电压，使小铝环上升到离线圈约 5～7 cm 时，用手拿住另一只小铝环，慢慢套入软铁棒，当这只小铝环距离原来的小铝环约 2 cm 时，它会将下面的小铝环吸上来，合二为一，松手后二者将一起做上下运动。

（4）黄铜环、铝铜环、紫铜环，双环和三环实验：间隔不同材料实验，如图 3.27.3所示。

（5）点亮发光管实验：试从不同高度观察发光管的发光亮度，如图 3.27.4 所示。

（6）共振实验：当一只小铝环悬浮在软铁棒上离开线图约 5～7 cm 时，用大铝环套在小铝环外，并拿着大铝环的柄做上下运动（要求沿着软铁棒，不要碰着小铝环），如图 3.27.5 所示。此时小铝环受到大铝环的吸引力也会跟着大铝环做上下运动。改变大铝环上下运动的频率，使小铝环上下运动幅度越来越大，直至跳出线圈铁芯棒。

图 3.27.2

图 3.27.3

图 3.27.4

图 3.27.5

【讨论与思考】

(1)根据电磁感应的三个定理，你能解释上述几个实验的结果吗？

(2)如果将小铝环沿轴线开一条小缝，上述实验结果会怎样？为什么？

(3)如果将小铝环改为塑料环的或小木环，实验结果会怎样？为什么？

实验 28　神奇的辉光盘

【实验目的】

了解辉光盘的结构与工作原理。

【实验原理】

辉光放电盘由许多直径约 2～3 mm 的小气泡构成，小气泡中充有低压气体，如图 3.28.1(a)所示。在辉光盘不同区域的小气泡中充有不同的低压气体，用以在辉光放电时发出不同颜色的光，形成彩色的放电辉光。辉光盘的中心安装有一电压高达数千伏的高频高压电极。通常由于宇宙射线、紫外线的作用，气体中少量中性分子被电离，以正负离子形式(即等离子体状态)存在于气体中。辉光盘通电以后，中心的电极电压高达数千伏，气体中的正负离子在强电场作用下产生快速定向移动，这些离子在运动中与其他气体分子碰撞产生新的离子，使离子数大增。由于电场很强而气体又比较稀薄，离子可获得足够的动能去"打碎"其他的中性分子，形成新的离子。离子、电子和分子间撞击时，常会引起原子中电子能级跃迁并激发与能级有关的美丽的辉光，这一现象称为"辉光放电"。

【实验仪器】

辉光盘实验装置如图 3.28.1 所示。

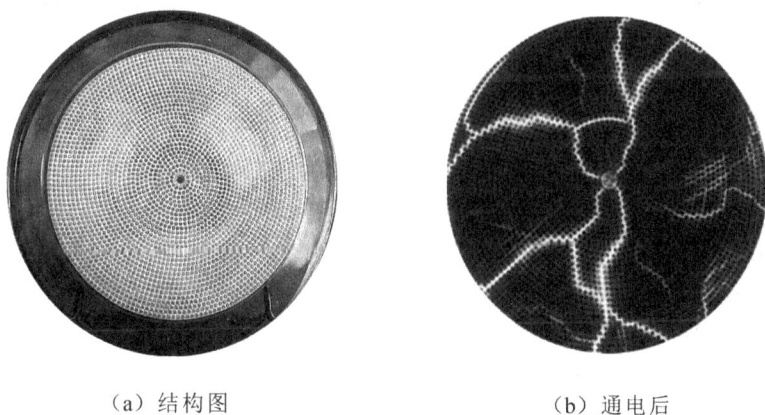

（a）结构图　　　　　　　　　　　（b）通电后

图 3.28.1　辉光盘

【实验操作与现象】

(1)打开辉光盘的电源开关。

(2)观察辉光放电现象和放电轨迹。

(3)观察者用手触摸盘面，同时观察盘面图案的变化。

【注意事项】

不可敲击辉光盘，以免打破玻璃。

【讨论与思考】

为什么辉光盘不同区域发射的辉光颜色不同？

实验 29 辉光球

【实验目的】

(1)探究低气压气体在高频强电场中产生辉光的放电现象和原理。

(2)探究气体分子激发、碰撞、复合的物理过程。

【实验仪器】

辉光球，如图 3.29.1 所示。

【实验原理】

辉光球发光是低压气体(或叫稀疏气体)在高频强电场中的放电现象。玻璃球中央有一个黑色球状电极。球的底部有一块震荡电路板，通电后，震荡电路产生高频电压电场，球内稀薄气体受到高频电场的电离作用而光芒四射。辉光球工作时，在球中央的电极周围形成一个类似于点电荷的场，当用手(人与大地相连)触及球时，球周围的电场、电势分布不再均匀对称，故辉光在手指的周围处变得更为明亮。

图 3.29.1　辉光球

【实验操作与现象】

(1)打开电源开关，辉光球发光。

(2)用指尖触及辉光球，可见辉光在手指的周围处变得更为明亮，产生的弧线顺着手的触摸移动而游动扭曲，随手指移动起舞。

【注意事项】

不可敲击辉光球体，以免打破玻璃。

【讨论与思考】

(1)日光灯的灯管用圆柱形玻璃管制成，实际上是一种低气压放电管，内壁涂有荧光物质。辉光球可否点亮日光灯？

(2)辉光球内的气体压强与外界一样吗？

(3)如果换一种气体充入辉光球内会有怎样的变化？

实验 30 飞机升力

【实验目的】

通过演示了解飞机的升力是如何产生的。

【实验仪器】

飞机的升力演示仪如图3.30.1所示。

【实验原理】

流体流动时，同一水平流线上，其压强 P 与流速 v 存在一定的关系：$P + Pv^2/2 =$ 恒量（伯努利方程）。它表明：流速大的地方压强小，流速小的地方压强大。飞机能在空中飞翔就是利用了这一原理。

图3.30.1　飞机升力演示仪

飞机机翼的形状是经过精心设计的，呈流线型，下面平直，上面圆拱，飞行时能使流过机翼上方空气的流速大于机翼下方空气的流速，如图3.30.2所示。从伯努利方程来看，在速度比较大的一侧压强要相对低一些，因此机翼下表面的压强要比上表面大，形成一个向上偏后的总压力，它在垂直方向上的分力叫举力或升力，如图3.30.3(a)所示。实验指出，举力与机翼的形状、气流速度和气流冲向翼面的角度有关。正是举力的作用使飞机机翼向上举起。如果机翼的上下形状相同，如图3.30.3(b)所示，那么上下压强相同，就不存在压力差，即没有升力。

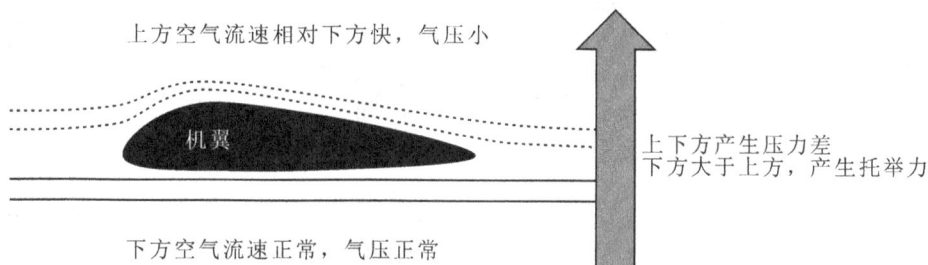

图3.30.2　飞机机翼

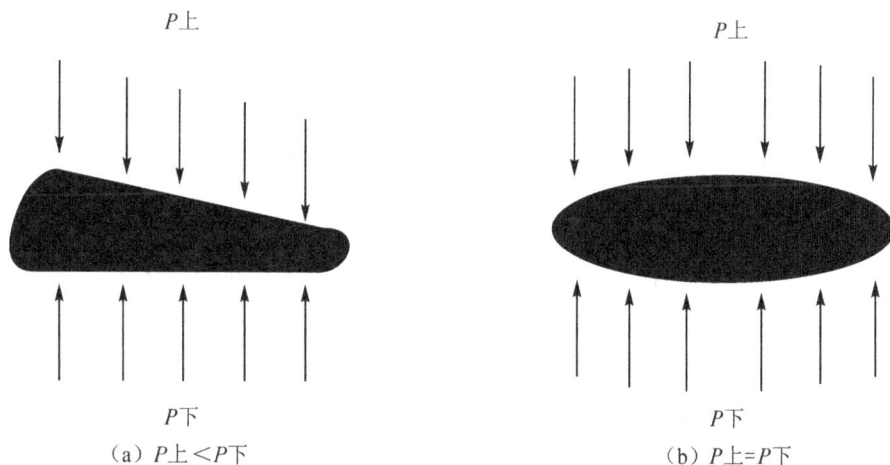

（a）P上<P下　　　　　　　　　（b）P上=P下

图3.30.3　飞机升力示意图

【实验操作与现象】

（1）打开鼓风机开关，让气流流过机翼，模拟飞机向前飞行。观察两种形状机翼的不同运动情况：流线型机翼向上升起，平直型机翼纹丝不动。

（2）打开电源，用手可以感受到气流的存在和分布。

（3）可以观察到塑料管底部的泡沫球逐渐升起。

（4）用手盖住机翼的孔，塑料球下落，松开手，球又升起。

实验 31　饮水鸟

【实验目的】

探究"饮水鸟"遵循绕固定转轴转动的物体的平衡条件、蒸发致冷现象以及能量守恒等物理知识与原理，激发学生的好奇心。

【实验仪器】

饮水鸟实验装置如图 3.31.1 所示。

（a）

（b）

图 3.31.1　饮水鸟实验装置图

【实验原理】

"饮水鸟"能够不停地点头喝水包含着复杂的物理学原理。"饮水鸟"内的液体是乙醚类易挥发的液体，在高温条件下很容易蒸发，而液体的饱和蒸汽所产生的压力又会随温度的改变而剧烈地改变。

开始时"饮水鸟"头部的温度不变，头部的气体压强不变。用发光物体加热鸟的尾部以后，使尾部的部分液体汽化和温度升高，导致尾部的气体压强变大，尾部的液体因为压力沿颈部上升。这样头部的重量增加，尾部的重量减轻，重心位置发生变化，当重心超过脚架支点而移向头部时，鸟就俯下身到平衡位置。当头部降低到一定的高度时，内部发生两个变化，一是"饮水鸟"的嘴浸到了水，这样鸟头被打湿。二是上下的气体区域连通，两部分气体混合，没有了气压差。这时上升到头部的液体，在本身的重量作用下流向下端尾部，使尾部变重，头部向上翘，液体全部集中到尾部，同时尾部的气体温度因为两部分气体混合和回流液体的影响而降低。以后又不断地被加热重复上述过程。

原来"饮水鸟"头部不断蒸发所吸收的周围空气的热量，就是这奇妙的"饮水鸟"能够活动的原动力。正是因为它使用的是周围察觉不到的能源，所以才会被人误认为是永动机。

【实验操作与现象】

(1)适当调节饮水鸟的重心，将其放于水平桌面上。

(2)让小鸟低头喝水，管下端漏气，液体流至下球。

(3)下球液面上升，重心下移，小鸟立起来。

(4)接通电源，点亮发光物体加热饮水鸟尾部，球体从外部吸热，液体挥发，体积膨胀；头部因有水而降温体积收缩，将液体压到头部。

(5)重心上移，小鸟低头喝水，管下端漏气，液体回流至下球。

(6)下球液面上升，重心下移，小鸟重新立起来。

(7)球体吸热，液体挥发，体积膨胀；头部因有水而降温体积收缩，将液体压到头部。

(8)以上过程将重复性出现。

【注意事项】

(1)把"饮水鸟"摆放在安全、平稳的地方。

(2)由于"饮水鸟"是玻璃制品，要小心操作，以防破碎。

【讨论与思考】

(1)"饮水鸟"是永动机吗？为什么？

(2)具体讨论"饮水鸟"不停地点头喝水的过程中，遵循的物理原理。

实验 32　形状记忆合金模型

【实验目的】

(1)通过模型动作实验，使学生进一步加深对形状记忆合金基本性质和基本概念的理解。

(2)通过模型动作实验，让学生知道形状记忆合金的动作(相变)、动作温度记忆性能与吸放出的热量、化学成分、亚结构、金相组织和马氏体类型等是相互关联的，为使用下列仪器如热分析仪、能谱仪、扫描电镜、透射电镜、高性能金相显微镜及定量分析系统、显微硬度计、X射线衍射仪等大型精密仪器进行综合分析做好思想准备。

(3)通过模型动作实验，然后以形状记忆合金为材料，使彼此孤立的实验最终相互联系起来，以体现知识的系统性、连贯性和综合性，将所学知识点全部综合起来使之有所升华。

【实验仪器】

偏心曲柄型热机、记忆合金花、记忆合金弹簧。

【实验原理】

形状记忆效应是呈热弹性马氏体相变的合金所具有的一种奇特的功能，即合金处于低温相是予以塑性形变，并将其加热到临界温度以上通过逆相变恢复其原始形状的现象。具有形状记忆效应的合金称为记忆合金。现已发现的形状记忆合金有 20 余种，其中应用广泛的只有 TiNi 基合金和 Cu 基合金。

形状记忆合金效应分为 3 种类型：

（1）合金处于低温时予以适当形变，并将其加热到临界温度以上通过逆相变恢复其原始形状，冷却时不恢复低温相形状的现象称为单程记忆效应。

（2）加热时恢复高温相形状，冷却时恢复低温相形状的现象称为双程记忆效应。

（3）加热时恢复高温相形状，冷却时由高温形状先恢复为平直状，继续冷却则最终变为取向相反的高温相形状的现象称为全程记忆效应，它是一种特殊的双程记忆效应。

形状记忆合金模型主要有以下一些：

（1）涡轮型热机。

（2）单边偏心曲柄型热机，见图 3.32.1(a)。

（3）双边偏心曲柄型发电热机，见图 3.32.1(b)。

（4）划水型热机。

（5）全程 TiNi 记忆合金花。

（6）双程 CuZnAl 记忆合金花，见图 3.32.2。

（7）高温伸长的双程 CuZnAl 记忆合金弹簧，见图 3.32.3。

（8）高温缩短的双程 CuZnAl 记忆合金弹簧，见图 3.32.3。

（9）单程 TiNi 记忆合金弹簧。

（10）食道支架及放送器。

（11）气管支架及放送器。

（12）胆道支架及放送器。

（13）血管支架及放送器。

（14）前列腺尿道支架。

（15）牙齿矫形弹簧 LH12 型拉簧。

（16）牙齿矫形弹簧 LH12 型推簧。

（17）记忆型 NiTi 牙弓丝。

（18）摇椅型 NiTi 牙弓丝。

【演示模型】

形状记忆合金演示模型是以不同的结构形式展示记忆合金记忆恢复特性并蕴含相变、能量转换（热能↔机械能）等其他物理意义的装置或元件的总称。

（1）偏心曲柄型热机：是利用形状记忆合金记忆恢复特性，记住不同温区（室温温度、热水温度）之间的力矩差驱使轮盘转动的装置。以热水为热源，热水温度为 65～85 ℃，操作时，将热机置于热水容器中，使热水浸至轴心，则大、小双轮即可连续转动。如图 3.32.1(a)所示。

双边偏心曲柄型发电热机基本原理同偏心曲柄热机，采用皮带将大轮盘与发电机转子皮带轮相连，带动发电机发电。如图 3.32.1(b)所示。

（a）单边偏心曲柄型热机

（b）双边偏心曲柄型热机

图 3.32.1　偏心曲柄型热机

（2）记忆合金花：是利用形状记忆合金双程记忆效应制成的，随温度变化可自行开、闭的仿菊花花朵。动作幅度为 180°，以热水或热风为热源，开放温度为 65～85 ℃，闭合温度为室温。其动作变化情况如图 3.32.2 所示。

（a）放入热水前

（b）放入热水后

（c）冷却至室温后

（d）再次放入热水后

图 3.32.2　合金花

（3）记忆合金弹簧：高温伸长的双程 CuZnAl 记忆合金弹簧，是利用形状记忆合金双程记忆效应制成的，是随温度变化可自行伸缩的感温驱动元件。这种弹簧充分展示了工业用形状记忆合金元件典型形式，以热水或热风为热源，伸缩温度为 80～95 ℃。如图 3.32.3 所示。

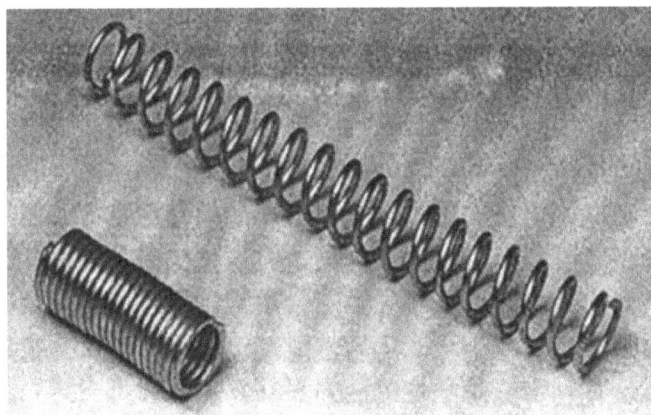

图 3.32.3　记忆合金弹簧

【应用举例】

（1）月球上的"奇葩"——宇航天线，如图 3.32.4 所示。

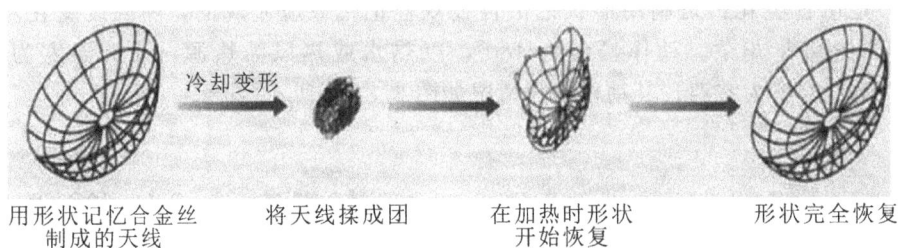

| 用形状记忆合金丝制成的天线 | 将天线揉成团 | 在加热时形状开始恢复 | 形状完全恢复 |

冷却变形

图 3.32.4　宇航天线

（2）形状记忆合金管接头，如图 3.32.5 所示。

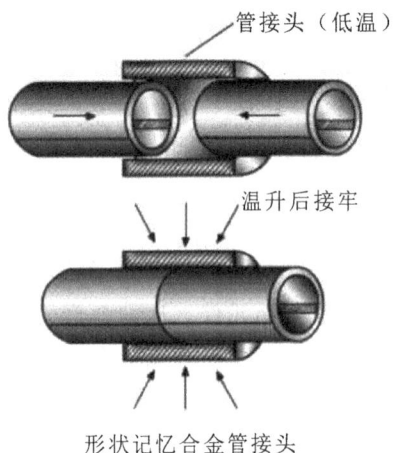

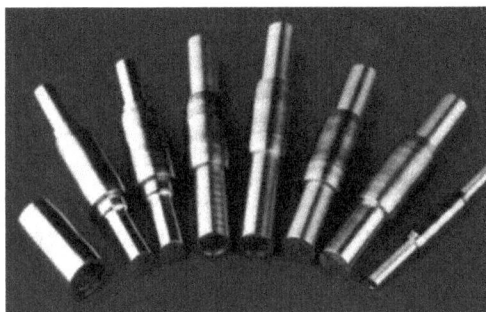

管接头（低温）

温升后接牢

形状记忆合金管接头

图 3.32.5　形状记忆合金管接头

【讨论与思考】

(1)测量形状记忆合金的动作(相变)、动作温度,可以使用哪些热分析仪器?

(2)要观察形状记忆合金的金相组织,可以使用哪些仪器?

(3)要观察形状记忆合金金相组织的动态变化,可以使用哪些仪器和手段?

实验 33 温差发电

【实验目的】

演示热电材料的塞贝克效应(Seebeck Effect)效应。

【实验仪器】

温差发电实验装置如图 3.33.1 所示。

【实验原理】

塞贝克效应:当在两种金属 A 和 B 组成的回路中,如果使两个接触点的温度不同,则在回路中将出现电流,称为热电流。相应的电动势称为热电势,其方向取决于温度梯度的方向。一般规定热电势方向为:在热端电流由负流向正。

塞贝克效应的实质在于两种金属接触时会产生接触电势差(电压)。该电势差是两种金属中的电子溢出功不同及两种金属中电子浓度不同造成的。半导体的温差电动势较大,可用作温差发电器。产生塞贝克效应的机理,对于半导体和金属是不同的。

图 3.33.1 温差发电实验装置图

【实验操作与现象】

一杯凉水、一杯开水,将设备两侧放置其中静置一分钟,打开开关,风扇开始转动。

实验 34 混沌摆

混沌是指发生在确定性系统中的貌似随机的不规则运动,即一个确定性理论描述的系统,其行为却表现为不确定性——不可重复、不可预测,这就是混沌现象。进一步研究表明,混沌是非线性动力系统的固有特性、是非线性系统普遍存在的现象。牛顿确定性理论能够充分处理的多为线性系统,而线性系统大多是由非线性系统简化来的。因此,在现实生活和实际工程技术问题中,混沌是无处不在的。

1972 年 12 月 29 日,美国麻省理工学院教授、混沌学开创人之一 E. N. 洛伦兹在美国科学发展学会第 139 次会议上发表了题为《蝴蝶效应》的论文,提出一个貌似荒谬的论断:在巴西一只蝴蝶翅膀的拍打能在美国产生一个龙卷风,并由此提出了天气的不可准确预报性。时至今日,这一论断仍为人津津乐道,更重要的是,它激发了人们对混沌学的浓厚兴趣。今天,伴随计算机等技术的飞速进步,混沌学已发展成为一门影响深远、发展迅速的前沿科学。

混沌摆是一种特殊的摆，具有不规则的运动规律，能够展现出混沌状态。混沌理论是一种兼具质性思考与量化分析的方法，用以探讨动态系统中（如：人口移动、化学反应、气象变化、社会行为等）无法用单一的数据关系，而必须用整体、连续的数据关系才能加以解释及预测之行为。

【实验目的】

通过混沌摆的运动，演示该力学系统的混沌性质。

【实验原理】

一个动力学系统，如果描述其运动状态的动力学方程是线性的，则只要初始条件给定，就可预见以后任意时刻该系统的运动状态。如果描述其运动状态的动力学方程是非线性的，则以后的运动状态就有很大的不确定性，其运动状态对初始条件具有很强的敏感性，具有内在的随机性。

一个运动体系（1 个主摆和 3 个副摆）的运动状态由起动时的初始条件（主、副摆的初始位置和起动速度）所决定。单摆的运动很容易预测，由于这个大摆有 3 个小摆与之相连，它的运动就更为复杂。其中每个摆都会影响其他摆的运动，因而使整个运动混沌无序，无法预测。

本系统就是一个非线性系统，一个很小的扰动，就会引起很大的差异，导致不可预见的结果，这种现象称之为混沌现象，这种摆称之为混沌摆。

【实验仪器】

混沌摆实验装置如图 3.34.1 所示。

图 3.34.1 混沌摆

【实验操作与现象】

手持轴柄给系统施加一冲量矩，系统开始运动，运动情况复杂，前一时刻难以预测后一时刻的运动状态。重新启动，由于初始状态的不同，系统的运动情况就差别很大。这反映了系统运动的混沌性质。

实验35　击鼓共振

【实验目的】

演示声波的共振及驻波现象。

【实验仪器】

击鼓共振实验装置如图3.35.1所示。

【实验原理】

声波是一种纵波。当敲击一端的鼓面时,激发出声波,此入射波沿管子传播到对面时又反射回来,因两鼓面的固有频率相同,于是入射波和反射波相向传播叠加而形成驻波。

驻波时,波节处始终保持静止,波腹处的振幅为最大,其他各点以不同的振幅振动;所有波节把介质划分为1/2波长的许多段,每段中各点振幅虽不同,但相位皆相同,而相邻段间的相位则反向。因此,驻波实际上就是分段振动现象,在驻波中没有振动状态和相位的传播,故称为驻波。

在波腹处因声波振动最激烈,所以泡沫球被激起的幅度最大;波节处振动最弱,泡沫球几乎不动。在波腹到波节之间泡沫球振幅逐渐减小。

图3.35.1　击鼓共振实验装置图

用大小不同的力敲打鼓面,泡沫球跳动高度不同,即说明鼓面振幅不同,响度不同。振幅越大,响度越大,物理上常用"放大法"探究响度与振幅的关系。

【实验操作与现象】

用手去轻压鼓皮,观察管内泡沫球的共振现象。

【注意事项】

(1)敲击时请在鼓面上停留一秒后再拿开。

(2)请勿长时间通电。

实验36　可见声波

【实验目的】

(1)看到声音的振动和波的传递形式。

(2)看到振幅及波峰或波谷的振动变化。

【实验仪器】

可见声波实验装置如图3.36.1所示。

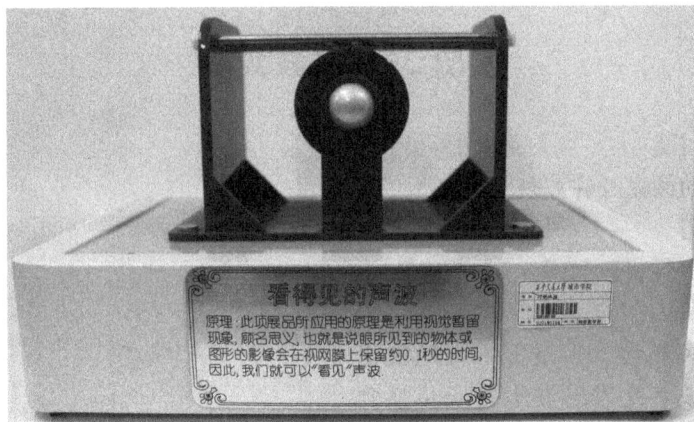

图 3.36.1　可见声波实验装置图

【实验原理】

声音是由振动造成的，不同的声音有不同的波形，声波波形中表现声音轻或响的部分称作振幅；使声音音调有高有低的部分称作频率。波长是相邻两个波谷（波峰）间的距离。

【实验操作与现象】

用手转动黑白相间的转筒，然后拨动琴弦，利用运动的黑白间隔条来观察琴弦的振动。转动转筒，接着拨动吉他弦并观察声波起伏的模式。被拨动的吉他弦通常摆动很快，不容易被人眼所看到。但是由于视觉暂留现象，旋转转筒上的黑白色线条就像闪光灯，"冻结"了这些吉他弦摆动的动作。弦绷得越紧，所听到的音调就越高。同时我们看到弦摆动的幅度减小，次数增加。

实验 37　共振音叉

【实验目的】

演示音叉的共振现象。

【实验仪器】

演示音叉共鸣箱一对、音叉一对、橡皮槌一个，如图 3.37.1 所示。

【实验原理】

音叉（Tuning Fork）是由弹性金属（钢质或铝合金）制成，末有一柄，两端分叉，呈"Y"形的发声器，各种音叉可因其质量和叉臂长短、粗细不同而在振动时发出不同频率的纯音。音叉检查在鉴别耳聋性质——传音性耳聋或感音性耳聋方面，是一种简便可靠的常用诊查方法。

音叉拥有一个固定的共振频率，受到敲击时则振动，在等待初始时的泛音列过去后，音叉发出的音响就具有固定的音高。一个音叉所发出的音高由它分叉部分的长度决定。

音叉都是由音叉振动体和其共鸣箱组成，共鸣箱中空气柱的固有频率要与音叉振动的固有频率相当才能保证有较高的辐射效率。当一个音叉振动时，它与其音箱共同

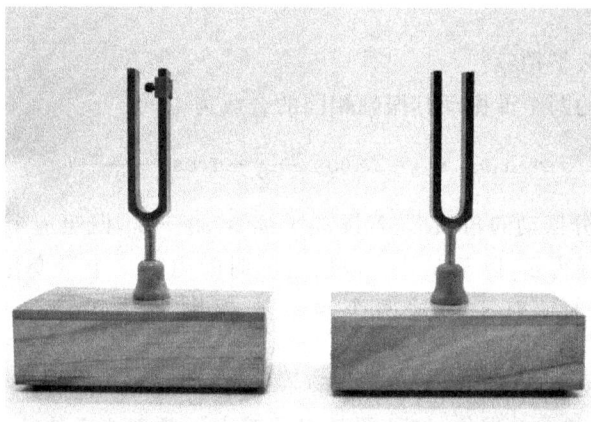

（a）音叉

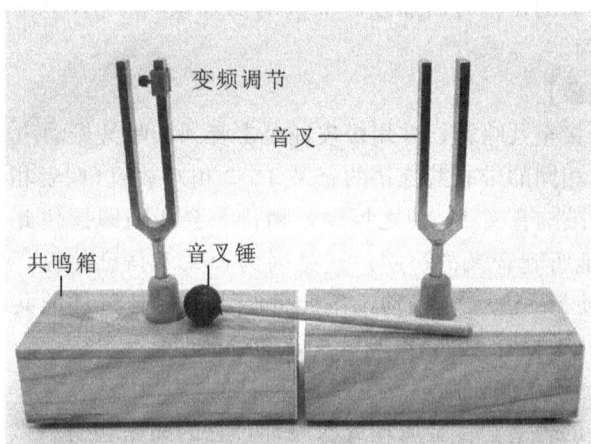

（b）结构

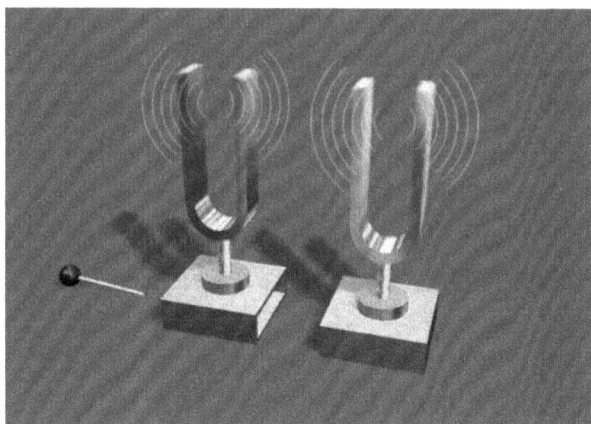

（c）共振

图 3.37.1 共振音叉

振动同时有声波从共鸣箱开口发射出来，若将另一个与它完全一样的音叉放到它的面前，且开口相对，第一个音叉振动发出的声波就传到第二个音叉，使其共鸣箱空气柱共振进而使音叉也振动起来，此时若用手抓住第一个音叉迫使它停止振动，则可听到第二个音叉仍在发声。

什么是拍？什么是拍频？

在同一直线上的两个谐振动其振幅相同的合成为

$$x = x_1 + x_2 = 2A\cos\frac{\omega_2 - \omega_1}{2}t\cos\frac{\omega_2 + \omega_1}{2}t \; x_1$$

式中，ω_1、ω_2 是两个分振动的角频率。若设 $\omega_2 - \omega_1 \ll \omega_2 + \omega_1$，既第一个量的数值变化比第二个量的数值变化慢得多，以至在某一段较短的时间内第二个量变化多次时，第一个量几乎没有变化。因此，对于由这两个量的乘积决定的运动可近似看成振幅为 $\left|2A\cos\frac{\omega_2 - \omega_1}{2}t\right|$、角频率为 $\frac{\omega_2 + \omega_1}{2}$ 的谐振动。合振动的振幅随时间做缓慢的周期性变化，出现了振动忽强忽弱的现象。这种两频率都较大而频率之差很小的同方向的谐振动在合成时，产生合振动的振幅时而加强时而减弱的现象叫作拍，单位时间内振动加强或减弱的次数叫作拍频。

【实验操作与现象】

(1)将一支音叉接至共鸣箱，并用橡皮锤敲击音叉，听其振动声。

(2)将两支频率相同的带有共鸣箱的音叉1、2相对放置(两者相隔一定距离，50～75 mm)，用橡皮锤敲响音叉1，使之振动，稍待一会儿随即握住此音叉使它停振，在安静的室内可清晰地听到音叉的声响。这是因为音叉1虽已停振，但在停振以前，通过空气振动，已迫使另一音叉2振动，因此可听到另一音叉2的共鸣声，这时的声响就是音叉2发出的。手握音叉2，声响消失，即可证明。

如果两音叉的频率不同，则不发生共鸣。

(3)在一支音叉的臂上套一金属环或橡胶环，它的频率会有一微小改变；敲击此音叉，听其声音，移动臂上金属环的位置，听到的声音会不同。将两支音叉平行放置。且共鸣箱口朝向观众，然后敲击两支音叉，可以听到周期性强弱变化的"嗡……嗡……"声，这就是拍现象。调节金属环的位置，可得到最佳效果。

(4)移动音叉2臂上的金属套，使音叉2的固有频率与音叉1的频率略有差异(如音叉1频率为256 Hz，音叉2为252 Hz或260 Hz)，这时敲击音叉1再握它，就听不到音叉2共鸣的声响了。实验表明，两音叉必须有相同的频率才能共鸣。

【注意事项】

(1)音叉在共鸣箱上插得越紧密，则共振现象越显著。因此，实验时要防止音叉与共鸣箱结合处松动。

(2)实验前要反复校验两音叉的距离。距离过远，则音响太弱。距离过近，则显示的共鸣现象给学生留下的印象不深。

实验38　环形驻波演示

【实验目的】

(1)观察两端固定的弦线上形成的驻波共振现象。

(2)观察圆环上驻波共振现象，了解圆环形成稳定驻波共振的条件。

（3）了解弦线上形成稳定驻波共振的条件。

【实验仪器】

驻波演示仪，如图3.38.1所示。

【实验原理】

当两个振幅相同的相干波在同一直线上相向传播时，相干波叠加而成的波称为驻波，一维驻波是波干涉中的一种特殊情形。当弦线形成稳定驻波共振时，会在弦线上出现许多静止点（振幅为零），称为驻波的波节，振幅最大处称为波腹。相邻两个波节间（或两个波腹间）的距离为半个波长。弦线形成稳定驻波共振的条件是：弦线的长度是相干波半个波长的整数倍。驻波共振时波的频率称作弦线的本征频率。

图 3.38.1　环形驻波演示仪

【实验操作与现象】

1. 固定端反射的线形驻波共振的演示

将松紧带的两端分别固定在振荡器和喇叭振源上面的竖直铜棒上。把振荡器的输出端与喇叭振源的输入端接通，调节功率旋钮使其位于中间位置，打开电源，把频率调节旋钮从低频段逐步向高频段转动，当波的频率与松紧带的本征频率相同（或相近）时，即弦线的长度是相干波半个波长的整数倍时，这样在松紧带上会显现出线形驻波共振现象。

2. 环形驻波的演示

把钢丝弯成一个圆环后，将两端固定在喇叭振源的铜棒上，接通电路，调节频率旋钮和功率旋钮，从钢丝左端和右端传来的波动在钢丝圆环内相干叠加，当波的频率与钢丝圆环的本征频率相同（或相近）时，即圆环的周长是相干波半个波长的整数倍，则在圆环上形成环形驻波共振现象。

【注意事项】

（1）功率旋钮的调节避免过大，以防驻波共振过强。

（2）频率旋钮的调节从低频段向高频段应逐步缓慢转动。

【讨论与思考】

（1）讨论驻波共振现象在日常生活中的应用。

（2）讨论日常生活中共振现象的危害。

（3）思考半波损失现象，解释在固定端形成波节的原因。

实验 39　鱼洗

【实验目的】

（1）演示共振现象。

（2）了解受迫振动。

（3）通过演示铜盆中的驻波通过水的喷射而显示的趣味物理现象，以激发学生探求自然界奥秘的兴趣。

【实验仪器】

鱼洗，如图 3.39.1 所示。

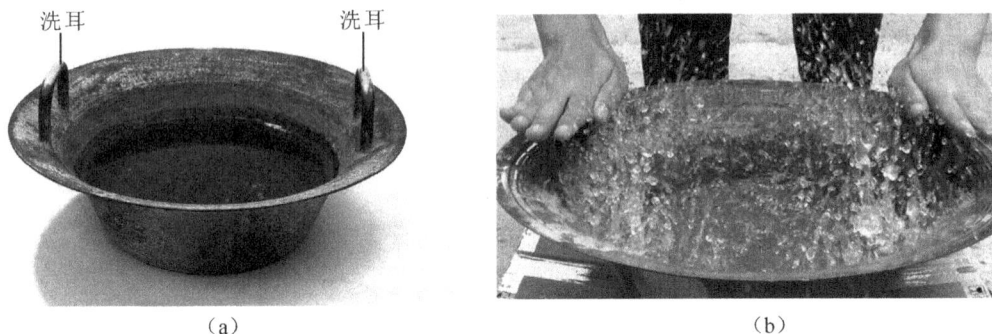

（a）   （b）

图 3.39.1　鱼洗

【实验原理】

鱼洗是一个由青铜铸造的具有一对提把的盆，大小和一般脸盆差不多。在盆内盛有半盆水，用双手轻搓两个把手（洗耳），盆就嗡嗡地振动起来，盆中的水在盆的振动中可从水面与盆壁相交的圆周上的 4 个点喷射出水花，若操作得当，激起的水花可高达 400～500 mm。

用手摩擦洗耳时，鱼洗会随着摩擦的频率产生振动。当摩擦力引起的振动频率和鱼洗壁振动的固有频率相等或接近时，鱼洗壁产生共振，振动幅度急剧增大。但由于鱼洗盆底的限制，使它所产生的波动不能向外传播，于是在鱼洗壁上入射波与反射波相互叠加而形成二维驻波。驻波中振幅最大的点称为波腹，最小的点称为波节。用手摩擦一个圆盆形的物体，最容易产生一个数值较低的共振频率，也就是由 4 个波腹和 4 个波节组成的振动形态，如图 3.39.2（a）所示，鱼洗壁上振幅最大处会立即激荡水面，将附近的水激出而形成水花，如图 3.39.2（b）所示。当 4 个波腹同时作用时，就会出现水花四溅，有意识地在鱼洗壁上的 4 个振幅最大处铸上 4 条"鱼"，水花就像从鱼口里喷出的一样，故有"鱼洗"之称。

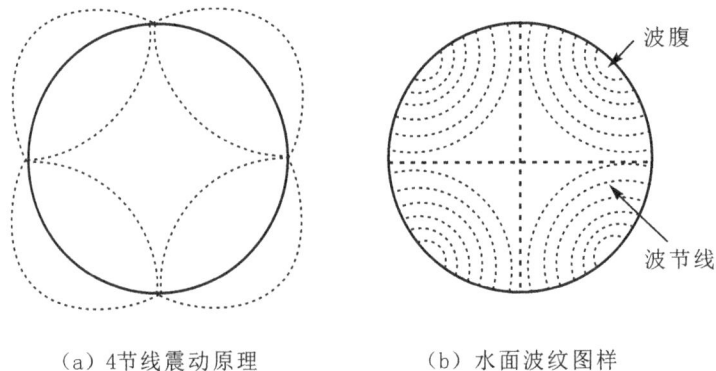

（a）4 节线震动原理   （b）水面波纹图样

图 3.39.2　鱼洗周壁做 4 节线振动

理论分析和实验都表明鱼洗中产生的二维驻波的波形与盆底大小、盆口的喇叭形状等边界条件有关。我国汉代已有鱼洗，并把鱼嘴设计在水柱喷涌处，说明我国古代对振动与波动的知识已有相当的掌握。

传说此物曾于古代作为退兵之器，因共振波发出轰鸣声，众多鱼洗汇成千军万马之势，传数十里，敌兵闻声却步。鱼洗反映了我国古代科学制器技术已达到当时的先进水平。现在仿古制做的震盆盆内刻有龙形，故亦称龙洗。

【实验操作与现象】

实验中，向盆内注入一定量清水，同时要用肥皂将手洗干净，然后用潮湿的双手来回摩擦鱼洗的双耳顶部。随着双手的摩擦，鱼洗盆发出悦耳的嗡鸣声，有如喷泉般的水珠从四条鱼嘴中喷射而出。当声音大到一定程度后，盆中将呈现水花四溅的现象；继续摩擦双耳，有些水柱可高达几十厘米，就像鱼喷水一样。

【注意事项】

(1)鱼洗盆中的水要保持清洁。

(2)鱼洗盆要放在较湿的毛巾上。

(3)实验时双手一定要干净，不能有油污。

【讨论与思考】

(1)讨论鱼洗的历史渊源。

(2)为什么水花总是在固定的4个点出现？

(3)在许多景点宣传的"若能使得水洗盆中出现水花即会带来好运"的说法有科学依据吗？

(4)鱼洗驻波的波形和盆底的大小、形状等边界条件是否有关系，并列出实验方案。

(5)影响鱼洗水花高度的因素有哪些？

实验40　激光琴互动演示

【实验目的】

演示激光技术和光电效应原理。激光琴就是利用光学控制原理制作的，它是一种没有琴弦的琴，代替琴弦的是一束束激光光束。

【实验仪器】

不锈钢管、模拟激光头、光敏电阻等实验装置如图3.40.1所示。

【实验原理】

在自然界中有些物质在光的照射下，内部的原子会释放出电子，使其导电性增加，也就是说其电阻就会由很大变得很小，这种现象叫作内光电效应。用这种物质可以制成光敏元件，对电路进行光学控制。

这里的"琴弦"是激光束，对着光敏电阻。激光琴

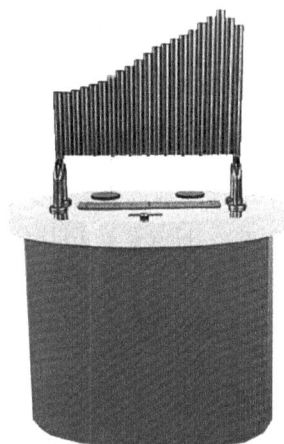

图3.40.1　激光琴

上端的钢管里分别放置了数个模拟激光头，由它向下发射出数个激光光点，让其射在下端的接收头上，接收头内的光敏电阻在光的照射后，其内电阻发生变化。手指"轻弹"光束，遮断光路，改变了光敏电阻的电阻值，产生跳变的电压信号，此时电压信号就触发相应的电路开始工作，从而产生一个具有固定频率的电信号，电信号经电子合成器处理放大后，由扬声器发出声音。经过不断地对光的控制，就可以演奏不同的音阶和乐曲。同时可以按琴柱上的音乐选择按钮，改变激光琴的音色。

【实验操作与现象】

轻轻地用手遮住光束，相当于拨动了一根琴弦，琴内就会发出悦耳的声音。遮住不同的光束，琴会有不同的音符发出。从而按照乐曲韵律，就可以弹奏出美妙的音乐。

【实际应用】

光电转换原理在现实生活中运用十分广泛。在不同的领域，光电转换系统就会产生不同的工作效能。

例如：各大公共场所的自动门，就是运用红外光电转换来完成对门的启闭操作。再如，生产工厂对产品数量的自动计数，也是运用光电转换来完成计数操作的。

实验 41　光栅光谱演示仪

【实验目的】

演示二维正交光栅的衍射，以了解光栅光谱的特点。

【实验仪器】

光栅光谱演示装置如图 3.41.1 所示。

【实验原理】

本光谱管组包括 6 支直形光谱管，管中分别充进氢、氦、汞、氖、氩、氮 6 种气体。在黑暗的背景上可看见有一些不相连续的明线，这种光谱叫作明线光谱。明线光谱是气体或蒸汽（或处于气态的化合物）在高温下所发出的光生成的。各种元素的高温蒸汽各有它自己特有的明线光谱，光谱中谱线的条数、位置、颜色都有所不同，通过这些谱线就可

图 3.41.1　光栅光谱仪

以识别它是哪种元素发出来的。这在光谱分析上是很重要的。

学生仔细观察光谱时，氢的光谱最简单也最容易观察。它的谱线排列是 Hα（红）、Hβ（浅蓝）、Hγ（蓝）和 H8（紫），如果用带刻度的分光计来观察，则所看到的氢原子在可见区和近紫外区的射光谱（巴尔末系）即 Hα - 6500A0、Hβ - 4800 A0、Hγ - 4300 A0、H8 - 4100 A0。通过这样的实验可了解明线光谱的结构。

【实验操作与现象】

接通电源，手持光栅眼镜，依次按下控制按钮，观察每个光谱管的光谱分布情况。同时按下两个或三个按钮，观察光谱分布情况。

【注意事项】

考虑光谱管的使用寿命，不能长时间按住按钮，一般不要超过 5 s。光谱管为易碎品，不要用手摸。

实验 42 三基色

【实验目的】

演示三基色及其组合成复色光。

【实验仪器】

三基色实验装置如图 3.42.1 所示。

图 3.42.1 三基色实验装置图

【实验原理】

三种不同颜色的单色按不同的比例混合后可以组合成自然界绝大部分色彩，这三种单色即为三基色。本实验演示红（Red）、绿（Green）、蓝（Blue）三基色色彩的组合，三基色图如图 3.42.2 所示。实验仪器采用红、绿、蓝三种发光管作为三基色演示色彩组合，具有操作简便，现象直观，小巧耐用的特点，是课堂演示三基色的理想教学仪器。

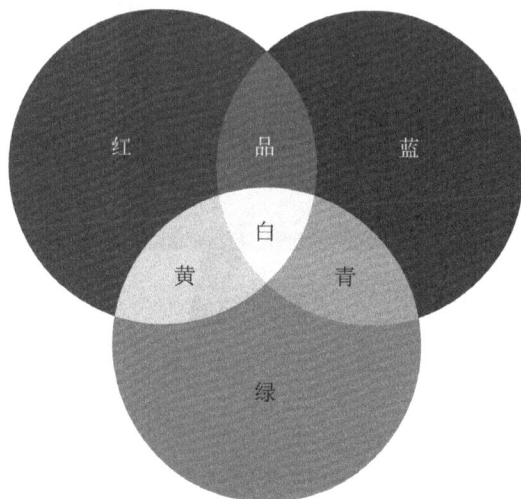

图 3.42.2 三基色图

【实验操作与现象】

（1）演示时先分别打开控制红、绿、蓝三种颜色发光面的开关，让学生观察一种颜色发光的情况。

（2）同时闭合任意两只开关，观察两种颜色混合的色彩和过渡色彩。

（3）同时闭合三只开关观察三基色混合的色彩。

（4）直视发光腔可以辨认三基发光管的发光色彩。

（5）近距离照射白色的纸板或墙壁，通过纸板或墙壁的反射，观察到单色光混合后形成的复色光。

实验 43　伽尔顿板

【实验目的】

演示大量偶然事件的统计规律和涨落现象，说明物理学中统计与分布的概念。

【实验仪器】

伽尔顿板用有机玻璃制成，尺寸并不大，可用较强的点光源将它投影到屏幕上，适于在大教室供多人观看。板中小球为直径 4 mm 的塑料球，也可用小红豆代替。装置如图 3.43.1 所示。

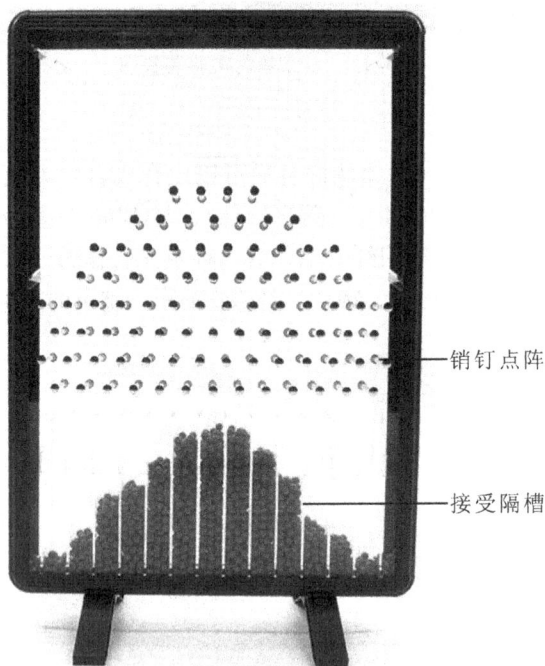

图 3.43.1　伽尔顿板

（图中标注：销钉点阵、接受隔槽）

【实验原理】

单个小球落入某个槽内是随机事件或者偶然事件，大量小球按槽分布遵从确定的规律，这种对大量偶然事件的整体所表现出来的规律称为统计规律。在伽尔顿板实验中，单个小球的运动服从力学规律，大量小球的按槽分布服从统计规律。

本实验是麦克斯韦速率分布的模拟实验，在伽尔顿板上有销钉点阵，在点阵下方设置接受隔槽，每个隔槽接受落球数量于一定水平位置有关。隔槽接受落球数量反映落球按水平方向的速度概率密度分布。塑料球集中在粗存储室里，由下方小孔落下，形成不对称分布落在下方隔离槽内，当塑料球全部落下后，便形成对应温度速率分布曲线。

【实验操作与现象】

转动伽尔顿板，使全部球落下来，可以看到大量的球在各槽中的分布是对称的正态分布。即在中间的槽中球数多，两侧的球数少。

实验 44 三球仪演示

【实验目的】

演示太阳、地球、月球三者之间的关系，了解日食、月食的形成，四季的变化等。

【实验仪器】

三球仪实验装置如图 3.44.1 所示。

图 3.44.1 三球仪

【实验原理】

三球仪运行模型是用来供人们了解与我们人类相关最密切的地球、月球、太阳在宇宙中的运行状况以及与它们相关的主要天文知识。

模型依据三球在宇宙中的以下天文参数精制而成：地球、月球、太阳的公转或自转均是自西向东方向；地球、太阳均有自西向东自转；月球公转与自转同步；地球的黄赤交角为 23°26′；月球的黄白交角约 4°51′～5°9′；地球球心与太阳中心连线平行于面板，即面板平面与地轴成 66.5°交角；三球的自转与公转周期接近天文参数。

【实验操作与现象】

按下手动开关，此时仪器处于待命状态，延时 5 s 后会自行启动运转，按下太阳键，中央的太阳灯被点亮。按下连续运转键，地球和月球开始连续运转，若按点动键，则可实现地球和月球的手控运转。

实验 45　无源之水

【实验目的】

由于水龙头模型是独立悬挂于空中，使参观者所观看到的是无源之水源源不断地从空中降下，能让参观者在该演示装置前驻足探索其中的奥秘，大胆地想象，增加生活的趣味性。

【实验仪器】

无源之水实验装置如图 3.45.1 所示。

图 3.45.1　无源之水实验装置

【实验操作与现象】

接通电源即可演示。

附录 A 常用物理数据

1. 基本物理常量(2006 年国际推荐值)

名称	符号	数值	单位	相对标准不确定度 u_r
真空中光速	c	299 792 458	$m \cdot s^{-1}$	(准确值)
真空磁导率	μ_0	$4\pi = 12.566\ 370\ 614\cdots$	$10^{-7} N \cdot A^{-2}$	(准确值)
真空介电常数,$1/\mu_0 c^2$	ε_0	$8.854\ 187\ 817\cdots$	$10^{-12} F \cdot m^{-1}$	(准确值)
牛顿引力常数	G	6.674 28(67)	$10^{-11} m^3 \cdot kg^{-1} \cdot s^{-2}$	1×10^{-4}
普朗克常数	h	6.626 068 96(33)	$10^{-34} J \cdot s$	5.0×10^{-8}
基本电荷	e	1.602 176 487(40)	$10^{-19} C$	2.5×10^{-8}
玻尔磁子,$e\eta/2m$	μ_B	9.274 009 15(23)	$10^{-24} J \cdot T^{-1}$	2.5×10^{-8}
里德伯常数	R_∞	10 973 731.568 527(73)	m^{-1}	6.6×10^{-12}
玻尔半径,$\alpha/4\pi R_\infty$	a_0	0.529 177 208 59(36)	$10^{-10} m$	6.8×10^{-10}
电子(静)质量	m_e	0.910 938 215(45)	$10^{-30} kg$	5.0×10^{-8}
电子荷质比	$-e/m_e$	$-1.758\ 820\ 150(44)$	$10^{11} C/kg$	2.5×10^{-8}
[经典]电子半径	r_e	2.817 940 289 4(58)	$10^{-15} m$	2.1×10^{-8}
质子[静]质量	m_p	1.672 621 637(83)	$10^{-27} kg$	5.0×10^{-8}
中子[静]质量	m_n	1.674 927 211(84)	$10^{-27} kg$	5.0×10^{-8}
阿伏伽德罗常数	N_A, L	6.022 141 797(30)	$10^{23} mol^{-1}$	5.0×10^{-8}
原子(统一)质量单位. 原子质量常数 $1u = m_u = \frac{1}{12}m(^{12}C)$	m_u	1.660 538 782(83)	$10^{-27} kg$	5.0×10^{-8}
气体常数	R	8.314 472(15)	$J \cdot mol^{-1} \cdot K^{-1}$	1.7×10^{-6}
玻耳兹曼常数,R/N_A	k	1.380 650 4(24)	$10^{-23} J \cdot K^{-1}$	1.7×10^{-6}
摩尔体积(理想气体) $T = 273.15K$; $P_n = 101235Pa$	V_m	22.413 996(47)	L/mol	1.7×10^{-6}

2. 标准大气压下不同温度时纯水的密度

温度/℃	密度/(kg·m⁻³)	温度/℃	密度/(kg·m⁻³)	温度/℃	密度/(kg·m⁻³)
0	999.841	17	998.774	34	994.371
1	999.900	18	998.595	35	994.031
2	999.941	19	998.405	36	993.68
3	999.965	20	998.203	37	993.33
4	999.973	21	997.992	38	992.96
5	999.965	22	997.770	39	992.59
6	999.941	23	997.538	40	992.21
7	999.902	24	997.296	41	991.83
8	999.849	25	997.044	42	991.44
9	999.781	26	996.783	50	988.04
10	999.700	27	996.512	60	983.21
11	999.605	28	996.232	70	977.78
12	999.498	29	995.944	80	971.80
13	999.377	30	995.646	90	965.31
14	999.244	31	995.340	100	958.35
15	999.099	32	995.025	3.98	1000.00
16	998.943	33	994.702	3.98	1000.00 纯水此温度时密度最大

3. 海平面上不同纬度的重力加速度

纬度 φ(度)	g/(m·s⁻²)	纬度 φ(度)	g/(m·s⁻²)
0	9.78049	60	9.81924
5	9.78088	65	9.82294
10	9.78204	70	9.82614
15	9.78394	75	9.82873
20	9.78652	80	9.83065
25	9.78969	85	9.83182
30	9.78338	90	9.83221
35	9.79746	西安 34°16′	计算值9.7973，测量值9.7965
40	9.80182	北京 39°56′	9.80122
45	9.80629	上海 31°12′	9.79436
50	9.81079	天津 39°6′	9.80101
55	9.81515		

4. 20 ℃时物质的密度

物 质	密度 $\rho/(kg \cdot m^{-3})$	物 质	密度 $\rho/(kg \cdot m^{-3})$
铝	2698.9	铂	21450
锌	7140	汽车用汽油	710～720
锡	7298	乙醇	789.4
铁	7874	变压器油	840～890
钢	7600～7900	冰(0 ℃)	900
铜	8960	纯水(4 ℃)	1000
银	10500	甘油	1260
铅	11350	硫酸	1840
钨	19300	水银(0 ℃)	13595.5
金	19320	空气(0 ℃)	1.293

5. 水在不同压强下的沸点

P/hPa	$t/℃$	P/hPa	$t/℃$
950	98.205	1005	99.771
955	98.351	1010	99.910
960	98.495	1015	100.048
965	98.640	1020	100.186
970	98.783	1025	100.323
975	98.926	1030	100.460
980	99.069	1035	100.595
985	99.210	1040	100.731
990	99.351	1045	100.866
995	99.492	1050	101.000
1000	99.632		

6. 20 ℃时常用金属的弹性模量 Y*

金　属	$Y/(\times 10^4 N \cdot mm^{-2})$	金　属	$Y/(\times 10^4 N \cdot mm^{-2})$
铝	7.0～7.1	灰铸铁	6～17
银	6.9～8.2	硬铝合金	7.1
金	7.7～8.1	可锻铸铁	15～18
锌	7.8～8.0	球墨铸铁	15～18
铜	10.3～12.7	康铜	16.0～16.6
铁	18.6～20.6	铸钢	17.2
镍	20.3～21.4	碳钢	19.6～20.6
铬	23.5～24.5	合金钢	20.6～22.0
钨	40.7～41.5		

注：* 指 Y 的值与材料的结构、化学成分及加工制造方法有关，因此在某些情况下，Y 的值可能与表中所列的平均值不同。

7. 流体的动力黏度

流　体	温度/℃	$\eta/(\mu Pa \cdot s)$	流　体	温度/℃	$\eta/(\mu Pa \cdot s)$
乙醚	0	296	葵花子油	20	5.00×10^4
	20	243	蓖麻油	0	530×10^4
甲醇	0	817		10	241.8×10^4
	20	584		15	151.4×10^4
水银	−20	1855		20	95.0×10^4
	0	1685		25	62.1×10^4
	20	1554		30	45.1×10^4
	100	1224		35	31.2×10^4
水	0	1787.8		40	23.1×10^4
	20	1004.2		100	16.9×10^4
	100	282.5	甘油	−20	134×10^6
乙醇	−20	2780		0	121×10^5
	0	1780		20	149.9×10^4
	20	1190		100	129.45×10^2
汽油	0	1788	蜂蜜	20	650×10^4
	18	530		80	100×10^3
变压器油	20	1.98×10^4	空气	25	18.3
鱼肝油	20	4.56×10^4			
	80	0.46×10^4			

8. 金属和合金的电阻率及其温度系数 *

金属或合金	电阻率 $\rho/(\times 10^{-6}\ \Omega \cdot cm)$	温度系数 $\alpha/(\times 10^{-5}\ ℃^{-1})$
银	1.47(0 ℃)	430
铜	1.55(0 ℃)	433
金	2.01(0 ℃)	402
铝	2.50(0 ℃)	460
钨	4.89(0 ℃)	510
锌	5.65(0 ℃)	417
铁	8.70(0 ℃)	651
铂	10.5(20 ℃)	390
锡	12.0(20 ℃)	440
铅	19.2(0 ℃)	428
水银	95.8(20 ℃)	100
黄铜	8.00(18～20 ℃)	100
钢(0.10%～0.15%碳)	10～14(20 ℃)	600
康铜	47～51(18～20 ℃)	−4.0～1.0
武德合金	52(20 ℃)	370
铜锰镍合金	34～100(20 ℃)	−3.0～2.0
镍铬合金	98～110(20 ℃)	3～40

注：* 金属电阻率与温度的关系 $\rho_{t_2} = \rho_{t_1}[1 + \alpha(t_2 - t_1)]$。

电阻率与金属和合金中的杂质有关，表中列出的是单值金属的电阻率和合金电阻率的平均值。

9. 常用光源的谱线波长

光源	波长/mm	光源	波长/mm	光源	波长/mm
H(氢)	656.28 红	Ne(氖)	650.65 红	Hg(汞)	623.44 橙
	486.13 蓝绿		640.23 橙		579.07 黄$_2$
	434.05 紫		638.30 橙		576.96 黄$_1$
	410.17 紫		626.65 橙		546.07 绿
	397.01 紫		621.73 橙		491.60 蓝绿
He(氦)	706.52 红		614.31 橙		435.83 紫$_2$
	667.82 红		588.19 黄		404.66 紫$_1$
	587.65(D$_3$) 黄		585.25 黄	Cd(镉)	643.847 红
	501.57 绿	Na(钠)	589.592 (D$_1$)黄		508.582 绿
	492.19 蓝绿		588.995 (D$_2$)黄		
	471.31 蓝	He～Ne (激光)	632.8 橙		
	447.15 紫				
	402.62 紫				
	388.87 紫				

10. 某些物质中的声速

物质		声速/(m·s⁻¹)	物质	声速/(m·s⁻¹)
氧气 0 ℃（标准状态）		317.2	NaCl 14.8％水溶液 20 ℃	1542
氩气 0 ℃		319	甘油 20 ℃	1923
干燥空气	0 ℃	331.45	铅*	1210
	10 ℃	337.46	金	2030
	20 ℃	343.37	银	2680
	30 ℃	349.18	锡	2730
	40 ℃	354.89	铂	2800
氮气 0 ℃		337	铜	3750
氢气 0 ℃		1269.5	锌	3850
二氧化碳 0 ℃		258.0	钨	4320
一氧化碳 0 ℃		337.1	镍	4900
四氯化碳 20 ℃		935	铝	5000
乙醚 20 ℃		1006	不锈钢	5000
乙醇 20 ℃		1168	重硅钾铅玻璃	3720
丙酮 20 ℃		1190	轻氯铜银冕玻璃	4540
汞 20 ℃		1451.0	硼硅酸玻璃	5170
水 20 ℃		1482.9	溶融石英	5760

注：* 指固体中的声速为沿棒传播的纵波速度。

11. 某些物质的比热容

物质	温度/℃	比热容	
		kJ/(kg·K)	kcal/(kg·℃)
金	25	0.128	0.0306
铅	20	0.128	0.0306
银	20	0.234	0.0566
铜	20	0.385	0.0920
锌	20	0.389	0.0929
铁	20	0.481	0.115
铝	20	0.886	0.214
黄铜	0	0.370	0.0883
	20	0.389	0.0917
康铜	18	0.420	0.0977

续表

物质	温度/℃	比热容	
		kJ/(kg · K)	kcal/(kg · ℃)
钢	20	0.447	0.107
玻璃	20	0.585～0.920	0.14～0.22
橡胶	15～100	1.13～2.00	0.27～0.48
水银	20	0.1390	0.03326
汽油	10	1.42	0.34
变压器油	0～100	1.88	0.45
甲醇	20	2.47	0.59
乙醚	20	2.34	0.59
冰	0	2.090	0.621
空气(定压)	20	1.00	0.24
纯水	0	4.219	1.0093

12. 几种常用热电偶的温差电动势

1) 镍铬-镍铝

温差电动势/mV　温度/℃　温度/℃	0	10	20	30	40	50	60	70	80	90	100
0	0.00	0.40	0.80	1.20	1.61	2.02	2.43	2.84	3.26	3.68	4.10
100	4.10	4.51	4.92	5.33	5.73	6.13	6.53	6.93	7.33	7.73	8.13
200	8.13	8.53	8.93	9.33	9.74	10.15	10.56	10.97	11.38	11.80	12.21
300	12.21	12.62	13.04	13.45	13.87	14.29	14.71	15.13	15.56	15.98	16.40
400	16.40	16.83	17.25	17.67	18.09	18.51	18.94	19.37	19.79	20.22	20.65

2) 镍铬-康铜（自由端温度为 0 ℃）

温差电动势/mV　温度/℃　工作端温度/℃	0	1	2	3	4	5	6	7	8	9
−50	−3.11									
−40	−2.50	−2.56	−2.62	−2.68	−2.74	−2.81	−2.87	−2.93	−2.99	−3.05
−30	−1.89	−1.95	−2.01	−2.07	−2.13	−2.20	−2.26	−2.32	−2.38	−2.44
−20	−1.27	−1.33	−1.39	−1.46	−1.52	−1.58	−1.64	−1.70	−1.77	−1.83
−10	−0.64	−0.70	−0.77	−0.83	−0.89	−0.96	−1.02	−1.08	−1.14	−1.21

温差电动势/mV 温度/℃ 工作端温度/℃	0	1	2	3	4	5	6	7	8	9
−0	−0.00	−0.06	−0.13	−0.19	−0.26	−0.32	−0.38	−0.45	−0.51	−0.58
+0	0.00	0.07	0.13	0.20	0.26	0.33	0.39	0.46	0.52	0.59
10	0.65	0.72	0.78	0.85	0.91	0.98	1.05	1.11	1.18	1.24
20	1.31	1.38	1.44	1.51	1.57	1.64	1.70	1.77	1.84	1.91
30	1.98	2.05	2.12	2.18	2.25	2.32	2.38	2.45	2.52	2.59
40	2.66	2.73	2.80	2.87	2.94	3.00	3.07	3.14	3.21	3.28
50	3.35	3.42	3.49	3.56	3.63	3.70	3.77	3.84	3.91	3.98
60	4.05	4.12	4.19	4.26	4.33	4.41	4.48	4.55	4.62	4.69
70	4.76	4.83	4.90	4.98	5.05	5.12	5.20	5.27	5.34	5.41
80	5.48	5.56	5.63	5.70	5.78	5.85	5.92	5.99	6.07	6.14
90	6.21	6.29	6.36	6.43	6.51	6.58	6.65	6.73	6.80	6.87
100	6.95	7.03	7.10	7.17	7.25	7.32	7.40	7.47	7.54	7.62
110	7.69	7.77	7.84	7.91	7.99	8.06	8.13	8.21	8.28	8.35
120	8.43	8.50	8.53	8.65	8.73	8.80	8.88	8.95	9.03	9.10
130	9.18	9.25	9.33	9.40	9.48	9.55	9.63	9.70	9.78	9.85
140	9.93	10.00	10.08	10.16	10.23	10.31	10.38	10.46	10.54	10.61
150	10.69	10.77	10.85	10.92	11.00	11.08	11.15	11.23	11.31	11.38
160	11.46	11.54	11.62	11.69	11.77	11.85	11.93	12.00	12.08	12.16
170	12.24	12.32	12.40	12.48	12.55	12.63	12.71	12.79	12.87	12.95
180	13.03	13.11	13.19	13.27	13.36	13.44	13.52	13.60	13.68	13.76
190	13.84	13.92	14.00	14.08	14.16	14.25	14.34	14.42	14.50	14.58
200	14.66	14.74	14.82	14.90	14.98	15.06	15.14	15.22	15.30	15.38
210	15.48	15.56	15.64	15.72	15.80	15.89	15.97	16.05	16.13	16.21
220	16.30	16.38	16.46	16.54	16.62	16.71	16.79	16.86	16.95	17.03
230	17.12	17.20	17.28	17.37	17.45	17.53	17.62	17.70	17.78	17.87
240	17.95	18.03	18.11	18.19	18.28	18.36	18.44	18.52	18.60	18.68
250	18.76	18.84	18.92	19.01	19.09	19.17	19.26	19.34	19.42	19.51
260	19.59	19.67	19.75	19.84	19.92	20.00	20.09	20.17	20.25	20.34
270	20.42	20.50	20.58	20.66	20.66	20.83	20.91	20.99	21.07	21.15
280	21.24	21.32	21.40	21.49	21.49	21.65	21.73	21.82	21.90	21.98
290	22.07	22.15	22.23	22.32	22.40	22.48	22.57	22.65	22.73	22.81

3)铜-康铜(参考端温度为 0 ℃)

温差电动势/mV 温度/℃	0	1	2	3	4	5	6	7	8	9	10
−40	−1.475	−1.510	−1.544	−1.579	−1.614	−1.648	−1.682	−1.717	−1.751	−1.785	−1.819
−30	−1.121	−1.157	−1.192	−1.228	−1.263	−1.299	−1.334	−1.370	−1.405	−1.440	−1.475
−20	−0.757	−0.794	−0.830	−0.876	−0.900	−0.940	−0.976	−1.013	−1.049	−1.085	−1.121
−10	−0.384	−0.421	−0.458	−0.496	−0.534	−0.571	−0.608	−0.646	−0.683	−0.720	−0.757
−0	0.000	−0.039	−0.077	−0.116	−0.154	−0.193	−0.231	−0.269	−0.307	−0.345	−0.383
0	0.000	0.039	0.078	0.117	0.156	0.195	0.234	0.273	0.312	0.351	0.391
10	0.391	0.430	0.470	0.510	0.549	0.589	0.629	0.669	0.709	0.749	0.786
20	0.789	0.830	0.870	0.911	0.951	0.992	1.032	1.073	1.114	1.155	1.196
30	1.196	1.237	1.279	1.320	1.361	1.403	1.444	1.486	1.528	1.569	1.611
40	1.611	1.653	1.695	1.738	1.780	1.822	1.865	1.907	1.950	1.992	2.034
50	2.035	2.078	2.121	2.164	2.207	2.250	2.294	2.337	2.380	2.424	2.467
60	2.467	2.511	2.555	2.599	2.643	2.687	2.731	2.775	2.819	2.864	2.908
70	2.908	2.953	2.997	3.042	3.087	3.131	3.176	3.221	3.266	3.312	3.357
80	3.357	3.402	3.447	3.493	3.538	3.584	3.630	3.676	3.721	3.767	3.813
90	3.813	3.859	3.906	3.952	3.998	4.044	4.091	4.137	4.184	4.231	4.277
100	4.277	4.324	4.371	4.418	4.465	4.512	4.559	4.607	4.654	4.701	4.749
110	4.749	4.796	4.844	4.891	4.939	4.987	5.035	5.083	5.131	5.179	5.227
120	5.227	5.275	5.324	5.372	5.420	5.469	5.517	5.566	5.615	5.663	5.712
130	5.712	5.761	5.810	5.859	5.908	5.957	6.007	6.056	6.105	6.155	6.204
140	6.204	6.251	6.308	6.353	6.403	6.452	6.502	6.552	6.602	6.652	6.702
150	6.702	6.753	6.803	6.853	6.093	6.954	7.004	7.055	7.106	7.156	7.207
160	7.207	7.258	7.309	7.360	7.411	7.462	7.513	7.564	7.615	7.666	7.718
170	7.718	7.769	7.821	7.872	7.924	7.975	8.027	8.079	8.131	8.183	8.235
180	8.235	8.827	8.339	8.391	8.443	8.495	8.548	8.600	8.652	8.705	8.757
190	8.757	8.810	8.863	8.915	8.968	9.021	9.074	9.127	9.180	9.233	9.286

13. 某些物质的折射率（相对空气）

1）某些固体的折射率

固　体	折射率 n	固　体	折射率 n
氯化钾	1.49044	火石玻璃 F_8	1.6055
冕玻璃 K_6	1.5111	重冕玻璃 ZK_6	1.6126
K_8	1.5159	ZK_8	1.6140
K_9	1.5163	钡火石玻璃	1.62590
钡冕玻璃	1.53990	重火石玻璃 ZF_1	1.6475
氯化钠	1.54427	ZF_6	1.7550

注：表中数据为固体对 $\lambda_D = 0.5893\ \mu m$ 的折射率。

2）某些晶体的折射率

波 长 λ /nm	荧石	石英玻璃	钾盐	岩盐	石英		方解石	
					n_0	n_e	n_0	n_e
656.3（Li，红）	1.4325	1.4564	1.4872	1.5407	1.55736	1.56671	1.6544	1.4846
643.8（Cd，红）	1.4327	1.4567	1.4877	1.5412	1.55012	1.55943	1.6550	1.4847
589.3（Na，黄）	1.4339	1.4585	1.4904	1.5443	1.54968	1.55898	1.6584	1.4864
546.1（Hg，绿）	1.4350	1.4601	1.4931	1.5475	1.54823	1.55748	1.6616	1.4879
508.6（Cd，绿）	1.4362	1.4619	1.4961	1.5509	1.54617	1.55535	1.6653	1.4895
486.1（H，蓝绿）	1.4371	1.4632	1.4983	1.5534	1.54425	1.55336	1.6678	1.4907
480.0（Cd，蓝绿）	1.4379	1.4636	1.4990	1.5541	1.54229	1.55133	1.6686	1.4911
404.7（Hg，紫）	1.4415	1.4694	1.5097	1.5665	1.54190	1.55093	1.6813	1.4969

注：表中数据是在 18 ℃ 以下测得的。

14. 固体物质的线膨胀系数（大部分是在 0～100 ℃ 范围内）

物　质	线膨胀系数/℃$^{-1}$	物　质	线膨胀系数/℃$^{-1}$
金刚石	0.0000013	铅	0.0000292
铝	0.0000238	银	0.0000197
青铜	0.0000175	钢	0.000011
石膏	0.0000025	锌	0.0000286
金	0.0000142	铸铁	0.0000120
康铜	0.0000152	生铁	0.0000104
黄铜	0.0000184	水泥	0.000014
铜	0.0000165	各种玻璃	0.000004～0.00001
大理石	≈ 0.000012		
锡	0.0000267	硬橡胶	≈ 0.00007

15. 各种物质的熔点

物 质	熔 点/℃	物 质	熔 点/℃
铝	658	黄铜	≈1000
青铜	≈900	铜	1083
纯水	0	镍	1455
海水	−2.5	锡	231.8
钨	3370±50	铀	≈1150
甘油	19	磷	44
铁	1530	锌	419.4
石蜡	≈54	生铁	1100～1200
软焊料	135～200	炼铁炉渣	1300～1430
铅	327	硫	113～119
银	960.5	钠	97.7
武德合金	65～70	钾	63.5
钢	1300～1500	橡胶	125
金	1063		

16. 水的沸点与压强的关系

压强 $P/(N \cdot cm^{-2})$	沸 点/℃	压强 $P/(N \cdot cm^{-2})$	沸 点/℃
1	99.1	13	190.8
2	119.6	14	194.2
3	132.9	15	197.4
4	142.9	16	200.5
5	151.1	17	203.4
6	158.1	18	206.2
7	164.2	19	208.9
8	169.0	20	211.4
9	174.6	40	249.3
10	179.1	60	279.7
11	183.2	80	293.8
12	187.1	100	309.7

附录 B　与随机误差有关的概率和统计初步知识

在相同条件下，对同一物理量进行多次重复测量，其测量值总是在一定范围内涨落，每一测量值具有随机性，而大量的数据综合又表现出一定的规律性。仔细研究和分析超出本课程范围，这里只从本课程需要，扩展一些与此有关的概率和统计知识。

用单摆装置和停表测重力加速度实验中需要测单摆的周期。在完全相同的条件下，多次重复测量，并将周期的测量值按不同范围和在该范围内出现的次数列表，如表 B.1 所示。

表 B.1　单摆周期与次数

区间号	周期 T 的范围 /s	中点 /s	出现次数 n	出现次数与总次数之比 $\dfrac{n}{N}$
1	$1.00 \sim 1.02$	1.01	0	0
2	$1.02 \sim 1.04$	1.03	1	0.00549
3	$1.04 \sim 1.06$	1.05	4	0.02198
4	$1.06 \sim 1.08$	1.07	7	0.03846
5	$1.08 \sim 1.10$	1.09	15	0.08242
6	$1.10 \sim 1.12$	1.11	31	0.17033
7	$1.12 \sim 1.14$	1.13	54	0.29670
8	$1.14 \sim 1.16$	1.15	37	0.20330
9	$1.16 \sim 1.18$	1.17	20	0.10989
10	$1.18 \sim 1.20$	1.19	9	0.04945
11	$1.20 \sim 1.22$	1.21	3	0.01648
12	$1.22 \sim 1.24$	1.23	0	0
13	$1.24 \sim 1.26$	1.25	1	0.00549
14	$1.26 \sim 1.28$	1.27	0	0

以出现的次数 n 为纵轴，以时间 t 为横轴作统计直方图。如果将各个区间的中点值作图就可以连成一条光滑的曲线，如图 B.1 所示，显然，在有限次的测量中，只能作出统计直方图，只有测量次数无限增加时，才有可能真正连成一条光滑曲线。

这条曲线的物理意义是当测量次数无限增加时，每次测量结果的数值出现的概率在总测量次数中所占的比例。用数学等式表示为

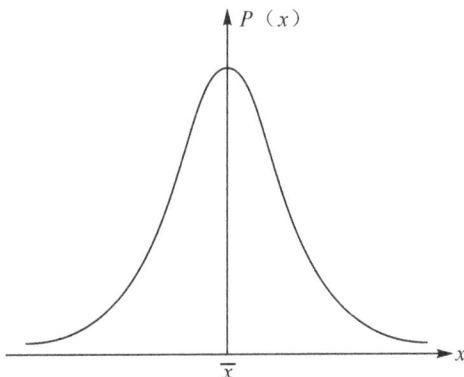

图 B.1　正态分布

$$\int_{-\infty}^{+\infty} P(t)\mathrm{d}t = 1$$

这是因为

$$\sum_{i=1}^{n} \frac{n_i}{N} = 1$$

当其 $n \to \infty$ 时,变成连续分布的缘故。$P(t)$ 是概率密度函数。

一般情况,当随机变量 x 是由大量的、相互独立的而又极微弱的因素构成时,概率密度函数有特殊的表达式为

$$P(x) = \frac{1}{\sqrt{2\pi}\sigma}\mathrm{e}^{\frac{(x-\bar{x})^2}{2\sigma^2}} = \frac{1}{\sqrt{2\pi}\sigma}\mathrm{e}^{\frac{\Delta x^2}{2\sigma^2}}$$

这就是正态分布,又叫高斯分布。式中,$\bar{x}$ 是随机变量所对应的平均值,它总是和正态分布的峰值对应;σ 为特征值,它直接影响 $P(x)$ 图线的形态。σ 值增大,图线变得低而平坦,σ 变小,图线变得细高而尖锐。当 x 取值为 $\pm\sigma$ 时,可以计算出这时曲线下的面积为总面积的 68.3%,即

$$\int_{-\infty}^{+\infty} P(x)\mathrm{d}x = 0.683$$

因为 $P(x)$ 是归一化的,就是说 $P(x) \sim x$ 曲线所围的总面积是 l,这就进一步说明 σ 愈大,曲线愈低愈宽,σ 愈小曲线愈高愈窄。

由于实验测量在等精度条件下重复进行,当测量次数无限增加时,它遵循正态分布。因而用正态分布的特征值 σ 来表征标准误差,与其对应的计算公式就是所谓的贝塞尔公式,即

$$\sigma = \sqrt{\frac{\sum_{i=1}^{n}(x_i - \bar{x})^2}{n-1}}$$

它的置信概率为 68.3%。由于在不同场合对误差的要求不尽相同,因此还有用 2σ 和 3σ 来表示误差的。根据前面等式计算,在 $[2\sigma, 3\sigma]$、$[-3\sigma, -2\sigma]$ 区间,曲线下面所围的面积是总面积的 95.5% 和 99.7%。这就是如果选定 $\bar{x}\pm\sigma$ 表示测量结果,真值(或测量的平均值)落在这个区间的概率为 68.3%,其他表示方法分别为

区间 $\bar{x}\pm 3\sigma$　　置信概率为 99.7%

区间 $\bar{x}\pm 2\sigma$　　置信概率为 95.5%

区间 $\bar{x}\pm\sigma$　　置信概率为 68.3%

区间 $\bar{x}\pm\Delta$　　置信概率为 57.5%

在实际测量中测量次数 n 总不可能无限增加,σ 作为标准误差实际上是没有意义的,在有限次的测量中,引入标准偏差 S 的概念,基于上述原因,在本书中对这两概念没有严格加以区别,请读者注意。

根据误差理论可以知道,以误差表示的正态分布函数有

$$f(\Delta x) = \frac{1}{\sqrt{2\pi}\sigma}\mathrm{e}^{\frac{\Delta x^2}{2\sigma^2}}$$

且有

$$\int_{-\infty}^{+\infty} f(\Delta x)\mathrm{d}(\Delta x) = 1$$

根据算术平均误差的定义

$$\Delta = \frac{1}{N} \sum |\Delta x_i|$$

已知 $f(\Delta x)$ 代表某一误差 Δx 发生的概率。设总的测量次数为 N，而误差在 $\Delta x \sim [\Delta x + \mathrm{d}(\Delta x)]$ 范围的次数为 n，则根据定义有

$$f\mathrm{d}(\Delta x) = \frac{n}{N}$$

即

$$n = Nf\mathrm{d}(\Delta x)$$

所以在该区间内误差的总和应该是出现次数 n 与 Δx 之积，即为 $\Delta x \cdot Nf\mathrm{d}(\Delta x)$，而整个误差分布区间上的误差的总和为

$$\int_{-\infty}^{+\infty} \Delta x \cdot Nf\mathrm{d}(\Delta x) = 1$$

根据算术平均误差的定义

$$\Delta = \frac{1}{N} \sum |\Delta x| = \frac{2N \int_{-\infty}^{+\infty} \Delta x \cdot Nf\mathrm{d}(\Delta x)}{N}$$

$$= \sqrt{\frac{2}{\pi}} \sigma$$

$$= 0.8\sigma$$

附录 C 国际单位制及其应用

1. 国际单位制(SI)的基本单位

量的名称	单位名称	单位符号
长度	米	m
质量	千克(公斤)	kg
时间	秒	s
电流	安[培]	A
热力学温度	开[尔文]	kg
物质的量	摩[尔]	mol
发光强度	坎[德拉]	cd

注：(1)圆括号中的名称，是它前面的名称的同义词，下同。

(2)无方括号的量的名称与单位名称均为全程。方括号中的字，在不致引起混淆、误解的情况下，可以省略。去掉方括号中的字即为其名称的简称。下同。

2. 包括 SI 辅助单位在内的具有专门名称的 SI 导出单位

量的名称	SI 导出单位		
	名　称	符　号	用 SI 基本单位和 SI 导出单位表示
[平面]角	弧度	rad	$1\ rad=1\ m/m=1$
立体角	球面度	sr	$1\ sr=1\ m^2/m^2=1$
频　率	赫[兹]	Hz	$1\ Hz=1\ s^{-1}$
力	牛[顿]	N	$1\ N=1\ kg \cdot m/s^2$
压力，压强，应力	帕[斯卡]	Pa	$1\ Pa=1\ N/m^2$
能[量]，功，热	焦[耳]	J	$1\ J=1\ N \cdot m$
功率，辐[射能]通量	瓦[特]	W	$1\ W=1\ J/s$
电荷[量]	库[仑]	C	$1\ C=1\ A \cdot s$
电压，电动势，电位(电势)	伏[特]	V	$1\ V=1\ W/A$
电　容	法[拉]	F	$1\ F=1\ C/V$
电　阻	欧[姆]	Ω	$1\ \Omega=1\ V/A$
电　导	西[门子]	S	$1\ S=1\ \Omega^{-1}$
磁通[量]	韦[伯]	Wb	$1\ Wb=1\ V \cdot s$
磁通[量]密度，磁感应强度	特[斯拉]	T	$1\ T=1\ Wb/m^2$
电　感	亨[利]	H	$1\ H=1\ Wb/A$
摄氏温度	摄氏度	℃	$1℃=1\ K$
光通量	流[明]	lm	$1\ lm=1\ cd \cdot sr$
[光]照度	勒[克斯]	lx	$1\ lx=1\ lm/m^2$
[放射性]活度	贝可[勒尔]	Bq	$1\ Bq=1\ s^{-1}$
吸收剂量	戈[瑞]	G_Y	$1\ G_Y=1\ J/kg$
剂量当量	希[沃特]	S_V	$1\ S_V=1\ J/kg$

3. SI 词头

因 数	词头名称		符 号	因 数	词头名称		符 号
	英 文	中 文			英 文	中 文	
10^{24}	yotta	尧[它]	Y	10^{-1}	deci	分	d
10^{21}	zetta	泽[它]	Z	10^{-2}	cecti	厘	c
10^{18}	exa	艾[可萨]	E	10^{-3}	milli	毫	m
10^{15}	peta	拍[它]	P	10^{-6}	micro	微	μ
10^{12}	tera	太[拉]	T	10^{-9}	nano	纳[诺]	n
10^{9}	giga	吉[咖]	G	10^{-12}	pico	皮[可]	p
10^{6}	mega	兆	M	10^{-15}	femto	飞[母托]	f
10^{3}	Kilo	千	k	10^{-18}	atto	阿[托]	a
10^{2}	hecto	百	h	10^{-21}	zepto	仄[普托]	z
10^{1}	deca	十	da	10^{-24}	yocto	幺[科托]	y

4. 可与国际单位制单位并用的我国法定计量单位

量的名称	单位名称	单位符号	与 SI 单位的关系
时 间	分	min	1 min＝60 s
	[小]时	h	1 h＝60 min＝3600 s
	日（天）	d	1 d＝24 h＝86400 s
[平面]角	[角]秒	(″)	$1''＝(1/60')＝(\pi/648000)$rad（π 为圆周率）
	[角]分	(′)	$1'＝(1/60)°＝(\pi/10800)$rad
	度	(°)	$1°＝60'＝(\pi/180)$rad
旋转速度	转每分	r/min	1 r/min＝(1/60) s^{-1}
长 度	海里	n mile	1 n mile＝1852 m（只用于航行）
速 度	节	kn	1 kn＝1 n mile/h＝(1852/3600) m/s（只用于航行）
质 量	吨	t	1 t＝10^3 kg
	原子质量单位	u	1 u≈1.6605655×10^{-27} kg
体 积	升	L，(l)	1 L＝1 dm^3＝10^{-3} m^3
能	电子伏	eV	1 eV≈1.6021892×10^{-19} J
级 差	分 贝	dB	
线密度	特[克斯]	tex	1 tex＝10^{-6} kg/m
面 积	公 顷	hm^2	1 hm^2＝10000 m^2

注：(1)平面角单位度、分、秒的符号，在组合单位中应采用(°)、(′)、(″)的形式。例如，不用°/s 而用(°)/s。

(2)升的符号中，小写字母 l 为备用符号。

(3)公顷的国际通用符号为 ha。

附录 D 第 1 章习题参考答案

1. 略。

2. (1)6；(2)4；(3) 9；(4)2；(5)5；(6)9。

3. (1)$m = 0.103$ kg 是 3 位有效数字；

(2)$d = (10.44 \pm 0.01)$ cm；

(3)$t = (85 \pm 5)$ s；

(4)$Y = (2.02 \pm 0.03) \times 10^{11}$ N/m²；

(5)2000 mm = 2.000 m；

(6)$1.25^2 = 1.56$；

(7)$V = \dfrac{1}{6}\pi d^3 = \dfrac{1}{6}\pi (6.00)^3 = 1.13 \times 10^2$。

4. (1)$m = (1.750 \pm 0.001)$ kg $= (1.750 \pm 0.001) \times 10^3$ g $= (1.750 \pm 0.001) \times 10^6$ mg $= (1.750 \pm 0.001) \times 10^{-3}$ t；

(2)$h = (8.54 \pm 0.02)$ cm $= (8.54 \pm 0.02) \times 10^{-4}$ μm $= (85.4 \pm 0.2)$ mm $= (8.54 \pm 0.02) \times 10^{-2}$ m $= (8.54 \pm 0.02) \times 10^{-5}$ km。

5. (1)419.8；(2)3.73；(3)0.18；(4)1.30×10^{-8}；

(5)4.00；(6)85；(7)2×10^{-4}。

6. $u_A(d) = 0.002$ mm，$u_B(d) = 0.002$ mm，$u(d) = 0.003$ mm，

$d = (1.000 \pm 0.003)$ mm $= 1.000(3)$ mm。

7. (1) $u(N) = \sqrt{u(x)^2 + u(y)^2}$；

(2)$u(\rho) = \rho \cdot u_{cr}(\rho) = \rho \sqrt{\left(\dfrac{u(m)}{m}\right)^2 + \left(\dfrac{u(V)}{V}\right)^2}$；

(3)$u(V) = V \cdot u_{cr}(V) = \rho \sqrt{\left(\dfrac{2 \cdot u(d)}{d}\right)^2 + \left(\dfrac{u(h)}{h}\right)^2}$；

(4)$u(f) = \sqrt{\left(\dfrac{L^2 + d^2}{4L^2} u(L)\right)^2 + \left(\dfrac{d}{2L} u(d)\right)^2}$；

(5)$u(Y) = Y \cdot u_{cr}(Y) = Y \sqrt{\left(\dfrac{u(l)}{l}\right)^2 + \left(\dfrac{2u(d)}{d}\right)^2 + \left(\dfrac{u(D)}{D}\right)^2 + \left(\dfrac{u(k)}{k}\right)^2 + \left(\dfrac{u(\Delta n)}{\Delta n}\right)^2}$。

参考文献

[1]　王希义. 大学物理实验[M]. 西安：陕西科学技术出版社，2001.

[2]　李寿玲. 大学物理实验：多学时[M]. 西安：西安交通大学出版社，2007.

[3]　杨振坤. 大学物理实验：经济管理类[M]. 北京：机械工业出版社，2013.

[4]　杜红彦. 大学物理实验[M]. 北京：科学出版社，2020.

[5]　苏欣纺. 普通物理演示实验教程[M]. 北京：清华大学出版社，2014.

[6]　刘积学. 大学物理演示实验[M]. 合肥：中国科学技术大学出版社，2010.

[7]　成正维，牛原. 大学物理实验[M]. 北京：北京交通大学出版社，2010.

[8]　戴启润. 大学物理实验[M]. 郑州：郑州大学出版社，2008.

[9]　金清理，黄晓虹. 基础物理实验[M]. 杭州：浙江大学出版社，2008.

[10]　曹惠贤. 普通物理实验[M]. 北京：北京师范大学出版社，2007.

[11]　朱鹤年. 新概念基础物理实验讲义[M]. 北京：清华大学出版社，2013.

[12]　陈群宇. 大学物理实验：基础和综合分册[M]. 北京：电子工业出版社，2005.

[13]　王华，任明放. 大学物理实验[M]. 广州：华南理工大学出版社，2005.